動かしてわかる CPUの作り方10講

井澤裕司
IZAWA Yuji

技術評論社

【ご注意】購入・利用の前に必ずお読みください

- 本書に記載された内容は，情報の提供のみを目的としています．したがって，本書の記述に従った運用は，必ずお客様ご自身の責任と判断によって行ってください．これらの情報の運用の結果について，技術評論社および著者は，如何なる責任も負いません．

- 本書に記載の情報は2019年7月現在のものを掲載していますので，ご利用時には変更されている場合もあります．また，ソフトウェアに関する記述は，特に断わりのない限り，2019年7月現在でのバージョンをもとにしています．ソフトウェアはバージョンアップされることがあり，その結果，本書での説明とは機能内容や画面図などが異なってしまうこともあり得ますので，ご了承ください．

- 動作確認は，2019年7月時点のWindows10（64bit）上で，Visual Studio Community 2019，Quartus Prime（18.1，Lite），DE0-CVを用いて行いました．それ以外の環境では動作を保証しませんので，あらかじめご了承ください．

- 掲載されているプログラムおよび工作の実行結果につきましては，万一，障碍等が発生しても，技術評論社および著者は一切の責任を負いません．また，本書にはゲーム機本体の改造，ゲームデータの吸い出しを美化，助長する意図は一切ございません．

- 以上の注意事項をご承諾いただいた上で，本書をご利用願います．これらの注意事項をお読みいただかずにお問い合わせをいただいても，技術評論社および著者は対処しかねます．あらかじめご承知おきください．

はじめに

コンピュータシステムは，人類が作り上げた道具の中で，最も複雑なものの1つです．コンピュータは，ハードウェアからソフトウェアまで，いくつかのレイヤーに階層化され，それぞれ分業体制により開発されてきました．これにより，開発の作業は飛躍的に効率化されましたが，逆にコンピュータの全体像を見通すことが難しくなっています．

コンピュータの核になるのが**CPU（中央処理ユニット）**であり，この下層は演算回路等のハードウェア，上層は機械語（アセンブリ言語）のソフトウェアに対応します．

簡単なCPUを設計する手法については，既にいくつかの成書や資料が提供されています．これらの大半は完成度の高い内容が簡潔に纏(まと)められていますが，CPUのアーキテクチャに沿って，演算回路やレジスタ，データバスなどのハードウェアを上層に向かって組み上げる手法が用いられています．

このようなアプローチは，いわゆるボトムアップ手法と呼ばれますが，歴史の勉強で明治以降の近代が疎(おろそ)かになりがちであるように，上層の機械語をはじめとするソフトウェアの理解が希薄になる傾向があるように思われます．さらに，実際にCPUを動作させるためには，大規模な回路設計に欠くことのできないハードウェア記述言語（HDL）を，後半で学習する必要がありました．

本書では，その対極にあるトップダウンによる設計手法を採用しています．

はじめに，説明の煩雑(はんざつ)さを避けるため極限まで簡略化したCPUについて，そのアーキテクチャを明らかにし，時折コラムを交えながら，具体的な動作がイメージできるよう，分かりやすい図や文章を用いて解説します．

次に，工学を志す大半の方が習得しているC言語を用いて，このCPUの動作を模擬するエミュレータを作成します．このような実習作業を通して，上層の機械語やアセンブリ言語に関する理解が深まることが期待されます．

さらに，C言語で作成したソフトウェア処理のすべてを，ハードウェア記述言語の VHDL に移植して，FPGA の評価ボード上で動作させます．この移植作業は，文法上の些細な違いがあるものの，比較的スムーズに進行することが実感できると思います．

本書の後半では，極限まで簡略化した CPU の一部を，より実用的な構成に改良するいくつかの手法を紹介し，FPGA 上に実装します．さらに，パイプライン処理の導入により高速化する手法について解説し，実習を通してその効果を体感します．

以上のアプローチにより，簡単な CPU の下層から上層までを，見通し良く学べるものと確信しています．本書が，これから CPU を学ぼうとされる方々の理解の一助となれば幸いです．

なお，技術評論社のご厚意により，本書の中で紹介した主要なソースコード（C および VHDL）を，以下の URL からダウンロードすることができますので，積極的に活用して下さい．

https://gihyo.jp/book/2019/978-4-297-10821-2/support

最後になりますが，執筆の機会を与えていただくとともに，編集の観点からの適切なコメントや図の修正，ソフトウェアのアップデート作業等にご尽力いただいた技術評論社書籍編集部の佐藤丈樹氏に深謝いたします．

なお，本書の執筆に当たっては，ナイアンティック社のゲームディレクターとして「ポケモン GO」を開発してきた野村達雄氏から，貴重なご助言を頂きました．野村氏は筆者が大学で論理回路の授業を担当したときの教え子であり，この本の礎になった WEB 教材を見て，「なんだ，簡単じゃないか！自分ならもっとすごいものが作れるぞ！」と思ったに違いありません．実際に，3 年次には独力で家庭用ゲーム機のデータを PC 上で動作させるエミュレータを，4 年次には 6502 という 8bit プロセッサを内蔵するゲーム機本体の機能を，FPGA 上に実装して完動させてしまいました．大学院修了後はグーグルに入社し，エイプリルフールのジョークネタとして「グーグルマップ 8bit」や「ポケモンチャレンジ」等のプロジェクトを立ち上げてきたことは，一部のマニアの間では良く知られた事実です [13]．

最後の最後に，本書の校正作業に協力を惜しまなかった妻圭子に感謝します．

令和元年 7 月
著者記す

本書を母かほるに捧ぐ

本書で使用する回路の表記法（JIS 記号）について

論理回路の回路図には，しばしば基本的な要素回路を表す様々な記号が用いられます．それらは日本工業規格（JIS）により定められており，大きく旧タイプ（JIS X 0122）と新タイプ（JIS C 0617）があります．

前者は三角形や直線・円弧を組み合せた様々な図形を使い分けているのに対し，後者は四角形を基本とし，文字によりその違いを識別しています．

さらに，電子部品の記号についても，旧タイプ（JIS C 0301）と新タイプ（JIS C 0617）があります．

例えば抵抗器については，前者が電流の経路長が長いことを示すジグザグの連続直線を用いているのに対し，後者は単純な四角形で表します．

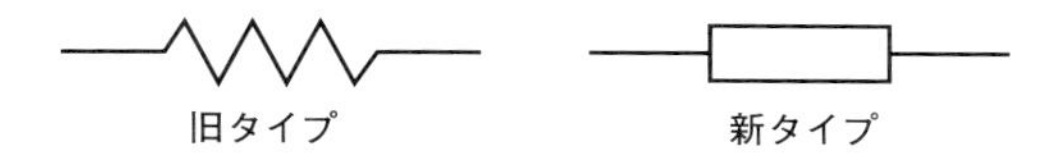

旧タイプ　　新タイプ

本書では，視認性の点から技術系の雑誌等で多用されている旧タイプの表記法を用いています．

目次

付録 1
C言語の開発環境について 366

付録 2
FPGAの開発環境について 374

第 I 部

シンプルなCPUを作ってみよう！

第 1 講
ソフトウェアから CPU の動作をイメージする

1.1 コンピュータの中はどのようになっているか?

これまでに，コンピュータの内部を実際に見たことがあるでしょうか？

- コンピュータのケースを開けると，最も大きなスペースを占めている**マザーボード（基板）**に目がゆきます．
- このマザーボードの上には，複数の**LSI（集積回路）**が実装されていますが，その中で最も重要なものが**CPU（中央演算処理ユニット）**です．
- 一般には大きな冷却用ファンが付いたヒートシンクの下に実装されており，本体はセラミックのパッケージに収められています．その底面には多数の配線用ピンが配置され，ソケットの接点に圧接させる構造になっています．

図 1-1　マザーボード

図 1-2　LSI

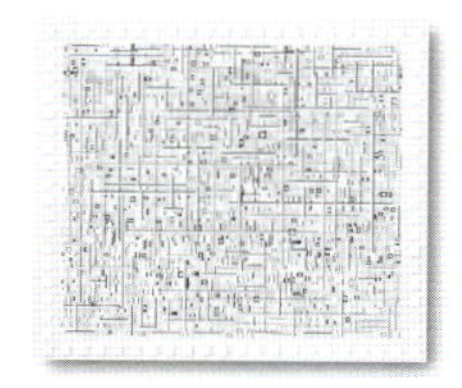

図 1-3　半導体チップ

- このLSIのパッケージをこじ開けると，十数ミリ角の虹色に光る**半導体チップ**が見えます．この半導体チップの表面を虫眼鏡等で観察すると，規則的な構造が見えるはずです．この部分が**メモリ**や**レジスタ**，**カウンタ**であり，文字や数字などのデータを記憶したり，データの位置や時間などの数値をカウントする機能をもっています．
- その構造を詳しく調べるため，光学顕微鏡を用いてレジスタやカウンタを観察すると，**論理ゲート**や**フリップフロップ**と呼ばれるより微細な構造の要素回路が見えるはずです．
- さらに詳細に調べるため，電子顕微鏡を用いて論理ゲートやフリップフロップを観察すると，**MOSトランジスタ**と呼ばれる素子で構成されていることが分かります．
- MOSトランジスタは，シリコン基板の表面にリンやボロン等の不純物を拡散した**半導体素子**で，その上に配線と絶縁物が層状に積み重ねられています．配線にはアルミやポリシリコン，絶縁物にはシリコンの酸化膜が用いられています．

これらの**階層構造**をまとめると，図1-4のようになります．

なお，マザーボードから上は**ソフトウェア**の領域になります．このマザーボードには，それぞれのLSIチップを制御する簡単なプログラム（BIOS）が書き込まれた**不揮発メモリ**（ROM）が搭載されており，これらは**オペレーティングシステム**（OS）から呼び出されます．また**ワープロ**や**表計算ソフト**などの**アプリケーションソフト**は，OSのアプリケーション・インタフェース（API）を介して，**ハードウェア**を制御します．

このように，コンピュータは極めて複雑なシステムであるため，ハードウェアからソフトウェアまで多くのレイヤーに**階層化**され，分業可能な仕様のもとに開発できる体制がとられています．

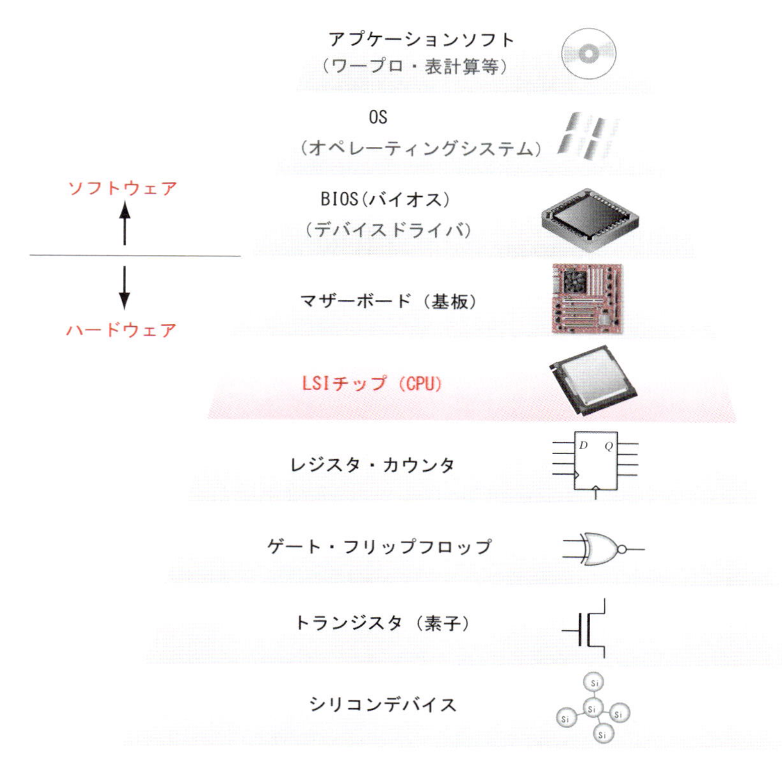

図 1-4　コンピュータの階層構造

論理回路では，**トランジスタ**を代表とする回路素子から，その上の階層に位置する**論理ゲート**，**フリップフロップ**，**カウンタ**，**レジスタ**等を扱います．また，**コンピュータアーキテクチャ**では，より上層のソフトウェアに直結する階層のハードウェアが対象となります．

本書では，CPU の動作原理や基本的な構造について整理し，その下層にある論理回路を組合せて，**最もシンプルな構成の CPU** を設計します．

10進数と2進数の使い分け

人間は**10進数**を用い，CPUをはじめとする**論理回路**は**2進数**を使用しています．人間が10進数を用いる理由には諸説ありますが，指が10本であることが有力視されています．一方，電子回路に2進数が使用される理由は，**信頼性**の高い回路が比較的少ない**素子数**で実現できる点にあります．

なお何進数を用いたとしても，最終的な計算結果に違いは生じません．

例えば10進の$100_{(10)}$を2進数で表すと，$1100100_{(2)}$になり，7桁に膨れ上がります．すなわち，2進数は人間には不向きであり，**使い分け**が必要になります．図1-5に示すように，10進数で記述された**プログラム**（ソースコード）を**コンパイル**すると，2進数を用いた**機械語**が生成されます．その**実行結果**は10進数に変換され，モニタ上に表示されます．

図1-5　10進数と2進数の使い分け

10 進数と 2 進数の変換

ここでは，10 進数と 2 進数の**変換方法**について整理します．

例えば，10 進数の 278 は，**基数**の 10 を用いて以下のように表されます．

$$278_{(10)} = 2 \times 10^2 + 7 \times 10^1 + 8 \times 10^0$$

この例について，各桁の値 2,7,8 を求める 1 つの方法を示しましょう．

はじめに，278 を 10 で割ると，商が 27，余りが 8 になり，この余りは 1 の位を表しています．次に，上の商である 27 をさらに 10 で割り，その商 2 と余り 7 を求めます．この時の余り 7 は，10 の位に対応します．最後に，商の 2 を 10 で割ると，商が 0，余りが 2 になり，100 の位が求められます．

すなわち，基数 10 による**割り算**を商が 0 になるまで繰り返し，得られた**余り**を下位から上位に並べると，各桁の 2,7,8 が得られます．

一方，10 進数の 25 は基数 2 を用いて以下のように表されます．

$$25_{(10)} = 1 \times 2^4 + 1 \times 2^3 + 0 \times 2^2 + 0 \times 2^1 + 1 \times 2^0 = 11001_{(2)}$$

すなわち図 1-6 に示すように，対象とする 10 進数の 25 について，基数 2 による割り算を商が 0 になるまで繰り返します．得られた余りを下位から上位に並べると，2 進数の $11001_{(2)}$ が求められます．

	商		余り	
2	25			
2	12	…	1	下位
2	6	…	0	↓
2	3	…	0	↓
2	1	…	1	↓
	0	…	1	上位

図 1-6　10 進数の 2 進数への変換

なお，2 進数を 10 進数に変換する場合は，n 桁目に 2^{n-1} の**重み**をかけて加算します．

1.2 CPU の設計手法

1.2.1 設計のトップダウン手法とボトムアップ手法

CPU（Central Processing Unit）は言うまでもなくコンピュータの頭脳に相当しますが，その働きをありありとイメージするためには，図 1-7 に示すように，具体的な論理回路等の**ハードウェア**から，抽象度の高い**ソフトウェア**まで幅広い知識が要求されます．

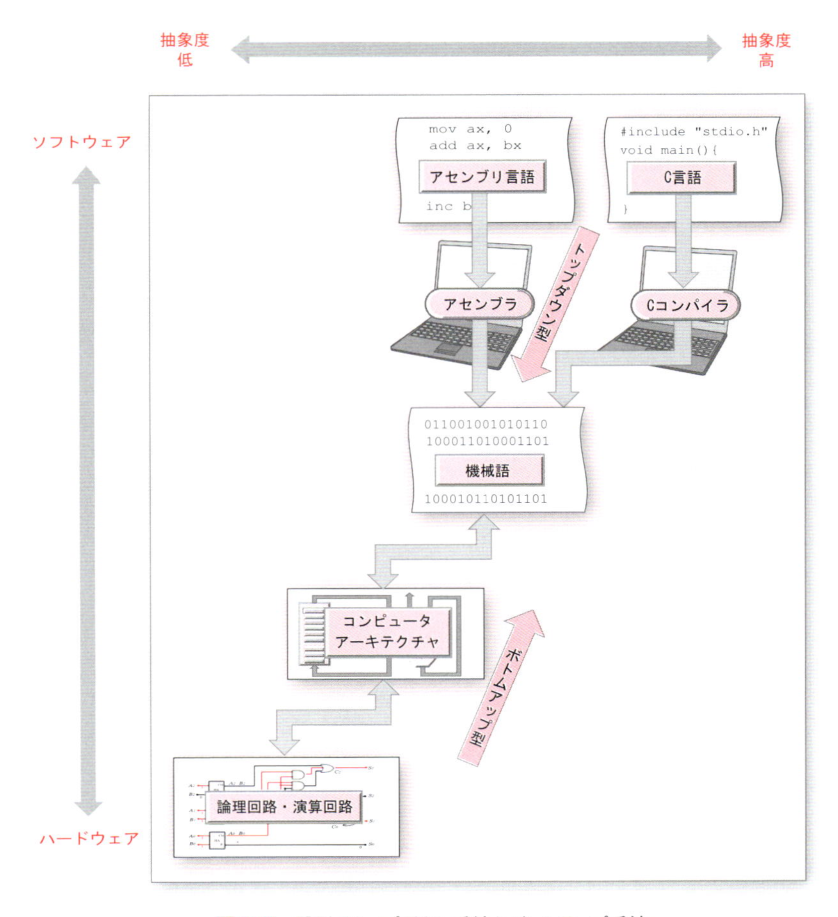

図 1-7　設計のトップダウン手法とボトムアップ手法

従来，CPUの設計は**命令セット**等の基本的な**アーキテクチャ**を決定した後，論理回路やレジスタ，算術演算を行うALU等のキーデバイスを上層に向かって組み上げてゆく**ボトムアップ手法**が一般的でした．

この手法は着実かつ合理的なアプローチではありますが，初心者にはその全体像が見通し難く，上層のソフトウェアの理解が希薄になる傾向が見られました．

そこで本書では，これとは逆に抽象度の高いソフトウェア側から，具体的なハードウェア側に設計を進める**トップダウン手法**を採用しています．

その詳細は次講以降で紹介しますが，はじめに，CPUの動作を模擬する**CPUエミュレータ**（**CPUシミュレータ**と呼ばれることもある）をC言語を用いて制作し，そのソースコードを**ハードウェア記述言語**のVHDLに移植します．これらの作業を通して不明な点が明らかになり，最終的にCPUの全体像が見通しよく把握できるものと考えています．

1.2.2　ソフトウェアからCPUの動作をイメージする

CPUの具体的な設計の準備として，そのおおまかな原理や動作をイメージするためには，**C言語**や**アセンブリ言語**を用いた簡単なプログラミング実習を重ねることが有効です．以下，このアセンブリ言語について補足します．

先の図1-5に示したように，例えば5+7=12のような計算を行うとき，C言語等のプログラミング言語を用いてソースコードを記述します．次に，**Cコンパイラ**と呼ばれるアプリケーションを起動し，CPUが直接解読・実行できる**機械語**を生成します．

C言語の抽象度は高く，いわゆる**高水準言語**に分類されます．一方の**機械語**は，比較的単純で基本的な命令から構成されており，それぞれの命令には機能面で制約があります．このため，**Cコンパイラ**は必要に応じて**機械語**の命令を複数組合せることにより，目的の機能を実現しています．

一方，このようなコンパイラを用いず，直接CPUの機械語を生成することが可能です．しかし，この機械語は1と0の**ビット列**で構成されるため，人間が直接扱うには煩雑（はんざつ）過ぎて様々な不便が伴います．そこで機械語の代わりに，より直感的でわかり易い名称（**ニモニック**）により表現した**アセンブリ言語**を導入します．当然のことながら，この機械語とアセンブリ言語は 1 対 1 に対応しています．

なお，このアセンブリ言語を機械語に変換するソフトウェアを，**アセンブラ**と呼んでいます．

機械語のレベルでは，10 進数の数値は 2 進数の形式で扱われており，論理回路の**汎用レジスタ**に一旦保存された後，**ALU** と呼ばれる**算術論理演算装置**により加算されます．**コンピュータアーキテクチャ**は，これらのキーデバイスを統合し，効率よく運用するための構造を規定します．

CPU の動作を正確に把握するためには，抽象度の高い C 言語ではなく，機械語に 1 対 1 に対応するアセンブリ言語を理解する必要があります．

そこで，本書では始めに簡単なプログラムを **C 言語**を用いて記述し，これを**アセンブリ言語**に置き換えるアプローチを用いています．

1.3 プログラムの開発環境

本節では，CPU を動作させるプログラムの**開発環境**について整理します．

後ほど詳しく説明しますが，対象とする CPU の種類により，**実行ファイル**に書き込まれている**機械語**の形式が異なります．このため，図 1-8 に示すように使用する CPU に合わせ，専用の開発環境をパソコン上に構築する必要があります．

例えば，一般に市販されている CPU には，C 言語等のプログラムを開発する**統合開発環境システム**が提供されています．このようなシステムをパソコンにインストールし，そのシステムに組み込まれているエディタや，一般のエディタを用いて，C 言語の**ソースコード**を作成します．

次に，このソースコードを専用の **C コンパイラ**を用いてコンパイルし，あらかじめ組み込まれている**ライブラリ**群と**リンク**して，**実行可能**なファイルを生成します．なおこのファイルは，CPU 固有の**機械語**が書き込まれているので，命令コードの体系が異なる他の CPU では動作しません．

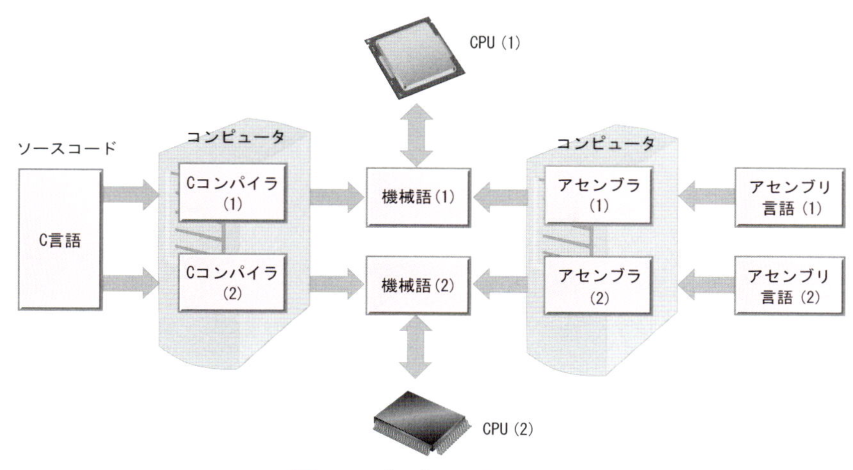

図 1-8　プログラムの開発手順

次節以降では，具体的なCコンパイラを用いて，コンパイラの機能や，生成される機械語について説明します．ただ，先に述べたように，機械語を直接扱うことには様々な困難が伴うため，同じ内容の機械語を生成するアセンブリ言語を用いて解説しています．

C言語をコンパイルするとその機械語が出力されますが，次節以降で示す形式のアセンブリ言語は得られないので，注意が必要です．

なお本書では，個人の場合無償で使用できるMicrosoft社のVisual Studio Community 2019を用いて説明しています．

付録1にその簡単な使用法をまとめてありますので，C言語の開発環境が構築されていない場合は，事前にインストールを済ませておいて下さい．

1.4 CPU の基本構成

ここでは，一般的な CPU の基本構成について整理します．はじめに，最も身近にあるパソコン上で動作する簡単な C 言語のプログラムを通して，CPU の働きをイメージしてみましょう．（付録 1 を参照）

1.4.1 簡単な演算のプログラム

図 1-9 に，最も簡単な**加算**の演算を行う **C 言語**の**プログラム**を示します．

```
1   // add.c
2   #include  <stdio.h>
3
4   int a;                            // int 型変数 a の定義
5   int b;                            // int 型変数 b の定義
6   int c;                            // int 型変数 c の定義
7
8   void main(void){
9
10      a = 5;                        // a に 5 を代入
11      b = 7;                        // b に 7 を代入
12      c = a + b;                    // a と b の和を計算し c に代入
13
14      printf("c = %d ¥n", c);       // c の値を 10 進数で表示
15  }
```

図 1-9　簡単な加算プログラムの一例（add.c）

この**ソースコード**を，例えば add.c というファイルに保存してコンパイルすると，add.exe という**実行ファイル**が生成されます．これをコマンドラインから実行すると図 1-10 に示す窓が現れ，**和**の c=12 が表示されます．

図 1-10　実行結果

このソースコードについて，簡単に補足しましょう．

1 行目はコメントであり，ファイル名が add.c であることを示しています．

2 行目の #include 文により，**標準入出力**を扱う**ヘッダーファイル** stdio.h を読み込みます．これにより，14 行の**関数** printf を利用する環境が整います．

4～6 行では，int 型の**変数** a,b,c を宣言しています．ここで，int 型は ±（プラスマイナス）符号をもつ 32bit の**整数**を表していますが，対象とする CPU の種類に依存し，32bit と 16bit の場合があるので注意が必要です．

10,11 行では，10 進整数の 5 と 7 に対応する 2 進数が，それぞれ変数 a と b に代入されます．また，12 行で変数の a と b の値が 2 進数のレベルで加算され，その和が変数 c に代入されます．

14 行の printf という関数は，その前の代入や加算に比べ，はるかに高度で複雑な処理をしています．その内容は OS を含む処理系にも依存しますが，変数 c に保存された 2 進整数が 10 進数の 12 に変換され，10 の位の '1' と 1 の位の '2' がモニタ上に表示されます．

1.4.2　より一般的なプログラムの例

先のプログラムは，上から下へ直線的に進む単純な手順により記述することができました．このような計算は，電卓やそろばんで十分対処できますが，本節ではより高度で実用性の高いプログラムについて考えてみましょう．

例えば，1 から 10 までの総和 1＋2＋3＋…＋10 を計算します．このとき，上の数式の通り 1＋2＋…のように計算することも可能ですが，数字や＋（プラス）の記号を延々と記述する必要があり，加算の項数が増えた場合などは必ずしも実用的な方法とは言えません．

そこで，図 1-11 のフローチャートに示すように，**加算**等の**算術演算**に，**判定**や**分岐**，**条件付き分岐**などの機能を追加して，処理を**ループ状**に繰り返す手法を導入します．

変数の sum は 0 に初期化された後，右側のループを通る度に i＝1,2,3,… が次々に加算され，i の値が 10 を越えた後左側に分岐し，print 文により

sumの値が出力されます.

これにより，加算部は1つに，作業用の変数はiとsumの2つに統合され，ソースコードをコンパクトに記述することができます.

同時に，変数を格納する**メモリ領域**や加減乗除を行う**算術論理演算装置**（ALU）など，ハードウェアのリソース（資源）を有効に活用することができます.

さらに，様々な**アルゴリズム**に基づく算法をプログラムに適用することにより，より複雑な処理にも柔軟に対応できるようになり，**計算システム**としての応用範囲が飛躍的に拡がります.

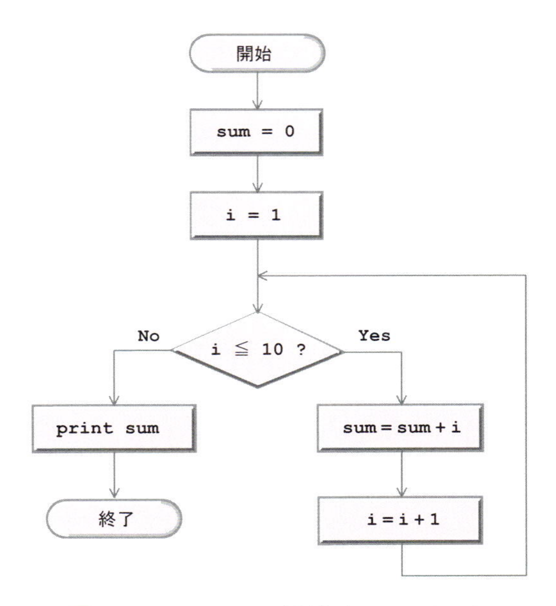

図1-11　1+2+…+10を計算するフローチャート

上記フローチャートの内容をC言語を用いて記述すると，図1-12のようになります.

```
1   // sum.c
2   #include  <stdio.h>
3
4   int  i;                              // ループ回数の変数
5   int  sum;                            // 総和の変数
6
7    void main(void){
8
9        sum = 0;                        // 総和の変数 sum を 0 にクリア
10       for(i = 1; i <= 10; i++){       // i を 1 ずつ増やしながら 10 回繰り返す
11           sum = sum + i;              // 総和の累積加算
12       }
13
14       printf("sum = %d ¥n", sum);     // 総和の値を 10 進数で表示
15  }
```

図 1-12　1+2+…+10 を計算するプログラムの一例（sum.c）

このソースコードをコンパイルして実行すると，モニタ上に 55 という値が表示されます．

1.4.3　CPU の基本構成

前節では，手順書に相当するフローチャートを基に，C 言語のプログラムを作成し，ソフトウェア側から演算の大まかな流れをトレースしました．しかし，変数等の表現には **10 進数**を用いており，抽象度の高い表現といえるでしょう．

一方，論理回路で構成された実際の CPU では，加減乗除等の演算に **2 進数**を用いており，処理手順を表す**機械語**（**マシン語**）もすべて 0 と 1 のビット列で構成されています．

残念ながらこれらの間には大きなギャップがあり，この溝を埋めるためには，**機械語**や**アセンブリ言語**，**論理回路**や**コンピュータアーキテクチャ**の基礎的な知識が必要となります．本書では，それらの内容を段階的に辿ってゆきますが，その第 1 ステップとして，CPU を中心とするハードウェアの大まかな機能を整理してみましょう．

図 1-13 は，代表的な CPU の基本構成を表しています．

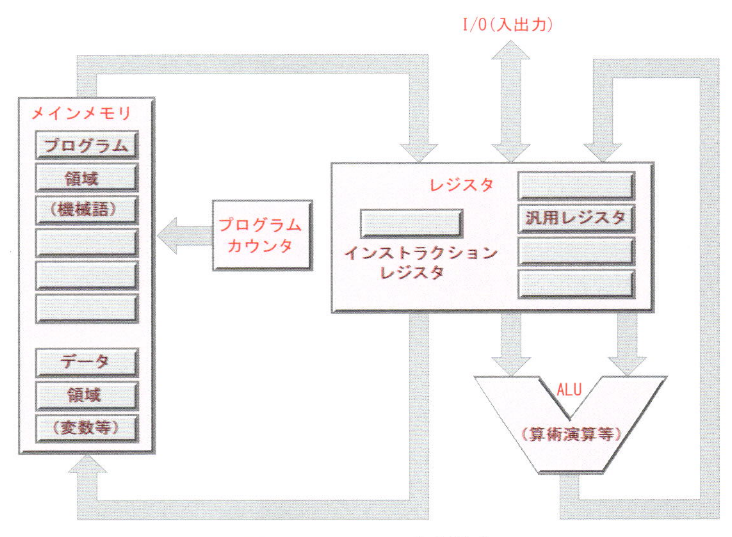

図1-13 CPUの基本構成

CPUの構成要素は，その機能により以下の4つに大別されます．

1. データの保存，書き込みと読み出し

CPUが扱うデータには，(1) 処理手順を記述した**機械語**，(2) 変数や定数などを表す**数値データ**，(3) 文字等を表す**コード情報**等があります．これらを保存するのが図1-13の**メインメモリ**と**レジスタ**であり，レジスタには計算等に使用する複数の**汎用レジスタ**と，機械語を読み込む専用の**インストラクション・レジスタ (IR)** があります．

メインメモリは大容量ですが読み書きの速度は遅く，汎用レジスタは高速に動作しますがその数が制限されています．これらの特性を考慮して，回路規模がコンパクトでありながら処理速度が速く，汎用性の高いCPUのアーキテクチャ (構成法) が重要になります．

2. データの演算，加工と編集

加減乗除をはじめとする**算術論理演算**を行なうのが**ALU** (Arithmetic Logic Unit) です．例えば加減算を実行するとき，ALUの入力に2つの数値を指定する必要がありますが，最近のCPUでは汎用レジスタを用いる方式が主流になっており，メインメモリの変数や定数を格納するデータ領域から，汎用レジスタに転送して使用します．また，ALUの出力は基本的にレジスタに書き込まれ，後述の2オペランド方式のCPUの場合，入力で指定した汎用レジスタの一方に上書きされます．

3. **データの入出力**
入出力ポート（I/O）は，周辺の外部機器やキーボード等の入出力デバイスに接続され，計算に用いるデータの入力や，計算結果を出力装置に表示する場合などに使用されます．

4. **制御**
メインメモリのプログラム領域には，具体的な処理手順を記述した**機械語**のデータが格納されており，実行時に**プログラムカウンタ**（PC）で指定した先頭アドレス（番地）から順次読み出され，**インストラクション・レジスタ**に転送されます．このレジスタの内容を1ステップ毎に解読しながら，ALUの入出力を制御したり，汎用レジスタとメインメモリのデータ領域の間でデータ転送を行います．また，**分岐命令**を実行する場合には，プログラムカウンタ等を直接操作します．

1.5 機械語とアセンブリ言語

CPUの具体的な動作をイメージするためには，**機械語（マシン語）**と，これに解りやすいラベル（ニモニック）を付加して表現した**アセンブリ言語**について理解する必要があります．CPUの種類やOS，プログラムの開発環境により様々なアセンブラが提供されていますが，ここではWindowsのx86系MASM（Microsoft Macro Assembler）と呼ばれるアセンブラを例に説明します．

本書の付録1で紹介するMicrosoft社Visual Studio CommunityのCコンパイラには，**インライン・アセンブラ**の機能が内蔵されています．

ここでは，図1-11に示した1から10までの総和を計算するプログラムをこのインライン・アセンブラを用いて作成します．

C言語のプログラムで鍵となるのがfor文の文法ですが，この規則をフローチャートを用いて図示すると，図1-14のようになります．

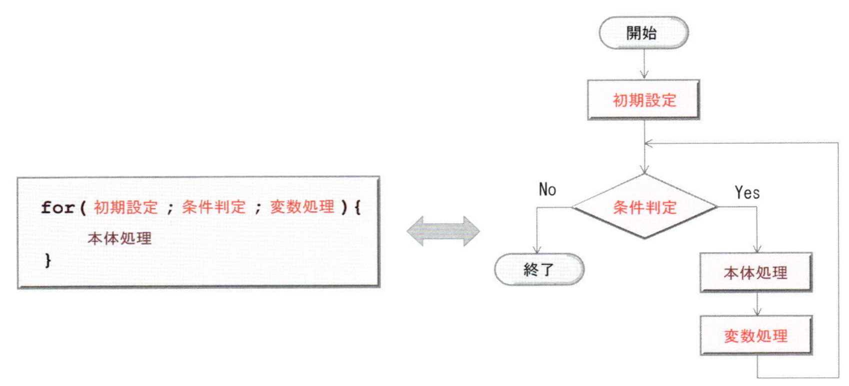

図1-14　C言語のfor文の規則

このような構造を忠実にアセンブリ言語に変換すると，図1-15に示すソースコードが得られます．（Visual Studioではソリューションプラットフォームを「x86」にしないと，インライン・アセンブラを使用できないことに注意して下さい）

```
 1  // asm_sum.c
 2  #include  <stdio.h>
 3
 4  void main(void){
 5      short sum;                          // 変数 sum の定義 (16bit)
 6
 7      __asm{                              // インライン・アセンブラの開始
 8              mov   ax, 0                 // ax に 0 を代入
 9              mov   bx, 1                 // bx に 1 を代入
10      LOOP1:  cmp   bx, 11                // bx と 11 を比較
11              je    MOUT                  // 一致したとき MOUT に Jump
12              add   ax, bx                // 和 (ax+bx) を計算し ax に代入
13              inc   bx                    // bx に 1 を加算
14              jmp   LOOP1                 // 無条件に LOOP1 に Jump
15      MOUT:   mov   sum, ax               // ax の内容をメモリの sum にコピー
16      }                                   // インライン・アセンブラの終了
17      printf("sum = %d ¥n", sum);         // sum の値を 10 進表示
18  }
```

図1-15　アセンブリ言語x86による表現（1）（asm_sum.c）

基本はC言語で記述していますが，8～15行が**アセンブリ言語**であり，その各行はステップ単位の**機械語**に1対1に対応しています．

このプログラムを実行すると，8～15行のアセンブリ言語に対応する機械語が，メインメモリのプログラム領域に転送され，その先頭の番地から順次実行を開始します．このアセンブリ言語の部分をフローチャートで表すと，図1-16のようになります．

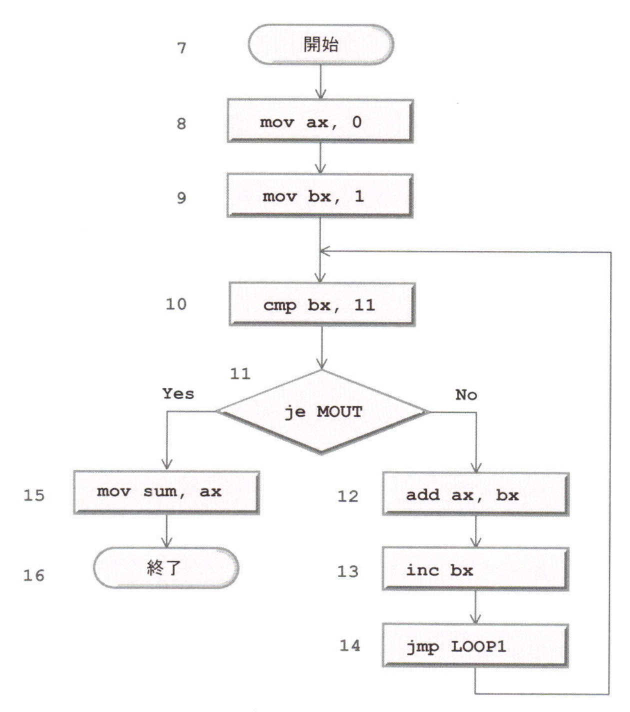

図1-16　アセンブリ言語x86のフローチャート（1）

以下，その動作について説明しましょう．

この例で使用する**汎用レジスタ**はax，bxの2種類であり，いずれも16bit構成になっています．これらのレジスタとデータの受け渡しを行うため，5行目でC言語の変数sumを16bitのshort型として宣言しています．ここで，レジスタのaxは図1-11，図1-12の変数sum，レジスタのbxはループ回数を表す変数iに対応しています.

図1-14で示したfor文の規則に従い,(1)開始時にbxを1に初期化し,(2)bxが10以下という条件を満たすとき{カッコ}のループ処理を繰り返し,(3)各ループの最後でbxに1を加算します.

すなわち,bxレジスタが10以下のとき,10行目cmpの判定結果がNoとなり,フラグが0にリセットされます.このため,11行の**条件付き分岐**(je; Jump Equal)で右側に分岐し,axの累積加算とbxの更新(+1)の後,14行の**無条件分岐**(jmp)により,10行目の判定に戻ります.

ループの最後で,bxの値が11に更新されると,10行目の判定でフラグが1にセットされるので,11行目で左側に分岐し,変数sumにaxの内容を転送して終了します.

for文の規則に従えば,{カッコ}の累積加算の後にループ回数bxを更新する必要がありますが,アセンブリ言語の場合,そのような制約は受けないので,自由度の高いプログラムを記述することができます.

例えば,図1-17に示すように,加算(add)や比較(cmp)の位置を入れ替えることにより,同じ内容の演算を1つの条件付き分岐(jne; Jump Not Equal)で実現することができ,最終的に無条件分岐(jmp)を除去することが可能です.

このフローチャートをアセンブリ言語で表現すると,図1-18のようになります.

最終的に生成される機械語が,for文の規則を遵守(じゅんしゅ)したものか,自由度を活かし効率を優先したものかは,使用するCコンパイラに依存しますが,最適化の設定等でも影響を受けます.

このように,C言語でプログラムを記述するとき,同じCPUであっても生成される機械語は1通りではなく,コンパイラの種類や最適化のレベルにより,機械語の種類やサイズ,演算速度等に違いが現れます.

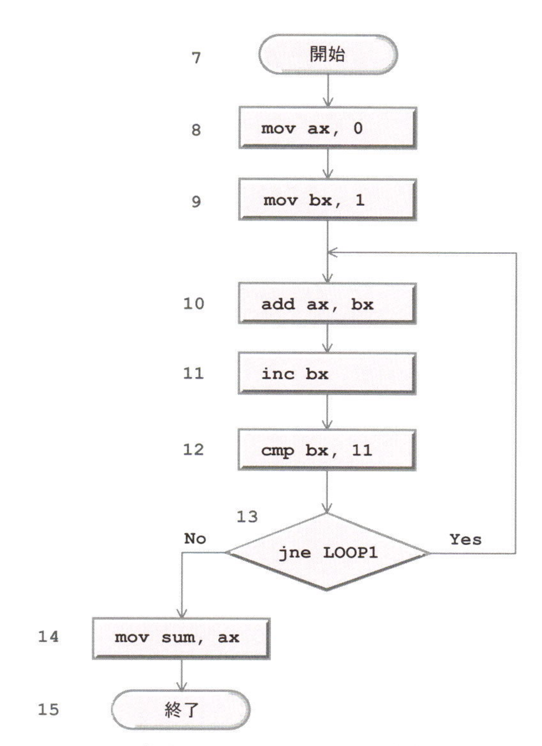

図 1-17 アセンブリ言語 x86 のフローチャート (2) (asm_sum2.c)

```
 1  // asm_sum2.c
 2  #include  <stdio.h>
 3
 4  void main(void){
 5      short sum;                         // 変数 sum の定義 (16bit)
 6
 7      __asm{                             // インライン・アセンブラの開始
 8              mov   ax, 0                // ax に 0 を代入
 9              mov   bx, 1                // bx に 1 を代入
10      LOOP1: add   ax, bx               // 和 (ax+bx) を計算し ax に代入
11              inc   bx                   // bx に 1 を加算
12              cmp   bx, 11               // bx と 11 を比較
13              jne   LOOP1                // 一致していないとき LOOP1 に Jump
14              mov   sum, ax              // ax の内容をメモリの sum にコピー
15      }                                  // インライン・アセンブラの終了
16      printf("sum = %d ¥n", sum);        // sum の値を 10 進表示
17  }
```

図 1-18 アセンブリ言語 x86 による表現 (2) (asm_sum2.c)

1.6 アセンブリ言語 x86 の書式について

アセンブリ言語の各行は，表1-1に示すように4つの項目から構成されています．なお，これらをすべて記述する必要はなく，命令の内容により必要な項目は変わります．

表1-1　アセンブリ言語 x86 の書式（例）

例	名称（ラベル）	オペレーション	オペランド	コメント
1		mov	ax,　0	// …
2	LOOP1:	add	ax,　bx	// …
3		inc	bx	// …
4		cmp	bx,　11	// …
5		jne	LOOP1:	// …

1. 名称（ラベル）

表1-1の例2 LOOP1:がこれに該当し，例5の条件付ジャンプ命令jneの飛び先を表しています．**ラベル**の最後には，':'（コロン）を付加することになっています．この他，変数や定数を定義する場合にもその名称として使用されます．

2. オペレーション

例1のmovや例2のaddなどが該当します．これらは，命令の動作をわかり易くするために付けられた名称で，**ニモニック**と呼ばれます．なお，movは移動（move），addは加算（add），incは1の加算（increment），cmpは比較（compare），jneは条件付ジャンプ（jump not equal）の頭文字等がその語源になっています．

この他，Microsoft社のMASM（Microsoft Macro Assembler）では数多くの命令が用意されていますが，多岐に亘（わた）るのでここでは省略します．

3. オペランド

オペランドはオペレーションの内容に依存し，最大2つの項目がカンマ区切りで記述されます．例3のincや例5のjneはオペランドが1

つのケースで，それぞれ 1 を加算する汎用レジスタと，ジャンプ先のアドレスを指定しています．また，例 1 の mov や例 2 の add，例 4 の cmp は 2 つのケースで，第 1 のオペランドは，移動先や加算，比較の対象となる汎用レジスタを指定します．第 2 のオペランドは，移動元や加算等の汎用レジスタを指定しますが，直接 10 進や 16 進の数値（即値という）を記述する場合があります．

本書で使用する MASM では，加算等の結果は第 1 オペランドに上書きされ，比較の結果は専用のフラグ（Flag）に保存されます．なお，MASM 以外のアセンブラ（gas 等）では，演算結果が第 2 オペランドに上書きされる場合があるので，注意が必要です．

4. コメント

先頭に ' ; '（セミコロン）や ' // ' を付加して，説明文を記述します．

このような ラベル や ニモニック等は，0 と 1 で構成される機械語を，あくまでわかり易く表現するための手段であり，コンパイルの前処理のステージで使用されます．

機械語が保存された実行ファイルには組み込まれていないので，注意が必要です．

x86系の機械語について

本書の中では，比較的シンプルな16ビットのCPUである8086の**機械語**を用いて説明しています．このCPUは，その後80186→80286→80386→80486→Pentium(80586)→…のように進化し，**レジスタ長**も32bitから64bitに拡張され，現在に至っています．なお，8086の前身である8bitのCPU（8085）の命令コード（機械語）は基本的に引き継がれ，後継機種でも実行できるよう互換性を重視した設計になっており，これらの命令体系を総称してx86系と呼んでいます．この機械語のサイズは可変長で，1バイト（8bit）から数バイトの長さを持ち，複雑な命令体系をもつCISC（Complex Instruction Set Computer）に分類されます．

一方，**キャッシュメモリ**や**コンパイラ**を中心とするソフトウェア技術の進歩により，よりシンプルな命令体系をもつRISC（Reduced Instruction Set Computer）が開発され，その基盤技術が広く用いられるようになりました．一般に，最近のx86系のCPUはCISC系に分類されますが，当初の機械語をそのまま実行するのではなく，前処理で従来のCISC命令を分析し，単純なRISC命令の組合せに翻訳して実行するという複雑な構造になっています．すなわち，パソコンに組込まれているCPU上で，ここで説明した16bitの演算が実際に行われているのではなく，あくまで16bitの8086を想定した仮想的なマシン上でのエミュレーションといえます．

1.7 本書の構成について

まえがきでも述べたように，本書では従来とは異なり，いわゆる**トップダウン**による**CPUの設計手法**を採用しています．具体的にはC言語やアセンブリ言語などのソフトウェアにより，CPUの動作イメージを明らかにし，その**エミュレータ**を**ハードウェア記述言語**（HDL）に移植します．

本書の構成は図1-19に示すように，第1～8講の前半と第9～10講の後半に分かれています．

前半では，極めてシンプルな**命令セット**に特化したCPUを設計し，FPGAと呼ばれるデバイス上で実際に動作させます．第1講では，CPUの動作イメージを明らかにするため，C言語やx86系の**アセンブリ言語**を用いて，簡単な計算を行うプログラムを作成しました．第2講では，きわめて単純なCPUの**命令セット**や**アセンブリ言語**，**機械語**の仕様を決定します．第3講では，このCPUを**エミュレート**するプログラムをC言語を用いて作成し，その具体的な動作をイメージ化します．

次の第4講ではハードウェア化の準備として，**論理回路の基礎**について復習し，第5講で**ハードウェア記述言語**（VHDL）を用いて，簡単な回路を表現する方法を整理します．さらに第6講では，設計した回路を**FPGA評価ボード**上に構築して動作させる手法を実習を通して習得します．

第7講では，C言語を用いて作成した**CPUエミュレータ**をVHDLに移植し，第8講で実際のFPGAに実装して，その動作を確認します．

後半の講では，より実用的なCPUを目指して，メモリを中心に回路の見直しを行います．第9講では，外部ファイルからROMのデータを読み込む手順を示し，**メモリ**（ROMとRAM）を実装して，CPUとしての動作を確認します．最後の第10講では，**パイプライン処理**を導入して高速化を図り，次のステップへの道筋を示します．

なお付録1では，個人の場合無償で使用できるC言語の**開発ツール**Microsoft社のVisual Studio Community，付録2ではFPGAの**EDA開発ツール**Intel社のQuartus Prime Lite Editionの使用法を説明します．

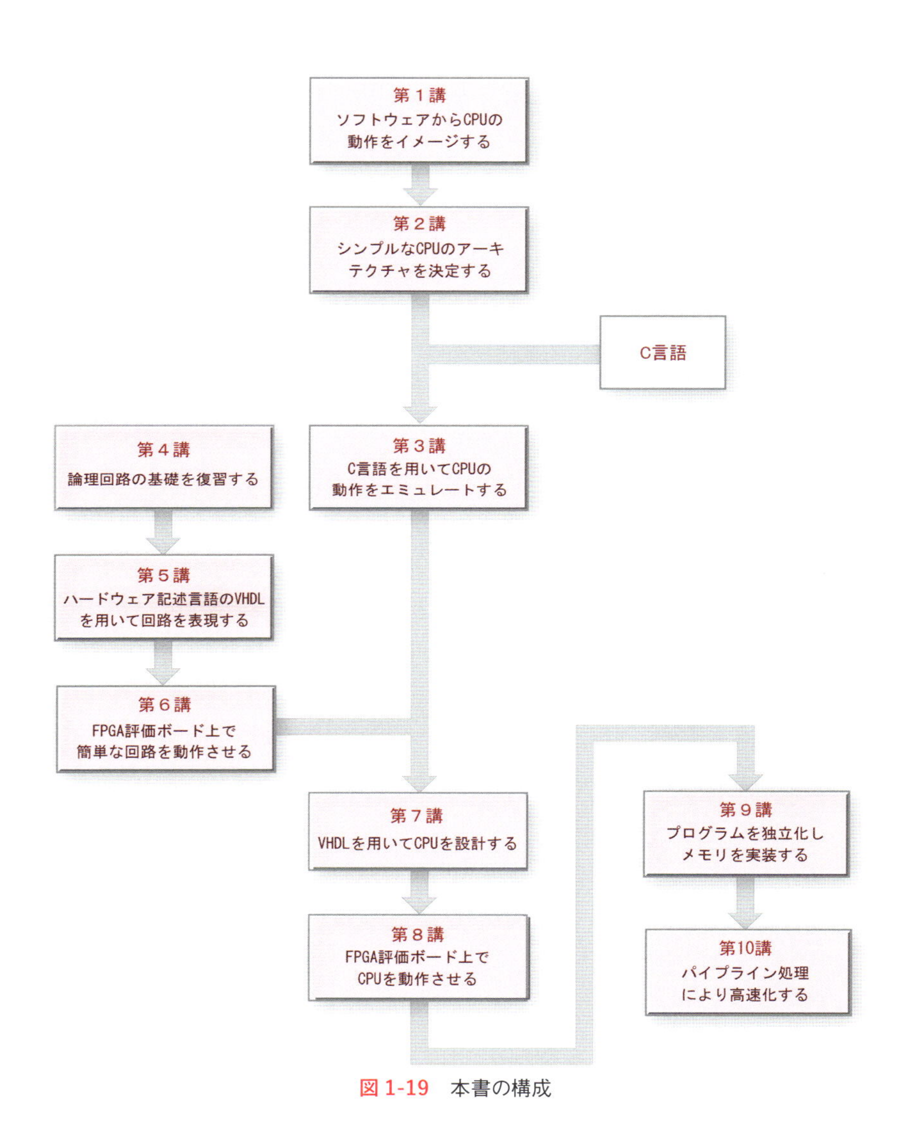
第１講
ソフトウェアからCPUの
動作をイメージする
第２講
シンプルなCPUのアーキ
テクチャを決定する
C言語
第４講
論理回路の基礎を復習する
第３講
C言語を用いてCPUの
動作をエミュレートする
第５講
ハードウェア記述言語のVHDL
を用いて回路を表現する
第６講
FPGA評価ボード上で
簡単な回路を動作させる
第７講
VHDLを用いてCPUを設計する
第９講
プログラムを独立化し
メモリを実装する
第８講
FPGA評価ボード上で
CPUを動作させる
第10講
パイプライン処理
により高速化する

図 1-19　本書の構成

第2講
シンプルなCPUのアーキテクチャを決定する

本講では，極めて単純なRISC（Reduced Instruction Set Computer）型CPUについて，その命令セットやアーキテクチャの仕様を決定し，具体的な動作がイメージできるよう理解を深めます．

2.1 設計するCPUの特徴

ここで設計するシンプルなRISC型CPUの特徴を整理すると，次のようになります．

1. **15bitの固定長命令**
   RISC型のため，すべての命令（機械語）は固定長となりますが，ここでは15bit長とします．なお，機械語を格納するインストラクション・レジスタや，メインメモリのプログラム領域におけるデータ長も，必然的に15bitとなります．
2. **2バイト（16bit）長のデータ表現**
   機械語の命令長は15bitに決まりましたが，CPUが扱うデータには数値や文字コード等があり，ここではきりの良い2バイト（16bit）とします．当然，汎用レジスタやメインメモリのデータ領域のデータ長も16bitになります．また，**算術論理演算**を行なう**ALU**も16bitが基本サイズとなります．
3. **8個の汎用レジスタ**
   命令長が15bitという制約の中で，命令の種類を表す**オペレーション**と，最大2つの**オペランド**を指定する必要があります．そこで，今回はオペレーションを表す**命令コード**に4bit，汎用レジスタを指定する**オペランド**に3bitを割り当てることにします．これより，命令の数は$2^4=16$，汎用レジスタの数は$2^3=8$個となります．
また，無条件ジャンプや条件付きジャンプでは，飛び先のアドレスをオペランドに直接記述しますが，簡略化のためここでは8bitの**絶対アドレス**（0～255）を用いることにします．

4. プログラム領域とデータ領域を分離するハーバードアーキテクチャ
メインメモリとレジスタ間のデータ転送は，基本的に
(a) プログラム領域とインストラクション・レジスタ間，
(b) データ領域と汎用レジスタ間
で行われます．今回，(a)のプログラム領域におけるデータ長が15bitであるのに対し，(b)のデータ領域におけるデータ長は16bitとなり，1bitのずれが生じます．このため，これらを独立した**データバス**として扱う**ハーバードアーキテクチャ**を採用することにします．これによりデータバスの種類は増えますが，制御方法はむしろシンプルになります．

5. メモリマップドI/Oの採用
CPUと周辺機器を接続するインタフェースに，**入出力ポート**（I/O）があります．x86系のCPUでは，このI/Oとメインメモリを分離し，それぞれ独立したアドレスとデータのバスを割り当てています．ここでは，回路構成をよりシンプルにするため，メインメモリのデータ領域に独立したアドレスを与えてI/Oを配置する，いわゆる**メモリマップドI/O**を採用することにします．必然的にこのI/Oポートのビット幅は，メインメモリのデータ領域に等しい16bitになります．

2.2 命令セットの定義

表2-1に，15ビットのRISC型CPUの**命令セット**を示します．
ここで，上位の14～11ビットは**命令コード**に対応しており，0000～1111

のビット列により，$2^4=16$ 種類の操作（オペレーション）を指定します．

表 2-1　シンプルな CPU の命令セット

No	bit 構成															命令コード（略号）	操作
	14	13	12	11	10	9	8	7	6	5	4	3	2	1	0		
1	0	0	0	0	Reg A			Reg B			-	-	-	-	-	mov	RegA ← RegB
2	0	0	0	1	Reg A			Reg B			-	-	-	-	-	add	RegA ← RegA ＋ RegB
3	0	0	1	0	Reg A			Reg B			-	-	-	-	-	sub	RegA ← RegA － RegB
4	0	0	1	1	Reg A			Reg B			-	-	-	-	-	and	RegA ← RegA and RegB
5	0	1	0	0	Reg A			Reg B			-	-	-	-	-	or	RegA ← RegA or RegB
6	0	1	0	1	Reg A			-	-	-	-	-	-	-	-	sl	RegA ← RegA 1bit 左シフト
7	0	1	1	0	Reg A			-	-	-	-	-	-	-	-	sr	RegA ← RegA 1bit 右シフト
8	0	1	1	1	Reg A			-	-	-	-	-	-	-	-	sra	RegA ← RegA 1bit 算術右シフト
9	1	0	0	0	Reg A			Data(8bit)								ldl	RegA(Low) ← Data (8bit)
10	1	0	0	1	Reg A			Data(8bit)								ldh	RegA(High) ← Data (8bit)
11	1	0	1	0	Reg A			Reg B			-	-	-	-	-	cmp	Flag ← 1 if(RegA==RegB)
12	1	0	1	1	-	-	-	Addr(8bit)								je	pc ← Addr (8bit) if(Flag==1)
13	1	1	0	0	-	-	-	Addr(8bit)								jmp	pc ← Addr (8bit)
14	1	1	0	1	Reg A			Addr(8bit)								ld	RegA ← (Addr)
15	1	1	1	0	Reg A			Addr(8bit)								st	(Addr) ← RegA
16	1	1	1	1	-	-	-	-	-	-	-	-	-	-	-	hlt	

これらの**命令コード**に対応する操作内容と，その略号（**ニモニック**）を表 2-2 にまとめます．

なおここで使用するニモニックは，前講で用いた x86 系とは一部異なるので，注意が必要です．

表2-2 命令コードとその略号

No	命令コード	略号	略号の意味	内 容
1	0000	mov	Move	レジスタ間のデータコピー
2	0001	add	Addition	加算
3	0010	sub	Subtraction	減算
4	0011	and	Logical And	論理積
5	0100	or	Logical Or	論理和
6	0101	sl	Shift Left (1bit)	左シフト(1bit)
7	0110	sr	Shift Right (1bit)	右シフト(1bit)
8	0111	sra	Shift Right Arithmetic (1bit)	算術演算右シフト(1bit)
9	1000	ldl	Load Immediate Value Low	即値ロード(Low)
10	1001	ldh	Load Immediate Value High	即値ロード(High)
11	1010	cmp	Compare	比較
12	1011	je	Conditional Jump (Equal)	条件付きジャンプ
13	1100	jmp	Jump	ジャンプ
14	1101	ld	Load Memory	メモリからの読み出し
15	1110	st	Store Momory	メモリへの書き込み
16	1111	hlt	Halt	停止

RISC型CPUの場合，CISC（Complex Instruction Set Computer）のように複雑な命令は，単純な命令の組合せにより実現しますが，一般的なRISC型CPUに比べても命令の数が16と極端に少なく，これで何ができるのか，疑問に思われるかもしれません．

しかし，本書ではCPUの設計から動作までを見通しよく体験するため，シンプルさに徹した方針を貫いています．ここで例えば，命令長を1ビット増やして16ビットに拡張すれば，命令数を倍の$2^5=32$に増やすことが可能です．さらに，24bit～32bitのように拡大すれば，命令コードのみならずオペランド等に割り当てるビット数に余裕が生まれ，汎用レジスタの数や，メモリサイズを大幅に拡張することができます．

基本をしっかり把握すれば，より高度で実用的なレベルのCPUに発展させることは，比較的容易です．ここで設定した仕様はあくまで出発点と考え，設計・試作の実習を通して，それらの全体像をしっかり把握することを目標に，理解を深めていただければと思います．

2.3 命令コードとオペランド

表2-1で示したように，上位の4ビット（14～11）は**命令コード**に，下位の11ビット（10～0）が**オペランド**に対応します．第1講で紹介したx86系の命令セットと同様，**2オペランド方式**を基本とします．なお，第1オペランドのRegAと，第2オペランドのRegBには，それぞれ3bitを割り当てており，8個ある**汎用レジスタ**の1つを指定します．これらは独立に指定することができますが，汎用レジスタの本体はReg0～Reg7の8個しか存在しないことに注意して下さい．

以下，それぞれの命令コードの詳細について説明します．

1. mov 命令

mov命令は，汎用レジスタのデータを**移動**（**コピー**）する場合に用います．図2-1に示すようにオペランドは2つあり，第2オペランド（RegB）で指定した汎用レジスタの内容を，第1オペランド（RegA）で指定した汎用レジスタにコピーします．なお，'−'はいわゆるdon't careの記号で，0と1のどちらでも構わないことを表しています．

上位の4bitが"0000"のmov，第1オペランドのRegAが"001"，第2オペランドのRegBが"010"であり，汎用レジスタのReg1にReg2の内容がコピー（上書き）されます．

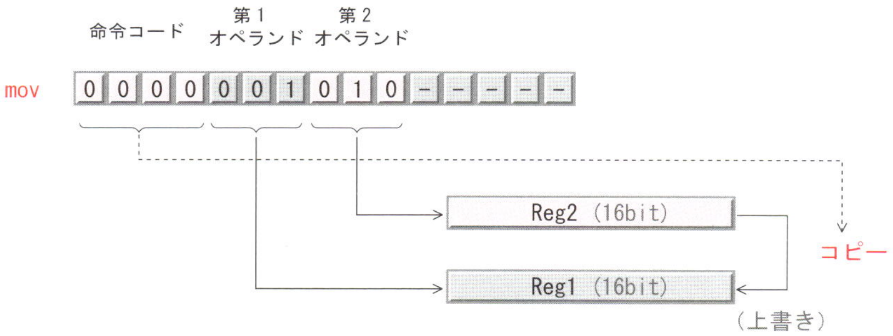

図2-1　mov命令

2. add 命令

add 命令は，汎用レジスタのデータを**加算**する場合に用います．図 2-2 に示すように，2 つのオペランドで指定した汎用レジスタの内容を 2 進数のレベルで加算し，その和を第 1 オペランドで指定した汎用レジスタに上書きします．16bit の正の 2 進数を加算すると 17bit になります．一般には，最上位のビットをオーバーフロービットとして処理しますが，今回は簡略化のため無視することにします．

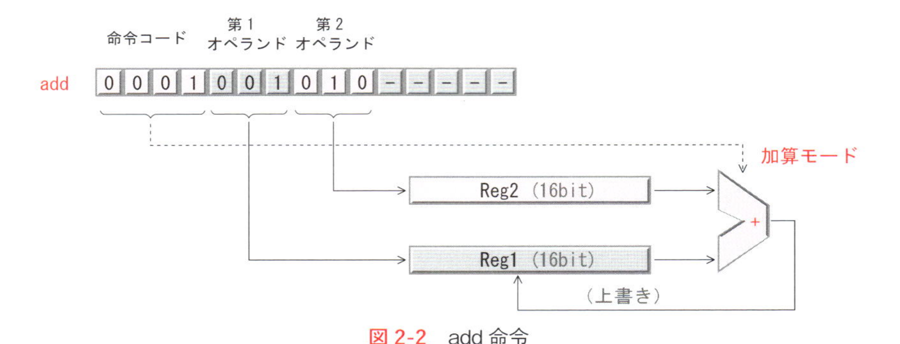

図 2-2　add 命令

3. sub 命令

sub 命令では，汎用レジスタのデータを**減算**します．

オペランドの扱いは基本的に add 命令と同じで，第 1 オペランドで指定したレジスタから第 2 オペランドのレジスタを減算し，その結果を第 1 オペランドのレジスタに上書きします．

なお，減算には **2 の補数**を使用します．これは，負の数にゲタをはかせて正の範囲内にシフトし，減算ではなく加算を行った後，ゲタの分を補正する手法ですが，その内容については，この後のコラムで説明します．

4. and 命令

and 命令は，汎用レジスタの 16bit のデータについて，ビット単位の**論理積**（AND）を計算します．

この論理積については第 4 講でも説明しますが，2 つの入力が同時に 1

のとき出力が1になり，それ以外は0になる演算です．

オペランドの扱いは基本的にadd命令と同じで，第1オペランドで指定したレジスタと，第2オペランドのレジスタの論理積を求め，その結果を第1オペランドのレジスタに上書きします．

5. or命令

or命令は，汎用レジスタの16bitのデータについて，ビット単位の**論理和**（OR）を求めます．

この論理和とは，2つの入力の少なくとも一方が1のとき出力が1になり，それ以外は0になる演算です．

第1オペランドで指定したレジスタと，第2オペランドのレジスタの論理和をとり，その結果を第1オペランドのレジスタに上書きします．

6. sl命令

sl命令はshift leftの略で，図2-3に示すように，第1オペランドで指定したレジスタのデータを**左方向**に1bit**シフト**し，その結果を第1オペランドのレジスタに上書きします．なお，最下位のビットには0が書き込まれます．

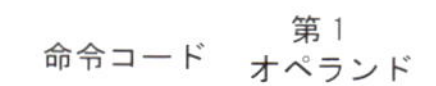

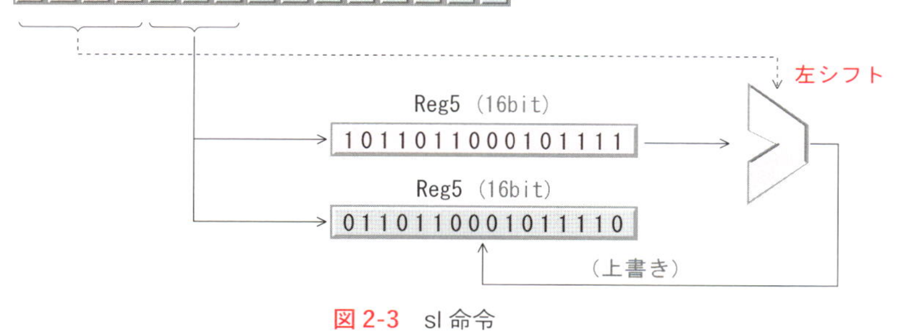

図2-3　sl命令

7. sr命令

sr命令はshift rightの略で，第1オペランドで指定したレジスタのデータを**右方向**に1bit**シフト**し，その結果を第1オペランドのレジスタに上書きします．なお，最上位のビットには0が書き込まれます．

8. sra命令

sra命令はshift right arithmeticの略で，第1オペランドで指定したレジスタのデータを**右方向**に1bit **シフト**し，その結果を第1オペランドのレジスタに上書きします．なお，シフトする前の最上位のビットが0のとき0が，1のとき1が最上位に書き込まれます．このようなシフト操作は，この後で説明する2の補数を扱う場合等に使用されます．

9. ldl命令

ldl命令はload immediate value lowの略で，図2-4のように第1オペランドで指定したレジスタのデータの**下位** 8bitに，第2オペランドの8bitデータを直接書き込みます．メインメモリのデータ領域にある定数をレジスタに転送することもできますが，これは機械語の中に直接定数を埋め込む方法で，**即値データ**と呼ばれます．次のldh命令と組合わせることにより，任意の16bitデータをレジスタに設定することができます．

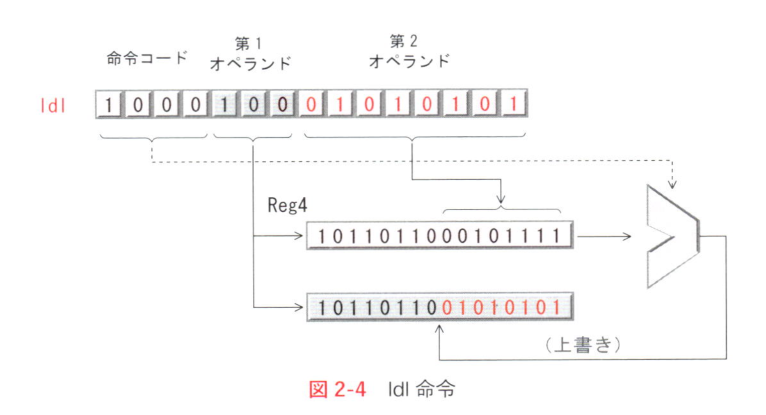

図2-4 ldl命令

10. ldh命令

ldh命令はload immediate value highの略で，第1オペランドで指定したレジスタのデータの**上位** 8bitに，第2オペランドの8bitデータを直接書き込みます．一般に，先のldl命令と組合わせて使用します．

11. cmp 命令

cmp 命令は compare の略で，図 2-5 に示すように，第 1 オペランドと第 2 オペランドで指定した 2 つのレジスタを**比較**し，完全に一致したとき Flag を 1 にセット，一致しないとき 0 にリセットします．この Flag は，条件付きジャンプ命令 je で使用します．

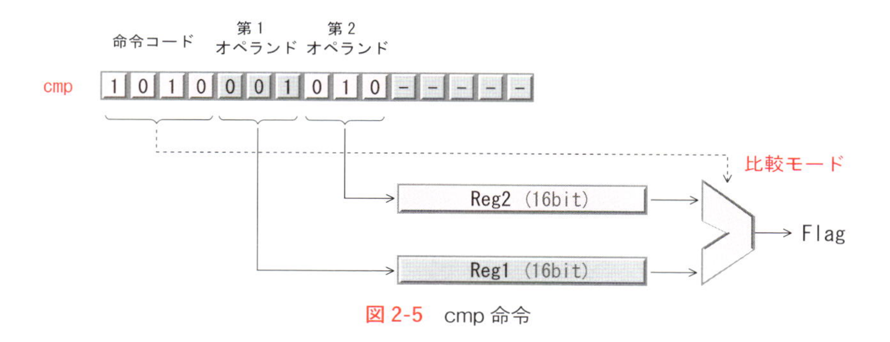

図 2-5　cmp 命令

12. je 命令

je 命令は jump equal の略で，図 2-6 に示すように，第 1 オペランドと第 2 オペランドが指定されていますが，第 1 オペランドは使用しません．上記 cmp 命令の判定により，Flag が 1 にセットされている場合にのみ，第 2 オペランドの 8 ビットをプログラムカウンタ（PC）に代入します．次のステップではメインメモリの（PC）番地の機械語を実行するので，実質的にジャンプすることになります．なお，Flag が 0 の場合は何もせず，次の命令を実行します．

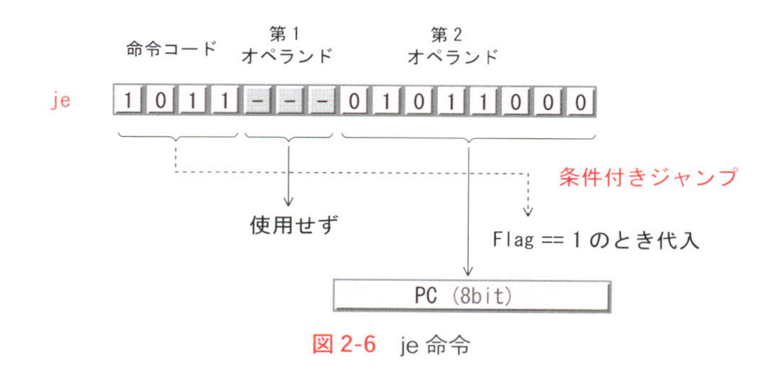

図 2-6　je 命令

13. jmp 命令

jmp 命令は第1オペランドと第2オペランドが指定されていますが，11～9ビットの第1オペランドは使用しません．Flagの内容に影響されることなく，第2オペランドの8ビットをプログラムカウンタ（PC）に書き込みます．これにより，次のステップでメインメモリの（PC）番地の機械語を読み込み実行します．

14. ld 命令

ld 命令は load memory の略で，図2-7に示すように，第2オペランドの8ビットをアドレスとするメインメモリ（データ領域）の内容を，第1オペランドで指定した汎用レジスタに転送（コピー）します．

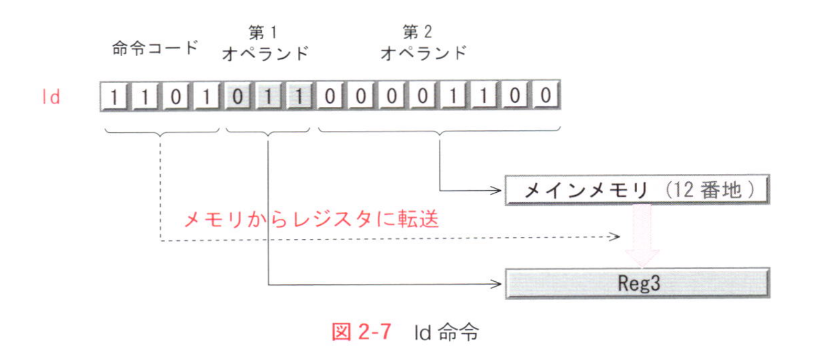

図2-7　ld 命令

15. st 命令

st 命令は store memory の略で，ld とは逆に第1オペランドで指定した汎用レジスタの内容を，第2オペランドの8ビットをアドレスとするメインメモリ（データ領域）に転送（コピー）します．

16. hlt 命令

hlt 命令は halt の略で，プログラムカウンタ（PC）の更新を停止します．これにより，外部からの強制リセット信号を受けるまで，CPU は**停止状態**になります．

−(マイナス)にゲタをはかせて+(プラス)にする2の補数

コンピュータの**減算**では，上の桁から1を借りる操作が煩雑(はんざつ)になるので，**2の補数**を**加算**する手法が広く用いられています．ここでは，そのような2の補数について簡単に説明します．

図2-8の左に，−8から+7までの数値が並んでいます．0やプラスの数値についてはそのまま処理しますが，マイナスの場合はそれぞれ+16の**ゲタ**をはかせ，本来のプラスより上の領域に**シフト**します．この操作により，減算の代わりに加算を行い，最後に**ゲタ**を調整すればよいことになります．

図の右下に示すように，+16のゲタの調整は加算操作の桁上げの位置に現れる1を無視するだけで済み，極めて簡単に実現することができます．

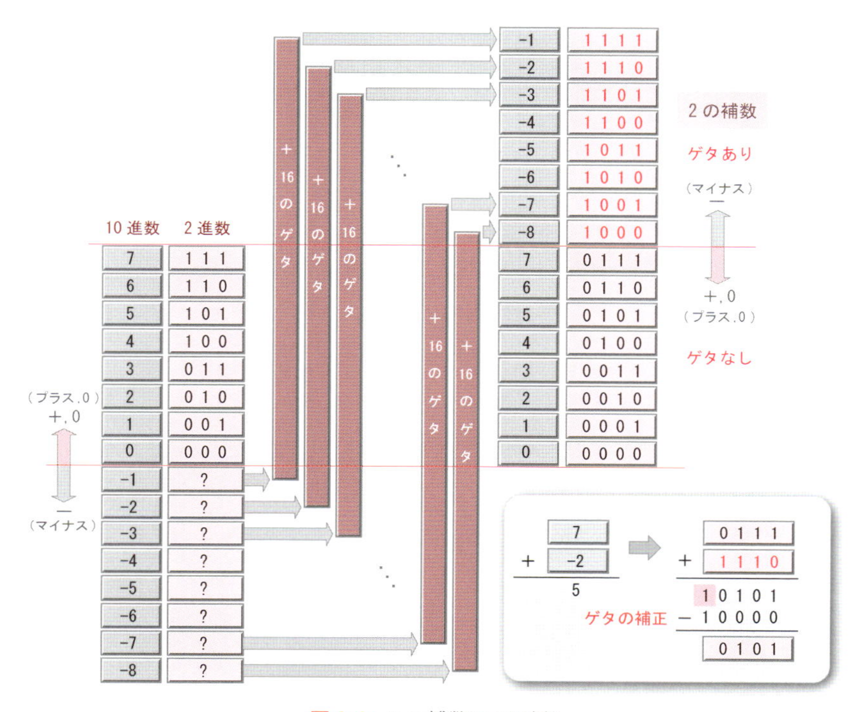

図2-8　2の補数による減算

2.4　1＋2＋…＋10の計算例

本節では，表2-1に示したCPUの**命令セット**を用いて，簡単な計算を行います．

前講で用いた例題と同じように，1+2+…+10を計算するプログラムを，**アセンブリ言語**を用いて記述します．その例を次の図2-9に示します．

```
 0:  ldh  Reg0  0     // Reg0(H)に値0をセット
 1:  ldl  Reg0  0     // Reg0(L)に値0をセット
 2:  ldh  Reg1  0     // Reg1(H)に値0をセット
 3:  ldl  Reg1  1     // Reg1(L)に値1をセット
 4:  ldh  Reg2  0     // Reg2(H)に値0をセット
 5:  ldl  Reg2  0     // Reg2(L)に値0をセット
 6:  ldh  Reg3  0     // Reg3(H)に値0をセット
 7:  ldl  Reg3  10    // Reg3(L)に値10をセット
 8:  add  Reg2  Reg1  // Reg2とReg1の和をReg2に上書き
 9:  add  Reg0  Reg2  // Reg0とReg2の和をReg0に上書き
10:  st   Reg0  64    // RAM（I/O）の64番地にReg0の内容を出力
11:  cmp  Reg2  Reg3  // Reg2とReg3を比較し，一致したらFlag = 1
12:  je   14          // Flag = 1のとき14番地にjump
13:  jmp  8           // 8番地に無条件jump
14:  hlt              // CPUの停止
```

図2-9　アセンブリ言語による1+2+…10の計算プログラム

ここで，左側の数字は機械語が格納されているメインメモリのアドレス(番地)を表しています．プログラムカウンタは，動作開始時に0にリセットされるので，最初に0番地の機械語が読み込まれ，実行を開始します．

0番地でReg0の上位8bitに，次のステップの1番地で下位8bitに0が書き込まれ，最終的にReg0には定数の0がセットされます．

同様にして，2,3番地でReg1に定数の1が，4,5番地でReg2に定数の0が，6,7番地でReg3に定数の10が，16bitの2進数の形式で書き込まれます．このプログラムではReg1とReg3を定数として扱うので，その値が変更されることはありません．なお，8番地ではReg2にループの回数が，9番地でReg0に加算の累積結果(sum)が，上書きされます．

図2-10に，このプログラムの**フローチャート**を示します．

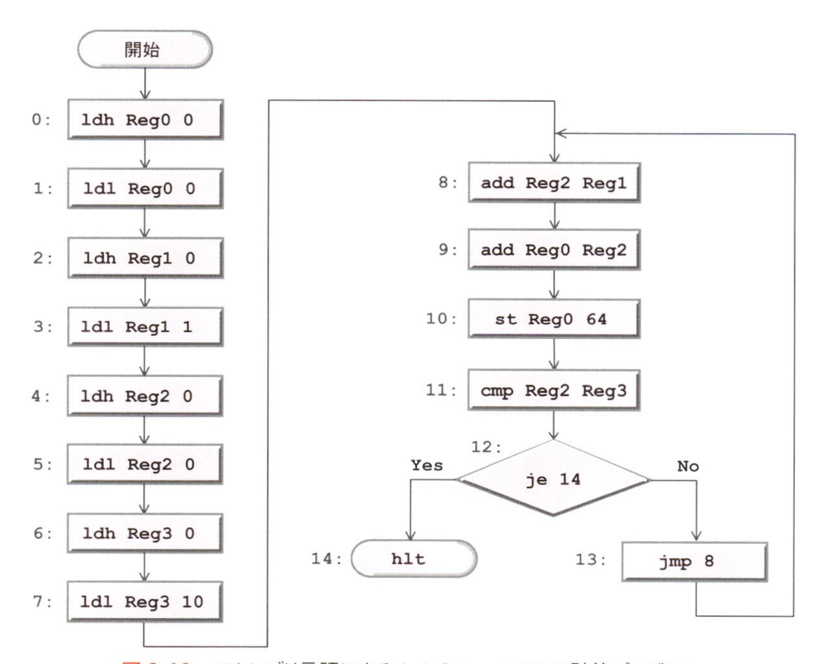

図 2-10　アセンブリ言語による 1 ＋ 2 ＋…＋ 10 の計算プログラム

前講の図 1-17 に示したシンプルなフローチャートを踏襲(とうしゅう)したいところですが，残念なことに，条件付きジャンプ jne に対応する命令がありません．

そこで，je と jmp を組合わせた図 1-16 のフローチャートをベースに修正を加えます．ここで Reg2 は図 1-16 のループ回数を表すレジスタ bx に，Reg0 は累積した総和を表すレジスタの ax に対応しています．

st 命令によりメモリの 64 番地に累積値を出力し，右側のループを 9 回経由した後左側に分岐して，CPU は停止します．なお，st 命令は左分岐の hlt の直前に置くのが一般的ですが，第 8 講で実際の CPU を用いて計算の途中結果を表示する場合を想定し，あえてループの内側に記述しています．

このプログラムは，メインメモリのプログラム領域の 0 番地からスタートし，68 ステップ後に 14 番地の hlt 命令を実行して CPU は停止します．これらの各ステップ実行後のレジスタの値を，次の図 2-11 に示します．

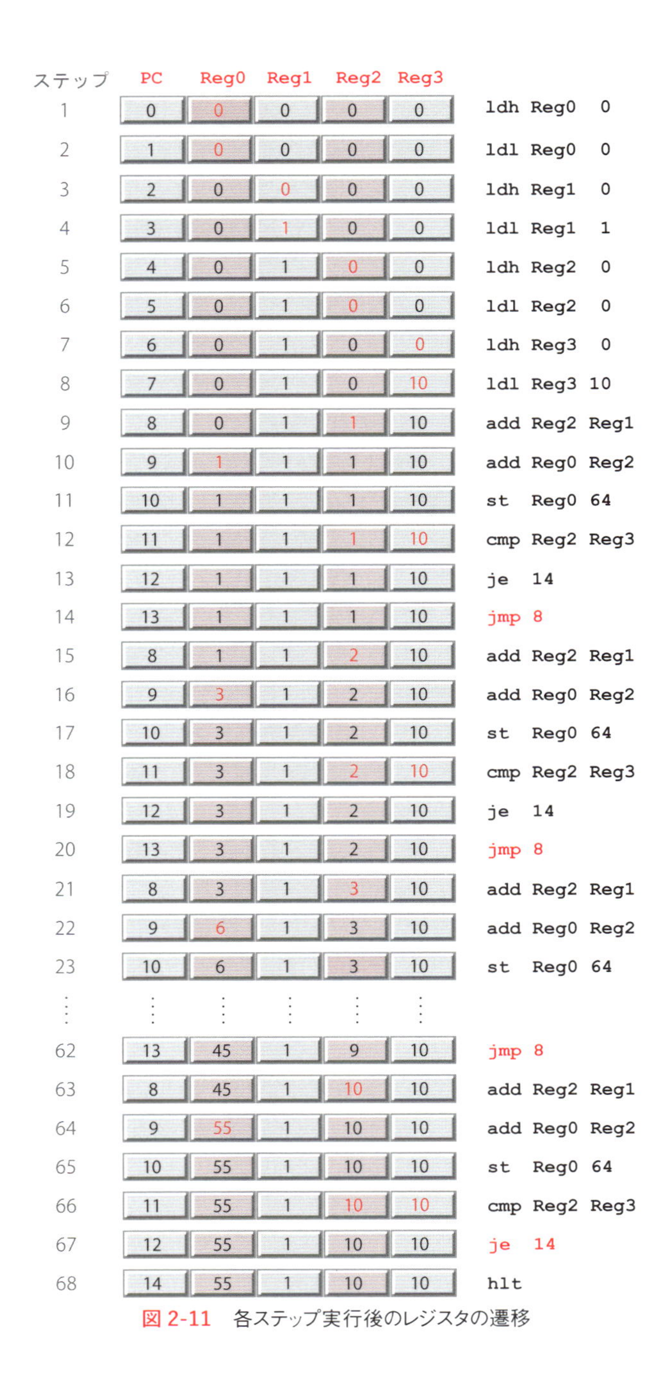

ステップ	PC	Reg0	Reg1	Reg2	Reg3	
1	0	0	0	0	0	ldh Reg0 0
2	1	0	0	0	0	ldl Reg0 0
3	2	0	0	0	0	ldh Reg1 0
4	3	0	1	0	0	ldl Reg1 1
5	4	0	1	0	0	ldh Reg2 0
6	5	0	1	0	0	ldl Reg2 0
7	6	0	1	0	0	ldh Reg3 0
8	7	0	1	0	10	ldl Reg3 10
9	8	0	1	1	10	add Reg2 Reg1
10	9	1	1	1	10	add Reg0 Reg2
11	10	1	1	1	10	st Reg0 64
12	11	1	1	1	10	cmp Reg2 Reg3
13	12	1	1	1	10	je 14
14	13	1	1	1	10	jmp 8
15	8	1	1	2	10	add Reg2 Reg1
16	9	3	1	2	10	add Reg0 Reg2
17	10	3	1	2	10	st Reg0 64
18	11	3	1	2	10	cmp Reg2 Reg3
19	12	3	1	2	10	je 14
20	13	3	1	2	10	jmp 8
21	8	3	1	3	10	add Reg2 Reg1
22	9	6	1	3	10	add Reg0 Reg2
23	10	6	1	3	10	st Reg0 64
⋮	⋮	⋮	⋮	⋮	⋮	
62	13	45	1	9	10	jmp 8
63	8	45	1	10	10	add Reg2 Reg1
64	9	55	1	10	10	add Reg0 Reg2
65	10	55	1	10	10	st Reg0 64
66	11	55	1	10	10	cmp Reg2 Reg3
67	12	55	1	10	10	je 14
68	14	55	1	10	10	hlt

図2-11　各ステップ実行後のレジスタの遷移

column

CISC vs. RISC

ここではCISC（Complex Instruction Set Computer）と，RISC（Reduced Instruction Set Computer）の歴史的な背景について補足します．

いわゆるパーソナルコンピュータが本格的に普及し始めた1980年代前半，オペレーションシステム（OS）は，フロッピーディスクを用いるDOS（Disk Operating System）が主流でした．

また，CPUにはIntel社の16bitマイクロプロセッサである8086等を基本とするシリーズが用いられており，クロックは数10MHzが限度でした．

CPUの動作は，主に以下の4つのステージにより構成されています．

1. メモリから機械語を読み込む**フェッチ**
2. 機械語を解読し演算の元になるデータを準備する**デコード**
3. デコードステージで用意されたデータを基に，実際に演算を行う**実行**
4. 実行の結果を，レジスタやメモリに書き込む**ライトバック**

パソコンの黎明期（れいめいき）では，メインメモリをはじめとする外部記憶装置の容量も小さく，速度も低く抑えられていました．このため，2.の**デコード**や3.の**実行**ステージに比べ，1.の**フェッチ**や4.の**ライトバック**のステージに多くの時間を要していました．

そこで，フェッチの実質的な回数を抑える方法として，1回のフェッチでより複雑な処理が可能になるよう，命令の内容を高度化する方向に技術が進展します．いわゆるCISC型CPUは，このような背景の下で生まれました．

一方，リソグラフィ技術の進展により，半導体の集積度が指数関数的に高まり，CPU内部に「**キャッシュメモリ**」と呼ばれる高速な一時メモリが実装される時代が到来します．その結果，フェッチやライトバックに要する実質的な時間は大幅に短縮され，今度は実行時間の短縮が課題として浮上してきます．

さらに，米国の大学等でCISC命令の使用頻度を分析したところ，特定の命令に集中していることが明らかになります．

これらの背景を基に，極めて単純で利用頻度の高い命令を抽出し，これに**パイプライン処理**を導入することにより，実質的な実行時間を大幅に短縮するRISC型CPUが開発されます．

CISC対RISCのせめぎ合いの時代は長らく続きますが，その後一段落し，今ではそれらの長所を巧妙に組合わせたCPUが広く用いられています．

なお，上で触れたパイプライン処理の内容については，本書の第10講で詳しく説明します．

第 3 講 C言語を用いてCPUの動作をエミュレートする

前講では，極めて簡単なCPUの命令セットやアーキテクチャの仕様を決定しました．次のステップは，ハードウェア記述言語を用いて実際にCPUを設計し，FPGAという半導体デバイスに実装して，その動作を確認することです．しかし，具体的な設計の段階で，基本となる論理回路や算術論理演算ユニット（ALU）をはじめとするハードウェアの基礎知識が必要となり，回路設計の経験が乏しい場合，そのハードルの高さが課題になります．

一方，C言語をはじめとするプログラミングは，電子情報系の基礎科目となっており，工学を志す多くの方々は学習した経験があろうかと思います．

そこで，本講では設計したCPUの動作をソフトウェア上で模擬するCPUエミュレータを，C言語を用いて制作します．基本的な考え方さえ把握すれば，C言語ではなく，使い慣れた他のプログラミング言語で記述することも可能です．

なお第6講では，VHDLと呼ばれるハードウェア記述言語を用いて，FPGA評価ボード上で動作するCPUを設計します．このVHDLは、トップダウンの回路設計に適した言語であり，ここで作成したCPUエミュレータは，比較的容易にVHDLに移植することが可能です．

3.1 CPUエミュレータの構成

このCPU**エミュレータ**は大きく，(1) 機械語を生成する**簡易型アセンブラ**の前半部と，(2) 機械語を解読し実行時の動作を**模擬**（エミュレート）する後半の部分から構成されています．

3.1.1　簡略型アセンブラによる機械語の生成

先に述べたように，**アセンブラ**とは，**アセンブリ言語**で記述されたソースコードを実行可能な**機械語**に変換するソフトウェアです．

表1-1に示したように，アセンブリ言語は名称（**ラベル**），**オペレーション**，複数の**オペコード**，**コメント**から構成されています．本格的なアセンブラを構築するためには，ソースコードを**構文解析**し，それぞれの要素に分解して，その相互関係を基に対応する機械語を生成する必要があります．

しかしながら，構文解析の処理は一般に複雑となり，本書の限られたスペースの中で解説することは容易ではありません．そこで，それらの機能を大幅に限定し，実質的な機械語を生成する機能に特化した**簡易型アセンブラ**を作成することにします．

以下，図3-1に示す具体例を用いて，その概要を説明します．

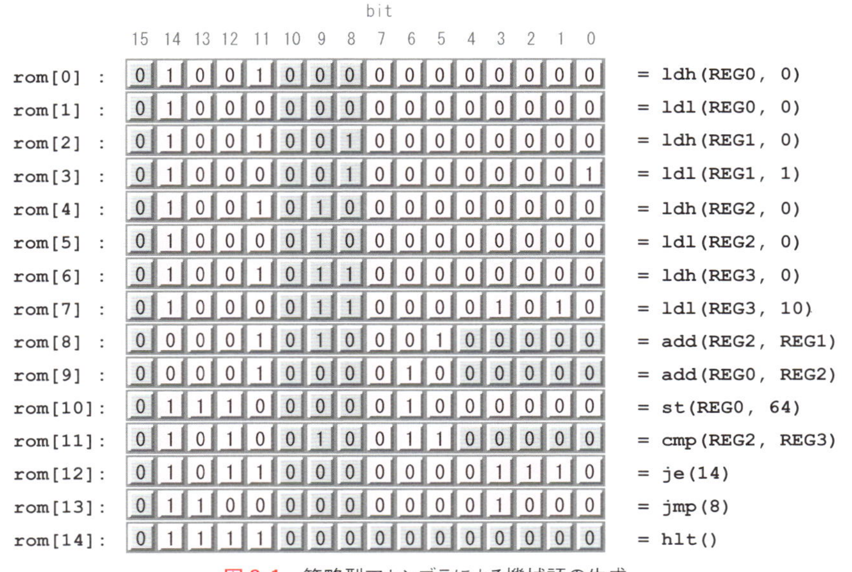

図3-1　簡略型アセンブラによる機械語の生成

中央の1,0のビット列は，図2-9で示した1+2+⋯+10を計算する機械語を表しており，C言語の整数型配列であるrom[0]～rom[14]に格納されます．なお，この変数は2Byteの符号付きshort型であるため，機械語の最上位に0を追加し，16bitとしています．

図の右側は，同じく符号付きshort型整数の返り値をもつ**関数**であり，最大2つのオペランドを関数の**引数**として与えています．例えば，1行目のldh命令の場合，命令コードが(0)0100，第1オペランドがREG0の000，第2オペランドが即値データの00000000となる機械語を，関数ldhの返り値としてrom[0]に代入しています．

なお，1チップマイコンのような小型のCPUの場合，メインメモリのプログラム領域には**不揮発ROM**（Read Only Memory）が内蔵されていることが多いので，この例ではromという名称の配列で表しています．

2進数と16進数

C言語では**2進数**を簡潔に表現するため，**16進数**が用いられることがあります．表3-1に10進数と，2進数および16進数との関係を示します．

表3-1　10進数と2進数，16進数

10進数	2進数	16進数
15	1111	F
14	1110	E
13	1101	D
12	1100	C
11	1011	B
10	1010	A
9	1001	9
8	1000	8
7	0111	7
6	0110	6
5	0101	5
4	0100	4
3	0011	3
2	0010	2
1	0001	1
0	0000	0

ここで，例えば10進数の14に注目すると，以下の関係が成立することが分かります．

$$
\begin{aligned}
14_{(10)} &= 1\times 10^1 + 4\times 10^0 & \Rightarrow \quad & 14_{(10)} \\
&= 1\times 2^3 + 1\times 2^1 + 1\times 2^1 + 0\times 2^0 & \Rightarrow \quad & 1110_{(2)} \\
&= \mathrm{E}\times 16^0 & \Rightarrow \quad & \mathrm{E}_{(16)}
\end{aligned}
$$

例えば，16bitの"0011110010100011"は，下位から4bitずつ区切ることにより0x3CA3のように表されます．なお，0xのxは16進（hexadecimal）を表しており，アルファベットのA～Fではなく，小文字のa～fが用いられることもあります．

図3-1のrom[0]の値は"0100100000000000"となるので，16進では0x4800となり，rom[7]の値は"0100001100001010"より0x430Aと表されます．

なお，何進数を用いても，10進数で計算した結果と違いはありません．

このため，コンピュータをはじめとするディジタル機器には，極めて信頼性の高い演算回路が少ない素子数で実現できる2進数が用いられています．

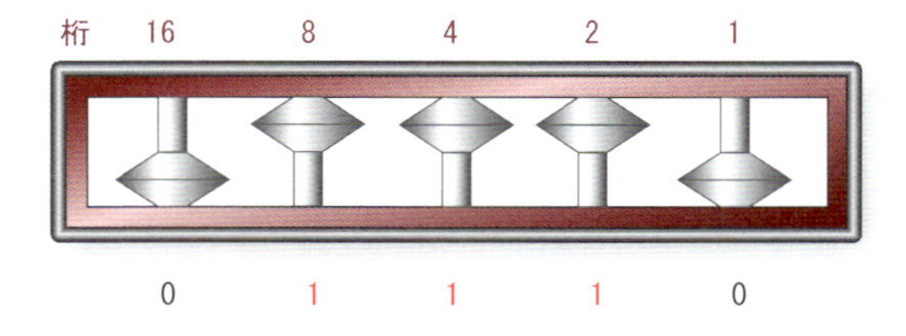

3.1.2 機械語の解読と実行

CPU エミュレータの後半の機能は，機械語の解読と実行です．図 3-2 に，そのフローチャートを示します．

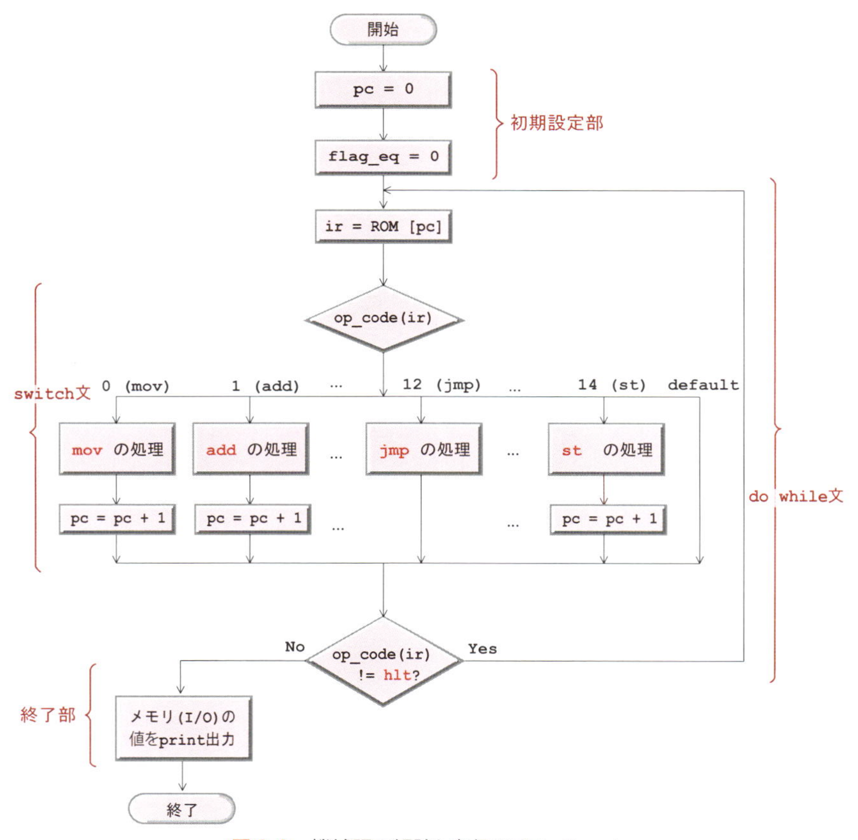

図 3-2　機械語の解読と実行のフローチャート

以下に示すように，これは大きく 3 つの部分から構成されています．

1. 初期設定部

初期設定部では，**プログラムカウンタ**を表す変数 pc を 0 に初期化し，比較命令 cmp のフラグ flag_eq を 0 にクリアします．

2. 解読・実行部

初期設定後，0番地のrom[0]に保存されている機械語を読み出し，**インストラクション・レジスタ**（ir）に保存します．次に，このirの15～12ビットにある4bitの**命令コード**を取り出し，その値によってmov命令からst命令までのいずれかを実行します．

一般的な命令の場合，**プログラムカウンタ**（pc）を1つ増やすことにより，ループを一巡した後，次の番地にある機械語を解読・実行します．なお，jmp等の**分岐命令**の場合は，プログラムカウンタの値を直接操作します．

また，hlt命令の場合はループを抜けて，終了部に移行します．

これらの処理は，C言語のdo-while文とswitch-case文で記述することができます．

3. 終了部

hlt命令を検出すると，累積値を保存したram[64]の値をC言語のprintf文により10進表示し，終了します．

3.2 C言語によるCPUエミュレータ

本節では，CPUの動作を模擬するエミュレータをC言語を用いて作成します．

3.2.1 CPUエミュレータのソースコード

CPUエミュレータのソースコードの例を，図3-3～図3-7に示します．

これらはあくまで一例であり，必ずしもこの通りに記述する必要はありません．

なお，このソースコードをjavaをはじめとする他言語に移植することを想定し，C言語らしい固有の表現は極力用いていません．

この例をたたき台として，自分の感性に合った表現に修正したり，最も得意とするプログラミング言語に書き換えられることをお勧めします．

```
1  // CPU_emulator.c
2  #include  <stdio.h>
3
4  #define MOV    0
5  #define ADD    1
6  #define SUB    2
7  #define AND    3
8  #define OR     4
9  #define SL     5
10 #define SR     6
11 #define SRA    7
12 #define LDL    8
13 #define LDH    9
14 #define CMP    10
15 #define JE     11
16 #define JMP    12
17 #define LD     13
18 #define ST     14
19 #define HLT    15
20 #define REG0   0
21 #define REG1   1
22 #define REG2   2
23 #define REG3   3
24 #define REG4   4
25 #define REG5   5
26 #define REG6   6
27 #define REG7   7
28 // 配列の宣言
29  short    reg[8];     // 汎用レジスタ（Reg0 ～ Reg7）
30  short    rom[256];   // メインメモリのプログラム領域（8bit）
31  short    ram[256];   // メインメモリのデータ領域（8bit）
32
33  void  assembler(void);
34
35  short  mov(short, short);
36  short  add(short, short);
37  short  sub(short, short);
38  short  and(short, short);
39  short  or(short, short);
40  short  sl(short);
41  short  sr(short);
42  short  sra(short);
43  short  ldl(short, short);
44  short  ldh(short, short);
45  short  cmp(short, short);
46  short  je(short);
47  short  jmp(short);
48  short  ld(short, short);
49  short  st(short, short);
50  short  hlt(void);
```


図 3-3　C 言語による CPU エミュレータ（1/5）（CPU_emulator.c）

```
51   short  op_code(short);
52   short  op_regA(short);
53   short  op_regB(short);
54   short  op_data(short);
55   short  op_addr(short);
56
57   void main(void){
58      // 定数の定義
59      short  pc;          // プログラムカウンタ
60      short  ir;          // インストラクションレジスタ
61      short  flag_eq;     // 比較用フラグ
62
63      assembler();
64
65      pc = 0;
66      flag_eq = 0;
67
68      do{
69
70         ir = rom[pc];
71         printf("%5d %5x %5d %5d %5d %5d ¥n",
72                pc, ir, reg[0], reg[1], reg[2], reg[3]);
73
74         pc = pc + 1;
75
76         switch(op_code(ir)){
77
78
79
80           case MOV : reg[op_regA(ir)] = reg[op_regB(ir)];
81                      break;
82           case ADD : reg[op_regA(ir)] = reg[op_regA(ir)]
83                                        + reg[op_regB(ir)];
84                      break;
85           case SUB : reg[op_regA(ir)] = reg[op_regA(ir)]
86                                        - reg[op_regB(ir)];
87                      break;
88           case AND : reg[op_regA(ir)] = reg[op_regA(ir)]
89                                        & reg[op_regB(ir)];
90                      break;
91           case OR  : reg[op_regA(ir)] = reg[op_regA(ir)]
92                                        | reg[op_regB(ir)];
93                      break;
94           case SL  : reg[op_regA(ir)] = reg[op_regA(ir)] << 1;
95                      break;
96           case SR  : reg[op_regA(ir)] = reg[op_regA(ir)] >> 1;
97                      break;
98           case SRA : reg[op_regA(ir)] = (reg[op_regA(ir)] & 0x8000)
99                                       | (reg[op_regA(ir)] >> 1);
100                     break;
```

- 51〜55：インストラクションレジスタから命令コードやオペランドを抽出する関数群のプロトタイプ宣言
- 57：プログラムの本体（メイン関数の開始）
- 63：簡易アセンブラの関数呼び出し
- 65〜66：定数の初期設定
- 68：do while文の開始
- 70：pc番地の機械語をインストラクションレジスタに転送
- 74：プログラムカウンタの更新
- 76：命令コードの判別（switch case文の開始）
- 80〜100：各命令コードごとに実行

図3-4　C言語によるCPUエミュレータ（2/5）（CPU_emulator.c）

```
101             case LDL : reg[op_regA(ir)] = (reg[op_regA(ir)] & 0xff00)
102                                           | (op_data(ir) & 0x00ff);
103                        break;
104             case LDH : reg[op_regA(ir)] = (op_data(ir) << 8)
105                                         | (reg[op_regA(ir)] & 0x00ff);
106                        break;
107             case CMP : if(reg[op_regA(ir)] == reg[op_regB(ir)]){
108                              flag_eq = 1;
109                        }else{
110                              flag_eq = 0;
111                        }
112                        break;
113             case JE  : if(flag_eq == 1) pc = op_addr(ir);
114                        break;
115             case JMP : pc = op_addr(ir);
116                        break;
117             case LD  : reg[op_regA(ir)] = ram[op_addr(ir)];
118                        break;
119             case ST  : ram[op_addr(ir)] = reg[op_regA(ir)];
120                        break;
121             default  : break;
122
123                                              各命令コードごとに実行
124
125         }                                            switch case文の終了
126     }while(op_code(ir) != HLT);                            do while文の終了
127
128     printf("ram[64] = %d ¥n", ram[64]);        計算結果（メモリ）の表示
129 }                              メイン関数の終了
130
131 void assembler(void){                              簡易アセンブラ関数（本体）
132     // 1+2+…+10=55 の計算例
133     rom[0]  = ldh(REG0, 0);       // REG0(H) ← 0
134     rom[1]  = ldl(REG0, 0);       // REG0(L) ← 0
135     rom[2]  = ldh(REG1, 0);       // REG1(H) ← 0
136     rom[3]  = ldl(REG1, 1);       // REG1(L) ← 1
137     rom[4]  = ldh(REG2, 0);       // REG2(H) ← 0
138     rom[5]  = ldl(REG2, 0);       // REG2(L) ← 0
139     rom[6]  = ldh(REG3, 0);       // REG3(H) ← 0
140     rom[7]  = ldl(REG3, 10);      // REG3(L) ← 10
141     rom[8]  = add(REG2, REG1);    // REG2 ← REG2 + REG1
142     rom[9]  = add(REG0, REG2);    // REG0 ← REG0 + REG2
143     rom[10] = st(REG0, 64);       // REG0をメモリ(I/O)の64番地に保存
144     rom[11] = cmp(REG2, REG3);    // REG2とREG3 を比較
145     rom[12] = je(14);             // 一致したら14番地にジャンプ
146     rom[13] = jmp(8);             // 無条件に8番地にジャンプ
147     rom[14] = hlt();              // CPUの停止
148                                           各関数の返り値として生成
149 }                                         された機械語をメモリに保存
150
```

図 3-5 C言語によるCPUエミュレータ(3/5)(CPU_emulator.c)

```
151    // 関数mov(move)本体
152    short mov(short ra, short rb){
153       return ((MOV << 11) | (ra << 8) | (rb << 5));
154    }
155    // 関数add(addition)本体
156    short add(short ra, short rb){
157       return ((ADD << 11) | (ra << 8) | (rb << 5));
158    }
159    // 関数sub(subtraction)本体
160    short sub(short ra, short rb){
161       return ((SUB << 11) | (ra << 8) | (rb << 5));
162    }
163    // 関数and(logical and)本体
164    short and(short ra, short rb){
165       return ((AND << 11) | (ra << 8) | (rb << 5));
166    }
167    // 関数or(logical or)本体
168    short or(short ra, short rb){
169       return ((OR << 11) | (ra << 8) | (rb << 5));
170    }
171    // 関数sl(shift left)本体
172    short sl(short ra){
173       return ((SL << 11) | (ra << 8));
174    }
175    // 関数sr(shift right)本体
176    short sr(short ra){
177       return ((SR << 11) | (ra << 8));
178    }
179    // 関数sra(shift right arithmetic)本体
180    short sra(short ra){
181       return ((SRA << 11) | (ra << 8));
182    }
183    // 関数ldl(load immediate value low)本体
184    short ldl(short ra, short ival){
185       return ((LDL << 11) | (ra << 8) | (ival & 0x00ff));
186    }
187
188    // 関数ldh(load immediate value high)本体
189    short ldh(short ra, short ival){
190       return ((LDH << 11) | (ra << 8) | (ival & 0x00ff));
191    }
192
193    // 関数cmp(compare)本体
194    short cmp(short ra, short rb){
195       return ((CMP << 11) | (ra << 8) | (rb << 5));
196    }
197    // 関数je(jump equal)本体
198    short je(short addr){
199       return ((JE << 11) | (addr & 0x00ff));
200    }
```


図3-6　C言語によるCPUエミュレータ(4/5)(CPU_emulator.c)

```
201    // 関数jmp(jump)本体
202    short jmp(short addr){
203        return ((JMP << 11) | (addr & 0x00ff));
204    }
205    // 関数ld(load memory)本体
206    short ld(short ra, short addr){
207        return ((LD << 11) | (ra << 8) | (addr & 0x00ff));
208    }
209
210    // 関数st(store memory)本体
211    short st(short ra, short addr){
212        return ((ST << 11) | (ra << 8) | (addr & 0x00ff));
213    }
214
215
216    // 関数hlt(halt)本体
217    short hlt(void){
218        return (HLT << 11);
219    }
220
221    // 関数op_code本体
222    short op_code(short ir){
223        return (ir >> 11);
224    }
225    // 関数op_regA本体
226    short op_regA(short ir){
227        return ((ir >> 8) & 0x0007);
228    }
229    // 関数op_regB本体
230    short op_regB(short ir){
231        return ((ir >> 5) & 0x0007);
232    }
233    // 関数op_data本体
234    short op_data(short ir){
235        return (ir & 0x00ff);
236    }
237    // 関数op_addr本体
238    short op_addr(short ir){
239        return (ir & 0x00ff);
240    }
```


図3-7　C言語によるCPUエミュレータ(5/5)(CPU_emulator.c)

3.2.2　ソースコードの補足説明

以下，ソースコードの内容について簡単に補足します．

- **4～19行：**15bitの機械語の上位4bitに割り当てられた**命令コード**を指定する定数であり，変化しないためdefine文で定義します．

- **20～27行**：8個ある汎用レジスタの一つを指定する3bitの定数であり，配列reg[ ]の**インデックス**として使用します．
- **29行**：reg[ ]は，**汎用レジスタ**を表すshort型（符号付き16bit整数）の配列であり，8つの要素から構成されます．
- **30行**：rom[ ]は，メインメモリの**プログラム領域**を表すshort型の配列であり，8bitのアドレスで表される256の要素を確保します．
- **31行**：ram[ ]は，メインメモリの**データ領域**を表すshort型の配列であり，8bitアドレスで表される256の要素を確保します．
- **33行**：簡易アセンブラの関数assembler()の本体が，main関数の後に置かれているため，事前に**プロトタイプ宣言**を行います．コンパイラは，その型をもつ関数が後ほど現れるものとして，処理を進めます．なお，カッコ()内には，引数の型のみを記述します．
- **35～50行**：簡易アセンブラの中で使用する**関数群**（mov()等）のプロトタイプ宣言を行います．
- **51行**：インストラクション・レジスタirから，15～12bitに位置する4bitの**命令コード**を抽出し，その値を返す関数op_code()のプロトタイプ宣言です．
- **52行**：インストラクション・レジスタirから，11～9bitに位置する第1オペランドRegAの**レジスタ番号**を抽出し，その値を返す関数op_regA()のプロトタイプ宣言を行います．
- **53行**：インストラクション・レジスタirから，8～6bitに位置する第2オペランドRegBの**レジスタ番号**を抽出し，その値を返す関数op_regB()のプロトタイプ宣言です．
- **54行**：インストラクション・レジスタirから，最下位に位置する8bitの**データ**を抽出し，その値を返す関数op_data()のプロトタイプ宣言を行います．
- **55行**：インストラクション・レジスタirから，最下位に位置する8bitの**アドレス**を抽出し，その値を返す関数op_addr()のプロトタイプ宣言です．

- **57～129 行：** 本プログラムの中心となる main 関数であり，先ほど示した，初期設定部，解読・実行部，終了部から構成されます．この中からプロトタイプ宣言で定義した関数群を呼び出して使用します．
- **63 行：** 131～149 行にある簡易アセンブラ関数 assembler() を呼び出し，1+2+…+10 を計算する機械語を配列の rom[ ] に保存します．
- **65, 66 行：** 初期設定として，プログラムカウンタ pc を 0 にリセットし，比較の結果を保存するフラグ flag_eq を 0 にクリアします．
- **68～126 行：** do-while 文により，HLT 命令を検出するまで，do 以下の処理を繰り返します．
- **70 行：** 配列の rom[ ] から，pc 番地の機械語を読み出し，インストラクション・レジスタ（ir）に保存します．
- **71, 72 行：** do-while 文を繰り返すたびに，プログラムカウンタ pc やインストラクション・レジスタ ir，汎用レジスタ reg[0]～reg[3] の値を print 出力します．なお，ir のみ 16 進で，他は 10 進表示になっています．
- **74 行：** 70 行で，プログラムカウンタ pc の機械語をインストラクション・レジスタに転送しているので，次のステップに備え，ここで pc に 1 を加えておきます．なお，switch-case 文の各命令の中で行うこともできますが，一括して記述した方がコンパクトになります．
- **76～125 行：** switch-case 文により，76 行でインストラクション・レジスタから 4bit の命令コードを抽出し，その値に応じて，MOV～ST のそれぞれの処理を行います．なお，HLT 命令を検出した場合は，121 行の default を経由して switch 文を抜け，126 行でこのループを脱出します．
- **80 行：** MOV 命令では，第 2 オペランドで指定したレジスタ RegB の内容を，第 1 オペランドで指定したレジスタ RegA に上書きします．
- **82, 83 行：** ADD 命令では，第 1，第 2 オペランドで指定した 2 つのレジスタ RegA,RegB の値を 2 進数のレベルで加算し，その結果を第 1 オペランドの RegA に上書きします．

- **85, 86行**：SUB命令のとき，第1オペランドで指定したレジスタRegAの値から，第2オペランドで指定したレジスタRegBの値を減算し，その結果を第1オペランドのRegAに上書きします．なお，この減算には2の補数を用います．
- **88, 89行**：AND命令では，第1，第2オペランドで指定した2つのレジスタRegA,RegBについて，ビット単位の**論理積**AND（"&"）を求め，その結果を第1オペランドのRegAに上書きします．なお，論理積の詳細については次の第4講で説明します．
- **91, 92行**：OR命令のとき，第1，第2オペランドで指定した2つのレジスタRegA,RegBについて，ビット単位の**論理和**OR（"|"）を求め，その結果を第1オペランドのRegAに上書きします．なお，論理和の詳細についても次の第4講で説明します．
- **94行**：SL命令では，第1オペランドで指定したレジスタRegAの内容を1bit**左シフト**（<<）し，その結果を同じレジスタに上書きします．なお，最下位ビットには0が追加されます．
- **96行**：SR命令のとき，第1オペランドで指定したレジスタRegAの内容を1bit**右シフト**（>>）し，その結果を同じレジスタに上書きします．なお，最上位ビットには0が追加されます．
- **98, 99行**：SRA命令のとき，第1オペランドで指定したレジスタRegAの内容を1bit**右シフト**し，その結果を同じレジスタに上書きします．なお，最上位ビットをそのまま保存するため，"0x8000"と論理積ANDをとり，シフトした結果と論理和（OR）をとります．
- **101, 102行**：LDL命令では，第1オペランドで指定したレジスタRegAの**下位**8bitに，第2オペランドのRegBの下位8bitを**上書き**します．なお，レジスタRegAの上位8bitを保存するため，"0xff00"と論理積ANDをとり，第2オペランドの8bitと論理和（OR）をとっています．
- **104, 105行**：LDH命令のとき，第1オペランドで指定したレジスタRegAの**上位**8bitに，第2オペランドのRegBの下位8bitを**上書き**

します．なお，レジスタ RegA の下位 8bit を保存するため，"0x00ff" と論理積 AND をとり，第 2 オペランドを左に 8bit シフトしたものと論理和（OR）をとっています．

- **107〜112 行：**CMP 命令では，第 1，第 2 オペランドで指定した 2 つのレジスタ RegA,RegB を**比較**し，16bit が完全に一致した場合はフラグ flag_eq を 1 に，一致しない場合は 0 に設定します．
- **113 行：**JE 命令のとき，CMP 命令により設定されたフラグ flag_eq が 1 のとき，下位 8bit の第 1 オペランドにあるアドレスをプログラムカウンタ（pc）に直接書き込みます．これにより，次のステップでは pc 番地の機械語を実行することになります．なお，フラグが 0 のときは，何もせず次のステップに移行するので，**条件付きジャンプ**と呼ばれます．
- **115 行：**JMP 命令の場合，フラグに影響されることなく，第 1 オペランドにある 8bit のアドレスをプログラムカウンタ（pc）に直接書き込みます．これにより，次のステップでは無条件に pc 番地の機械語を実行するので，**無条件ジャンプ**になります．
- **117 行：**LD 命令では，第 2 オペランドの 8bit をアドレスとするデータメモリ（配列の ram[ ]）の内容を読み出し，第 1 オペランドで指定した**レジスタ** RegA に上書きします．
- **119 行：**ST 命令のとき，第 1 オペランドで指定したレジスタ RegA の内容を，第 2 オペランドの 8bit をアドレスとする**データメモリ**（配列の ram[ ]）に上書きします．
- **128 行：**printf 関数により，配列の ram[64] に保存されている 1+2+…+10 の計算結果を，10 進数に変換して**表示**します．
- **133〜147 行：簡易アセンブラ関数** assembler() の本体であり，メインメモリのプログラム領域に配置された配列の rom[ ] に，1+2+…+10 を計算する**機械語**を保存します．
- **152〜154 行：関数** mov() の本体であり，15〜12bit に MOV の "0000"，11〜9bit に第 1 オペランド，8〜6bit に第 2 オペランドを設定し，返り

値として使用します．ここでMOVは左に11bit，第1オペランドは左に8bit，第2オペランドは左に5bitシフトして，OR（論理和）をとります．なお，add()～st()の関数群についても，同様の操作を行っています．

- **222～224行：**関数op_code()の本体であり，15～12bitにある命令コードを右に11bitシフトし，0～15(4bit)の**命令コード**として値を返します．
- **226～228行：**関数op_regA()の本体であり，11～9bitにある第1オペランドを右に8bitシフトし，16進数の"0x0007"とANDをとった後，0～7(3bit)の**レジスタ番号**として値を返します．なお，上位にある命令コードを除去するため，AND操作が必要です．
- **230～232行：**関数op_regB()の本体であり，8～6bitにある第2オペランドを右に5bitシフトし，16進数の"0x0007"とANDをとった後，0～7(3bit)の**レジスタ番号**として値を返します．命令コードや第1オペランドの影響を除去するため，AND操作が必要になります．
- **234～236行：**関数op_data()の本体であり，インストラクション・レジスタの下位8bitにあるオペランドについて，16進数の"0x00ff"とANDをとった後，0～255(8bit)の**即値データ**として値を返します．命令コード等の影響を除去するため，AND操作が必要になります．
- **238～240行：**関数op_addr()の本体であり，インストラクション・レジスタの下位8bitにあるオペランドについて，16進数の"0x00ff"とANDをとった後，0～255(8bit)の**アドレス**として値を返します．命令コード等の影響を除去するため，AND操作が必要になります．

3.2.3 実行結果

C言語を用いて作成した**CPUエミュレータ**の実行結果を図3-8に示します．プログラムカウンタ（pc）とインストラクション・レジスタ（ir），4つの汎用レジスタ（Reg0～Reg3）の途中経過が示され，最後にメモリ（I/O）

のram[64]に出力された累積値の55が表示されています．なお，機械語のirのみ16進で，他は10進数で表示しています．

これらの値は各ステップの実行直前におけるレジスタの内容を表しており，図2-11に示したレジスタの推移とは実行の前と後で若干のタイミングのズレがありますが，これらを見比べることにより，想定した通りにCPUが動作していることが分かると思います．

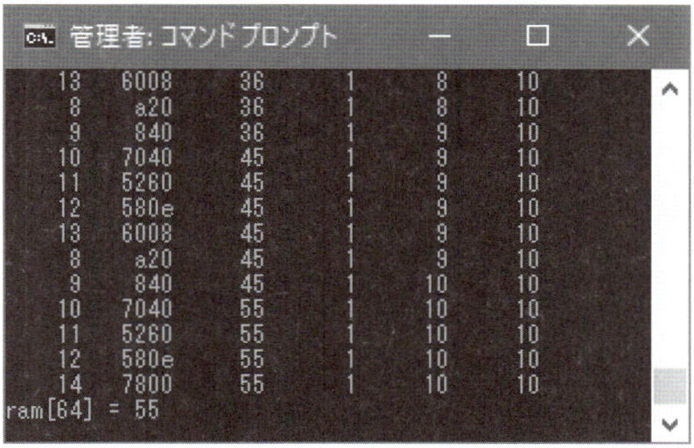

```
管理者: コマンド プロンプト
  13   6008    36    1    8    10
   8    a20    36    1    8    10
   9    840    36    1    9    10
  10   7040    45    1    9    10
  11   5260    45    1    9    10
  12   580e    45    1    9    10
  13   6008    45    1    9    10
   8    a20    45    1    9    10
   9    840    45    1   10    10
  10   7040    55    1   10    10
  11   5260    55    1   10    10
  12   580e    55    1   10    10
  14   7800    55    1   10    10
ram[64] = 55
```

図3-8　CPUエミュレータの実行結果

第6講以降で，これらのCPUエミュレータをハードウェア記述言語（VHDL）に移植します．

例に示したソースコードの内容は，完全に理解できましたでしょうか？

また，C言語を用いて作成したCPUエミュレータは，正常に動作したでしょうか？

この部分がしっかり理解できれば，後半のVHDLを用いた設計作業は，比較的スムーズに進むことでしょう．

CPUエミュレータが完全に動作しない場合は，むしろチャンスと考え，その原因を究明して下さい．

また，理解が不十分と思われる場合には，ここまでの内容であいまいな点を探し出し，その部分を重点的に復習することをお勧めします．

それが，目標に到達するための最短の道筋になることでしょう．

第 4 講 論理回路の基礎を復習する

前講で制作したCPUエミュレータを，直ちにハードウェア記述言語（HDL）に移植したいところですが，ソースコードの意味を理解し，CPUの具体的な動作をありありとイメージするためには，ハードウェアに関する最小限の知識が必要になります．そこで，本講では**論理回路**の基礎となるいくつかの項目についておさらいします．

先を急ぐ場合は本講を読み飛ばし，次講以降に進まれても結構ですが，その場合は，必要に応じ本講の関連する項目を読み返して下さい．

なお，この限られたスペースで論理回路の全体像を解説することはできませんので，詳細については参考文献に示す書籍等で補充して下さい．

4.1 論理回路とは

4.1.1 論理回路の動作を関数で表す

はじめに，**論理回路**の例を示しましょう．図4-1は，ランプと3つのスイッチ，電池で構成された回路です．

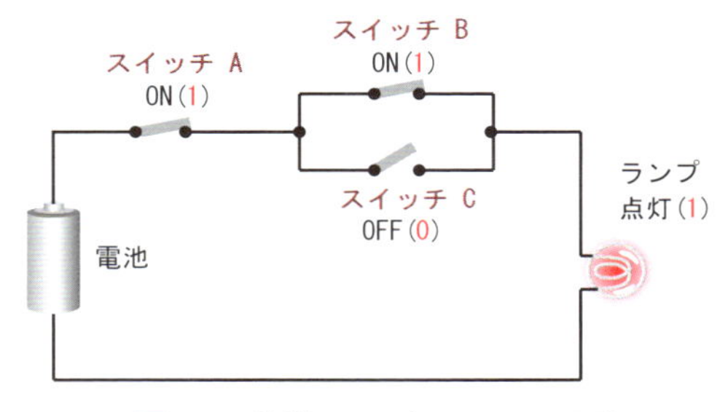

図4-1　簡単なランプとスイッチの回路

2つのスイッチ B，C が**並列**に接続され，これと**直列**にスイッチ A が接続されています．ランプが点灯するのは，スイッチ B，C の少なくとも一方がONで，A がONの場合であることは明らかです．

例えばスイッチがONの状態を1，OFFの状態を0，ランプが点灯した状態を1，消えた状態を0とすると，ランプが点滅する動作を**論理関数**の形で表すことができます．この論理関数 Z は1または0の値をもち，以下のような式で表されます．

$$Z = F(A,\ B,\ C,\ \cdots)$$

ここで，A，B，C，…は**論理変数**であり，これも1または0の値をとります．

一般の記号論理学では1が真，0が偽となりますが，論理回路では，1がHighレベル（例えば5V），0がLowレベル（例えば0V）に対応します．なお，ランプの点滅やスイッチのON，OFFの定義で，1と0を入れ替えても最終的には同じ現象を表すことになるので心配は無用です．

このとき，ランプの点滅状態を表す論理関数 Z について，スイッチ A，B，C の状態を表す論理変数を含む**論理式**の形で表現することができます．

論理式を表現する記号として，「・（ドット）」（AND，**論理積**）や「+（プラス）」（OR，**論理和**）等が用いられますが，その内容は後ほど説明します．

4.1.2 出発点は真理値表

入力のすべての状態に対する出力の関係を表の形で整理したのが，表4-1に示す**真理値表**です．論理回路の**組合せ回路**を設計するとき，はじめに作成するのがこの真理値表です．図4-1に示した回路のスイッチとランプのすべての状態が，この表により漏れなく記述されていることが分かります．

表 4-1　ランプ・スイッチ回路の真理値表

論理変数（入力）			論理関数（出力）
A	B	C	Z
0	0	0	0
0	0	1	0
0	1	0	0
0	1	1	0
1	0	0	0
1	0	1	1
1	1	0	1
1	1	1	1

4.2　基本となる論理関数

一般に，真理値表により表されるすべての**論理関数**は，基本的な論理関数の組合せにより表現することができます．ここではそれらの論理関数について整理します．

4.2.1　1入力の論理関数

1入力の論理関数の場合，入力の1，0がそのまま出力されるか，反転して出力されるか，のいずれかです．

入力 A が出力 Z にそのまま現れるとき，

$$Z = A$$

のように表されます．一方，1，0が反転する場合は，

$$Z = \overline{A}$$

となり，「ノット A」，「A のバー」などと表現します．

この**否定**（NOT）回路の**真理値表**，**回路記号**，**ベン図**を図 4-2 に示します．

論理変数（入力）	論理関数（出力）
A	Z
0	1
1	0

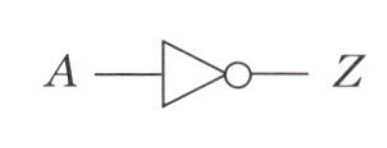

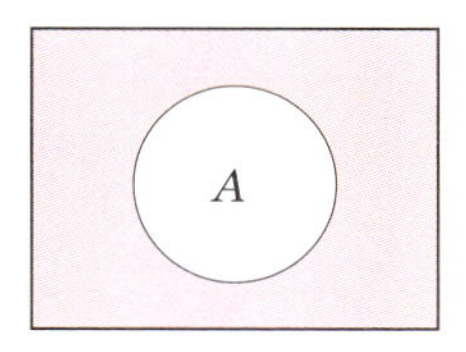

図 4-2　否定（NOT）の真理値表と回路記号，ベン図

4.2.2　2 入力の論理関数

2 入力の場合，主として 5 つの基本的な論理関数があります．

これらの論理関数について，**真理値表**，**回路記号**，**ベン図**を整理すると，図 4-3 のようになります．

論理積（**AND**）は，2 つの入力 A, B が同時に 1 のとき出力 Z が 1 になり，それ以外は 0 となります．論理式の「・」は，「ドット」もしくは「AND」と呼びます．

次の**論理和**（**OR**）は，少なくとも一方の入力が 1 のとき，出力が 1 になります．論理式の「+」は，「プラス」もしくは「OR」と呼びますが，一般的な加算の「+」ではないので注意が必要です．

また，これらの出力を反転すると，**否定論理積**（**NAND**），**否定論理和**（**NOR**）になります．前者は「NOT AND」，後者は「NOT OR」の略で，それぞれ「ナンド」，「ノア」と呼ばれます．

さらに，論理和に似ていますが，2 つの入力が同時に 1 のときに限り，出力が 0 となる**排他的論理和**（**XOR**）があります．

入力		出力				
A	B	AND（論理積）	OR（論理和）	NAND（否定論理積）	NOR（否定論理和）	XOR（排他的論理和）
0	0	0	0	1	1	0
0	1	0	1	1	0	1
1	0	0	1	1	0	1
1	1	1	1	0	0	0
回路記号						
論理式 Z		$A \cdot B$	$A+B$	$\overline{A \cdot B}$	$\overline{A+B}$	$A \oplus B$
ベン図						

図 4-3　基本的な論理回路（2 入力の場合）

4.2.3　3 入力の論理関数

先に示した関数は，入力数が 3 の場合に拡張することができます．

それらの論理関数の**真理値表**，**回路記号**，**ベン図**を図 4-4 に示します．

入力			出力				
A	B	C	AND（論理積）	OR（論理和）	NAND（否定論理積）	NOR（否定論理和）	XOR（排他的論理和）
0	0	0	0	0	1	1	0
0	0	1	0	1	1	0	1
0	1	0	0	1	1	0	1
0	1	1	0	1	1	0	0
1	0	0	0	1	1	0	1
1	0	1	0	1	1	0	0
1	1	0	0	1	1	0	0
1	1	1	1	1	0	0	1
回路記号							
論理式 Z			$A \cdot B \cdot C$	$A+B+C$	$\overline{A \cdot B \cdot C}$	$\overline{A+B+C}$	$A \oplus B \oplus C$
ベン図							

図 4-4　基本的な論理回路（3 入力の場合）

4.2.4 入力数が 4 以上のとき

入力数が 4 以上になると，平面上の集合を用いる**ベン図**については，2 次元平面上に表現することはできませんが，他の項目については，容易に拡張することができます.

なお，後ほど詳しく述べますが，1 つの真理値表に対応する論理式は 1 通りではなく，無数に存在します．このため，図の論理式はあくまで代表的な例を示していることに注意が必要です.

4.3 有用な論理式表現

前節で示したように，**回路記号**の表現と**論理式**の表現は等価です．このため，人間にとって直感的で理解し易い回路記号を用いた方が有用のように見えますが，それは限定的であり，抽象度の高い論理式の方がより汎用性が高く，数学的構造を表すのに適した表現であることが明らかになります.

4.3.1 論理式は 1 通りではない

ここでは，先に示したランプ・スイッチ回路について，その真理値表から論理式を導出してみましょう.

表 4-1 で示した真理値表において，出力 Z が 1 となる欄は 3 つあり，その行に対応する A, B, C の組合せも 3 つ存在します．これをベン図で表現すると，図 4-5 のようになります．なお，ピンクの領域が真理値表の 1 を表しています.

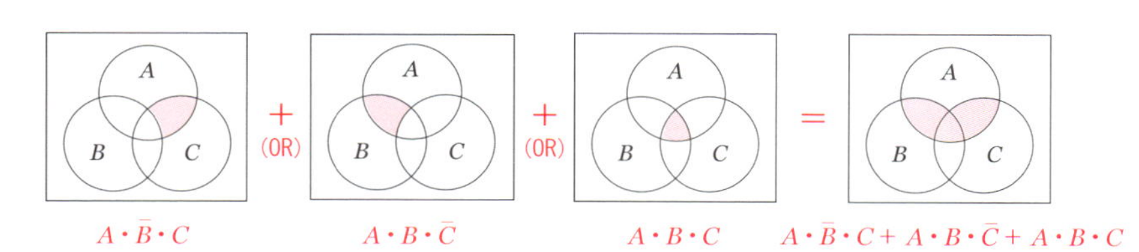

図 4-5　ランプ・スイッチ回路のベン図

ところで，図4-5の右側の領域は，下の図4-6の左側の2つの領域の重なった部分として表現することができます．

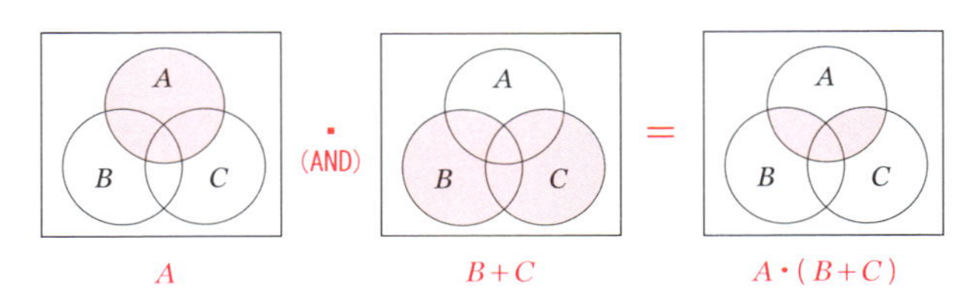

図4-6　ベン図による等価変換

これより，以下のような論理式が成立します．

$$A \cdot \overline{B} \cdot C + A \cdot B \cdot \overline{C} + A \cdot B \cdot C = A \cdot (B + C)$$

この論理式には論理積（AND）の「・（ドット）」と，論理和（OR）の「+（プラス）」が用いられていますが，一般的な代数と同じように，「・」の演算は「+」より優先されます．

なお，論理の解釈に誤解が生じない場合については，「・」が省略されることもあるので注意が必要です．

ここで，上式左辺の第1項と第3項を一体化すると，

$$A \cdot \overline{B} \cdot C + A \cdot B \cdot C = A \cdot C$$

が成立するので，

$$A \cdot \overline{B} \cdot C + A \cdot B \cdot \overline{C} + A \cdot B \cdot C = A \cdot C + A \cdot B \cdot \overline{C}$$

が導かれます．さらに，他の2項を組み合せることにより，別の論理式を導くこともできます．

このように，真理値表やベン図の内容を変更することなく，論理式を等価変換することが可能であり，1つの真理値表に対応する論理式は1通りではなく，無数に存在することが分かります．

4.3.2 変形規則をまとめたブール代数

前節では，1つの論理式を変形することにより，それと等価な論理式が無数に導出できることを示しました．数学者の**ブール**（1815-64）は，これらの論理式の変形規則を明らかにし，いわゆる**ブール代数**を確立しました．

ブール代数は，表4-2に示す8つの**基本公式**から成り立っています．

表4-2　ブール代数の基本公式

交換則	$A+B=B+A$	$A \cdot B=B \cdot A$
結合則	$(A+B)+C=A+(B+C)$	$(A \cdot B) \cdot C=A \cdot (B \cdot C)$
分配則	$A \cdot (B+C)=A \cdot B+A \cdot C$	$A+(B \cdot C)=(A+B) \cdot (A+C)$
同一則	$A+A=A$	$A \cdot A=A$
吸収則	$1+A=1$ $0+A=A$ $A+A \cdot B=A$	$1 \cdot A=A$ $0 \cdot A=0$ $A \cdot (A+B)=A$
相補性	$A+\overline{A}=1$	$A \cdot \overline{A}=0$
二重否定	$\overline{(\overline{A})}=A$	左と同じ
ド・モルガンの定理	$\overline{A+B+C+\cdots}=\overline{A} \cdot \overline{B} \cdot \overline{C} \cdot \cdots$	$\overline{A \cdot B \cdot C \cdot \cdots}=\overline{A}+\overline{B}+\overline{C}+\cdots$

交換則，**結合則**，**同一則**，**吸収則**，**相補性**，**二重否定**が成立することは，ベン図を描くことにより比較的容易に理解できると思います．

なお，**分配則**の右側については一般の代数学では成立しませんが，それらのベン図を作成すると図4-7および図4-8のようになり，それぞれ正しいことが分かります．

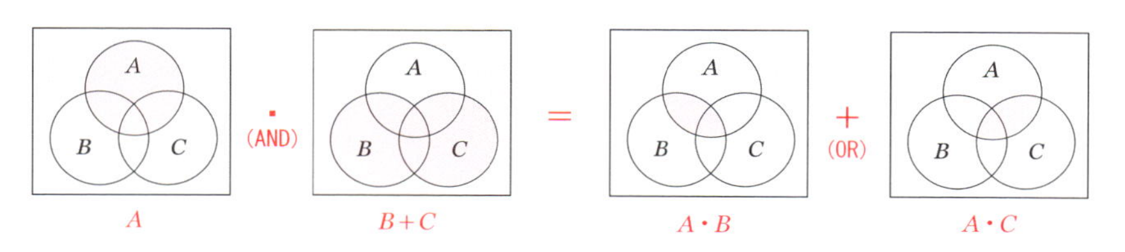

図4-7　分配則 $A \cdot (B+C)=A \cdot B+A \cdot C$ のベン図

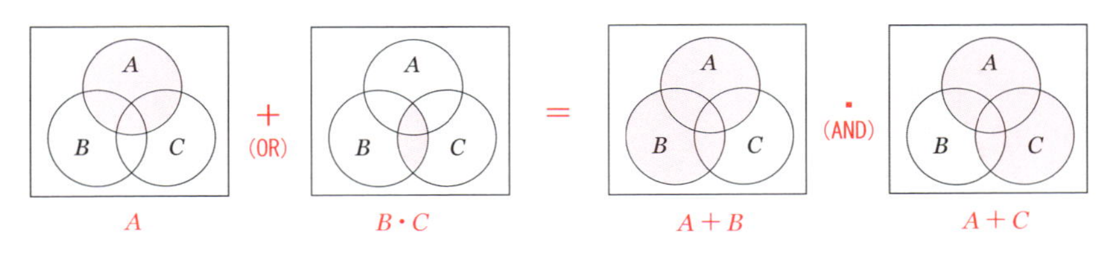

図 4-8 分配則 $A+(B\cdot C)=(A+B)\cdot(A+C)$ のベン図

さらに，**ド・モルガンの定理**についてベン図を作成すると，図 4-9 および図 4-10 のようになります．これより，成立していることが示されました．

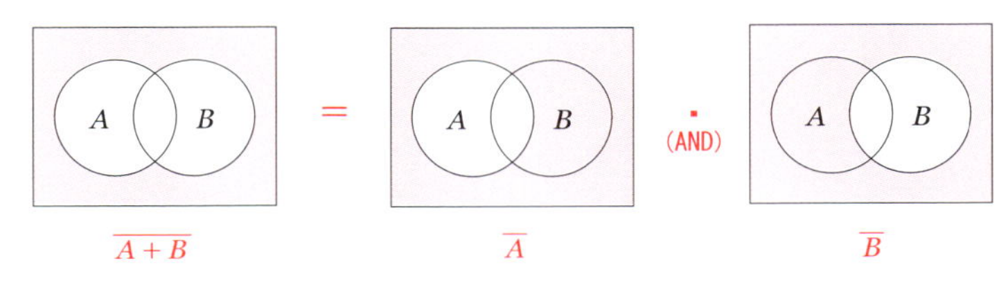

図 4-9 ド・モルガンの定理 $\overline{A+B}=\overline{A}\cdot\overline{B}$ のベン図

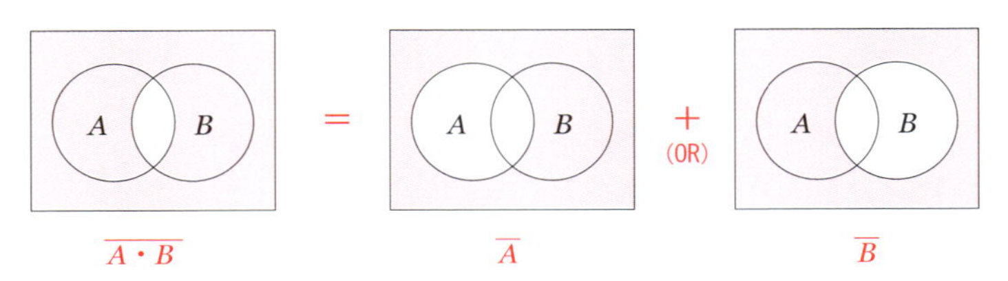

図 4-10 ド・モルガンの定理 $\overline{A\cdot B}=\overline{A}+\overline{B}$ のベン図

このブール代数を用いて，先ほど示した論理式を導いてみましょう．

$$A\cdot\overline{B}\cdot C+A\cdot B\cdot\overline{C}+A\cdot B\cdot C$$

$$=A\cdot\overline{B}\cdot C+A\cdot B\cdot\overline{C}+A\cdot B\cdot C+A\cdot B\cdot C \quad \text{（同一則）}$$

$$=A\cdot\overline{B}\cdot C+A\cdot B\cdot C+A\cdot B\cdot\overline{C}+A\cdot B\cdot C \quad \text{（交換則）}$$

$$=A\cdot(\overline{B}+B)\cdot C+A\cdot B\cdot(\overline{C}+C) \quad \text{（分配則）}$$

$$=A\cdot C+A\cdot B \quad \text{（相補性）}$$

$$=A\cdot(B+C) \quad \text{（分配則 ＋ 交換則）}$$

このように，ブール代数を用いることにより，ひとつの真理値表からこれに等価な論理式を際限なく作り出すことが可能です．

4.3.3 カルノー図を使って最も簡単な論理式を求める

上で述べたように，1つの真理値表に対応する論理式は無数にあり，いくらでも複雑な式に変形することができますが，工学的には最も簡単な論理式，すなわち論理回路を求めることが重要になります．

しかし，ブール代数を用いてやみくもに式の変形を繰り返しても，そのような論理式が得られるとは限りません．そこで，あらかじめ定められた手順により，確実にゴールに到達する**簡略化手法**が重要になります．

カルノー図（Karnaugh 図）は，真理値表の出力欄を2次元的に配置した図のことであり，変数の数が少ないとき，直感的な手順により最も簡単な論理式を導くことができます．

変数の数が6を超えると2次元平面上での表現が難しくなり，コンピュータ処理を志向した他の手法が用いられますが，とくに5変数以下で幅広く活用されています．本節では，その具体的な使用法について説明します．

最も簡単な2変数のカルノー図を，図4-11に示します．縦と横は2つの変数 A, B に対応しており，それぞれ1と0の2値をとり得るため，計4個の**区画**（マス目）で構成されています．これらの区画は，2変数の真理値表の4行に対応しています．

3変数になると区画の数が8に増え，図4-12のようになります．

	A	$\bar{A}$
B	$A \cdot B$	$\bar{A} \cdot B$
$\bar{B}$	$A \cdot \bar{B}$	$\bar{A} \cdot \bar{B}$

図 4-11　カルノー図（2変数）

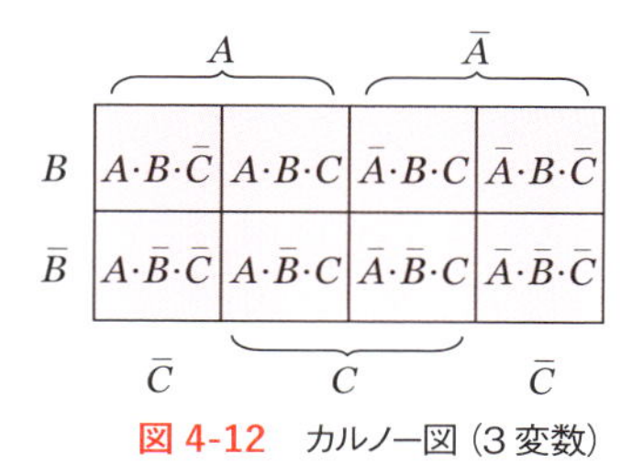

図 4-12　カルノー図（3変数）

4変数のカルノー図を図4-13に示します．区画の数は $2^4 = 16$ です．

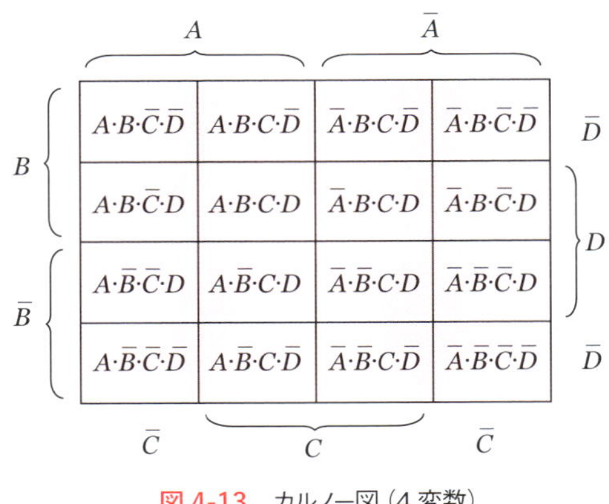

図 4-13 カルノー図（4 変数）

このような図の中に，ブール代数の基本公式である**分配則**に基づく**ループ**を書き加え，**相補性**を用いることにより，冗長な変数を省いてゆきます．なお，図の変数の位置を互いに入れ替えても，最終的には同じ論理式に到達します．

カルノー図を用いた**簡略化の手順**を以下に示します．

① **真理値表**を作成する．

② 論理関数 Z が 1 となる**区画**（マス目）に 1 を記入する．

③ 1 の区画を 2 のべき乗（例えば 2，4，8，16）個で最大となる**ループ**で囲む．このループは**矩形状**であり，以下の条件を満たすようにする．

- 図の上下・左右は巡回状に隣接しているものとする．
- ループは共通部をもってもよい．

④ 各ループに対応する項の**論理和**が簡略化された式となる．

- ただし，値が 1 の区画について少なくとも 1 つのループが囲んでいればよく，すべてのループの論理和をとる必要はない．

次に，図 4-1 に示したランプ・スイッチ回路について，カルノー図を用い最も簡単な論理式を導いてみましょう．

表4-1の真理値表をもとに，図4-12に示す3変数のカルノー図を作成します．この真理値表で，出力Zが1となるA, B, Cの組合せは3つあり，対応する3つの区画にそれぞれ1を記入します．

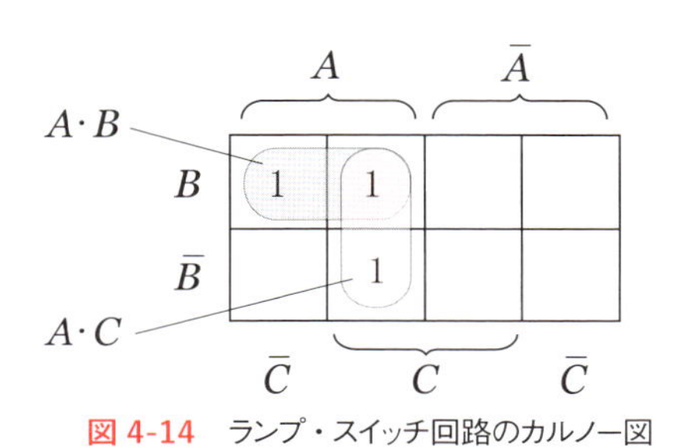

図 4-14　ランプ・スイッチ回路のカルノー図

次に，1が隣接する区画状の領域をループで囲みます．この例では，2つのループが存在します．

水平方向に長いループは，変数のCと$\overline{C}$が跨(またが)っており，分配側により$(C+\overline{C})$の形に因数分解することができます．この項は相補性により1となるので，変数のCが消え去り，最終的に$A \cdot B$のように簡略化されます．

一方，垂直方向に長いループは，変数のBと$\overline{B}$が跨(またが)っており，分配側により$(B+\overline{B})$の形に因数分解することができます．この項は相補性により1となるので，変数のBが消え去り，最終的に$A \cdot C$のように簡略化できます．

最後に，これらのループのOR（**論理和**）をとることにより，

$$Z = A \cdot B + A \cdot C = A \cdot (B + C)$$

のように簡略化されます．図からこの2つのループが欠かせないことは明らかであり，これ以上簡単な論理式は存在しえません．

4.4 組合せ回路の例

論理回路は，大きく**組合せ回路**と**順序回路**に分類されます．ここでは，組合せ回路について説明します．

4.4.1　組合せ回路とは

組合せ回路は，図4-15に示すように**入力**と**出力**があり，入力の値（0,1）が定まると，ある遅延時間の後，出力の値は1通りに確定します．

一般に，組合せ回路の入力は複数あり，前節で示した基本的な論理関数は，すべてこの組合せ回路に該当します．

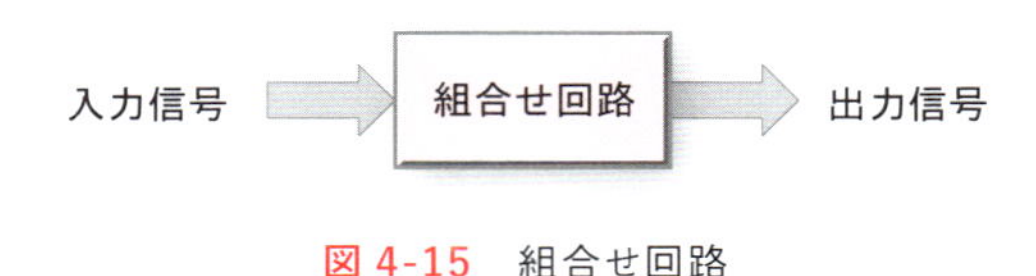

図4-15　組合せ回路

4.4.2　エンコーダとデコーダ

図4-16に示すように，**エンコーダ**（encoder）とは，人間が直接扱う**10進数**や**文字**などの情報を，コンピュータや集積回路（LSI）が扱いやすい**2進数**や**コード情報**に変換するための回路であり，**符号器**と呼ばれることがあります．一方の**デコーダ**（decoder）は，その逆の変換を行う回路であり，**復号器**と呼ばれます．

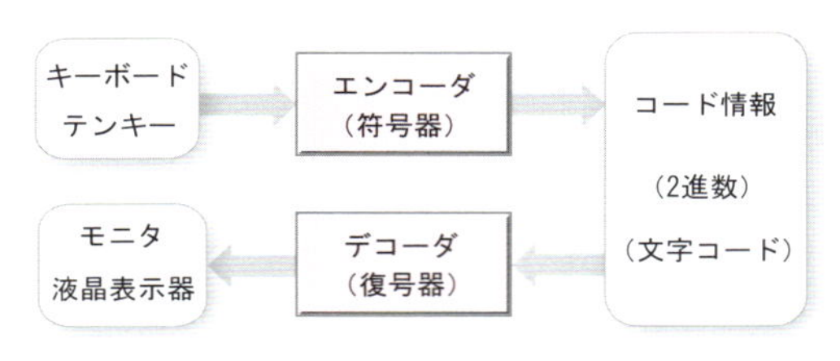

図4-16　エンコーダとデコーダ

例えば，コンピュータのキーボード"a"を操作したとき，そのキーに対応するコード情報（例えばASCIIコードの"01100001"）を生成する回路がエンコーダです．デコーダでは，これらのコード情報を，"a"という文字情報に復元します．

電卓の場合，テンキーの情報を2進数に変換するのがエンコーダであり，計算結果の2進数を10進数に変換して，液晶等に表示する回路がデコーダです．

4.4.3　7セグメントLED用デコーダ回路

ディジタル時計や電卓等には，図4-17に示すように水平3本，垂直4本，計7本の**セグメント**で構成される**表示器**が使用されています．なお，これらを判別するため，(a,b,c,d,e,f,g) の識別名を付けています．

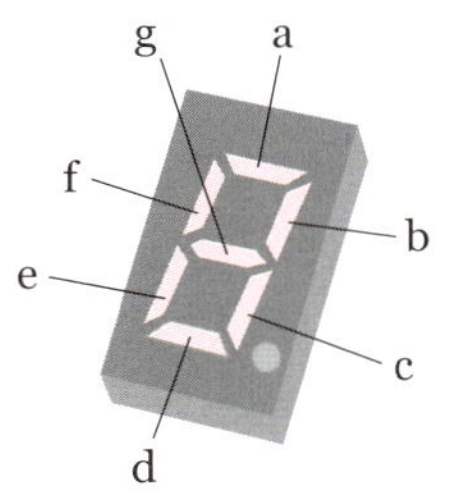

図4-17　7セグメント表示器

このような表示器を用いて，4ビットの入力 (A,B,C,D) を入力すると，その2進数に対応する10進数 (0～9) の数字が表示される**文字表示回路**を設計しましょう．

例えば，b と c のセグメントのみを点灯すれば1が表示され，すべてを点灯すれば8に変わります．このような動作をもとに真理値表を完成させると，表4-3のようになります．

表4-3　文字表示回路の真理値表

入力				出力							表示
A	B	C	D	Z_a	Z_b	Z_c	Z_d	Z_e	Z_f	Z_g	
0	0	0	0	1	1	1	1	1	1	0	0
0	0	0	1	0	1	1	0	0	0	0	1
0	0	1	0	1	1	0	1	1	0	1	2
0	0	1	1	1	1	1	1	0	0	1	3
0	1	0	0	0	1	1	0	0	1	1	4
0	1	0	1	1	0	1	1	0	1	1	5
0	1	1	0	1	0	1	1	1	1	1	6
0	1	1	1	1	1	1	0	0	0	0	7
1	0	0	0	1	1	1	1	1	1	1	8
1	0	0	1	1	1	1	1	0	1	1	9

　ここで，真理値表の出力の欄を見ると，圧倒的に1が多いことが分かります．このため，今回は$\overline{Z}_{\mathrm{a}}$のように出力の論理を反転した形で，論理式を導きます．これらをカルノー図を用いて簡略化すると，以下のような式が得られます．なお，4ビット入力（A,B,C,D）の値が，10進数の10～15になることはありません．そこでこの禁止入力を用いて，さらなる簡略化を図ることが可能です．図中のXがその入力であり，ループで囲む操作で，例えばトランプのジョーカーのように都合の良い役割を演じるワイルドカードとして利用することができます．

(1) $\overline{Z}_{\mathrm{a}}=B\cdot\overline{C}\cdot\overline{D}+\overline{A}\cdot\overline{B}\cdot\overline{C}\cdot D$

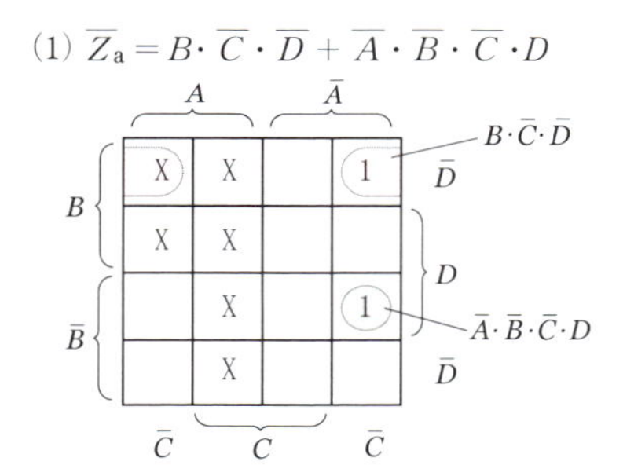

(2) $\overline{Z}_{\mathrm{b}}=B\cdot\overline{C}\cdot D+B\cdot C\cdot\overline{D}$

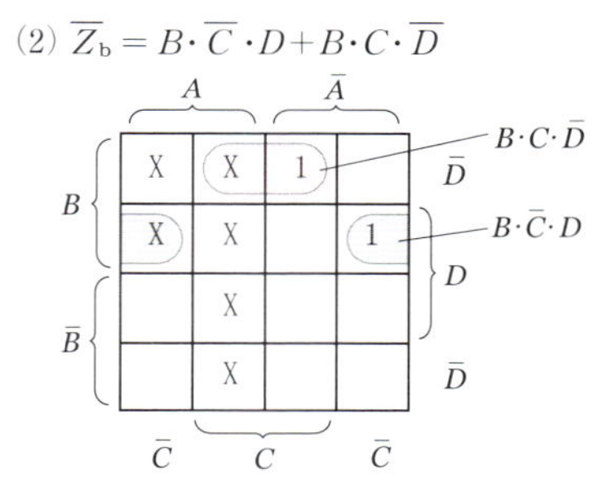

(3) $\overline{Z}_{\mathrm{c}}=\overline{B}\cdot C\cdot\overline{D}$

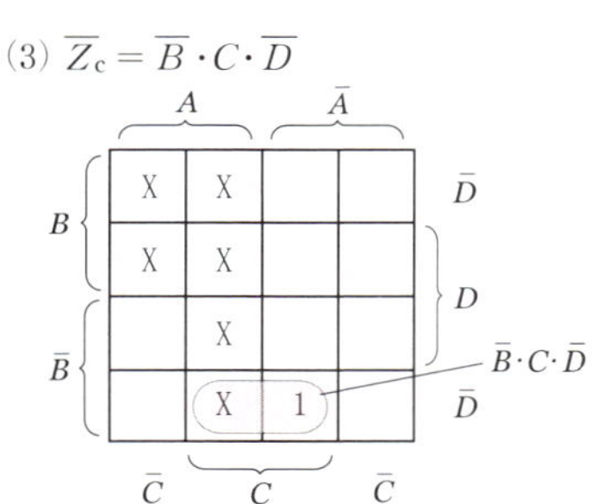

(4) $\overline{Z}_{\mathrm{d}}=B\cdot\overline{C}\cdot\overline{D}+B\cdot C\cdot D+\overline{A}\cdot\overline{B}\cdot\overline{C}\cdot D$

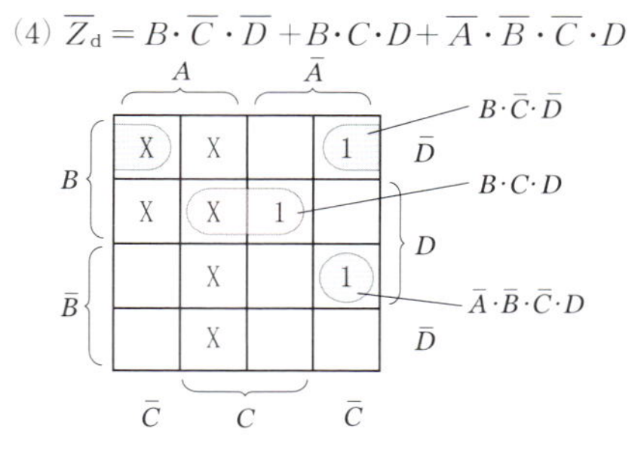

(5) $\overline{Z}_{\mathrm{e}}=D+B\cdot\overline{C}$

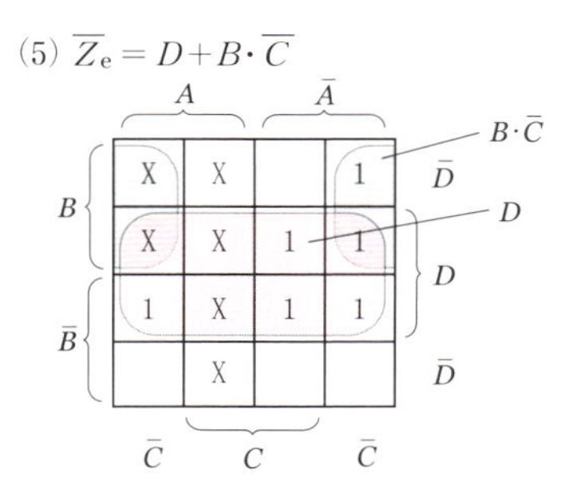

(6) $\overline{Z}_{\mathrm{f}}=\overline{B}\cdot C+C\cdot D+\overline{A}\cdot\overline{B}\cdot D$

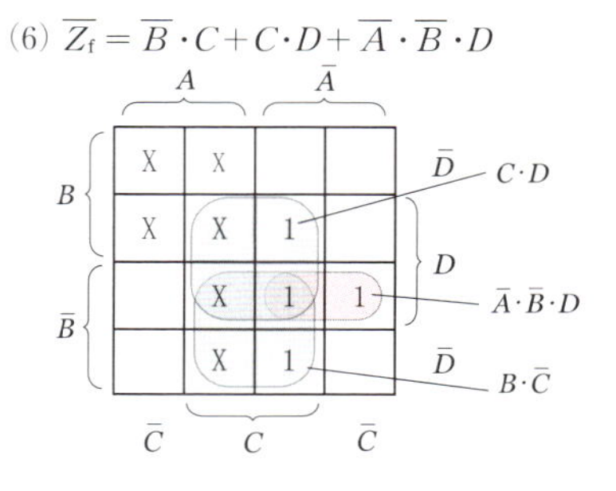

(7) $\overline{Z_g} = \overline{A} \cdot \overline{B} \cdot \overline{C} + B \cdot C \cdot D$

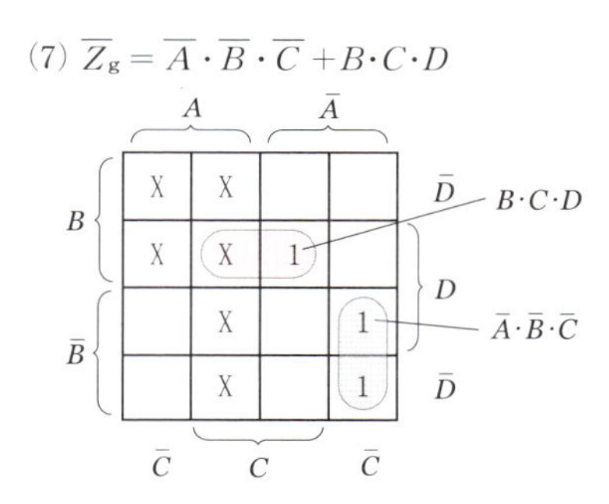

これらの論理式から，図 4-18 に示す文字表示回路が得られます．なお，入力が禁止されている 10 以上になると，正しく表示されないので注意が必要です．

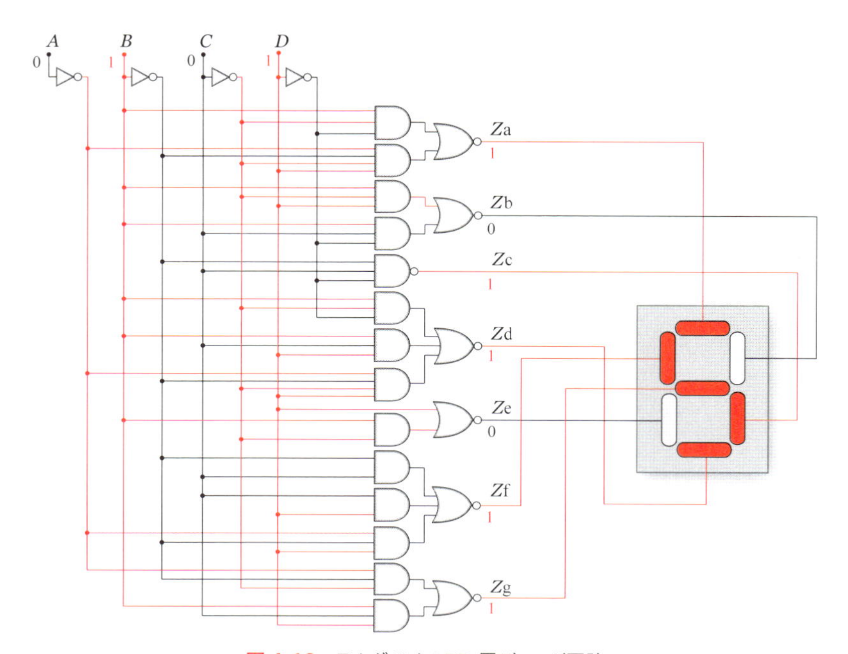

図 4-18　7 セグメント LED 用デコーダ回路

導いた論理式を検証してみよう！

ここで，先ほど導いた論理式の中から$\overline{Z}_{\mathrm{a}}$を選び，簡略化した式が正しいかどうか検証してみましょう．もう一度，その式を以下に示します．

$$\overline{Z}_{\mathrm{a}}=B\cdot\overline{C}\cdot\overline{D}+\overline{A}\cdot\overline{B}\cdot\overline{C}\cdot D$$

はじめに，右辺の第1項$B\cdot\overline{C}\cdot\overline{D}$が1になる条件について検討します．

式の形から，入力B,C,Dが"100"という条件が導かれます．一方，この式にはAの項が含まれていないので，0，1のどちらでもよいことになります．

これより，2進数の（A,B,C,D）が，"0100"もしくは"1100"のとき，第1項が1になることが分かります．

次に，第2項の$\overline{A}\cdot\overline{B}\cdot\overline{C}\cdot D$は，（$A,B,C,D$）が"0001"のとき1になります．

$\overline{Z}_{\mathrm{a}}$は，これら2つの項のOR（論理和）で表わされるので，最終的に入力（A,B,C,D）が"0100"，"1100"，"0001"のときに1になります．これらは，10進の4,12,1に相当しますが，10進数1桁を表示する回路で入力が12になることはありません．

これより，実質的に1と4のときにセグメントaが消え，それ以外の0,2,3,5,6,7,8,9で点灯することになり，表4-3の真理値表を満たしていることが分かります．残る$\overline{Z}_{\mathrm{b}}\sim\overline{Z}_{\mathrm{g}}$についても，同様の手法によりその正しさを検証することができます．

4.4.4 加算回路

組合せ回路の例として，2進数の**加算回路**について説明します．

はじめに，2進数の加算の例を次の図4-19に示します．

$$\begin{cases} 7_{(10)} = 0111_{(2)} \\ 9_{(10)} = 1001_{(2)} \end{cases} \qquad \begin{array}{r} 0111 \\ +\ 1001 \\ \hline 10000 \end{array} \qquad 10000_{(2)} = 16_{(10)}$$

図 4-19　2 進数の加算の例

10 進数の 7 と 9 を 2 進数に変換すると，それぞれ "0111" と "1001" になります．10 進数の場合と同様に，この 4bit の 2 進数についても，下位 bit から上位に向かって加算処理を行います．

最下位の 1 + 1 については，2 つの入力について，その桁の和 0 と桁上げの 1 という 2 種類の出力が必要になります．半加算器はその演算を担当します．2 桁目より上は，下位からの桁上げが生じ，入力数が 3 に増えるので，全加算器を用います．

このように加算回路は，最下位の**半加算器**に，2 桁目以上の**全加算器**を必要な数だけ縦属接続することにより実現します．

以下，それらの具体的な回路について眺めてゆきます．

(1) 半加算器

半加算器（Half Adder）とは 1 ビットと 1 ビットの加算を行う回路です．入力は A，B，出力はそのビットにおける**和** S（Sum）と**桁上げ** C_o（Carry Out）になります．その真理値表を，表 4-4 に示します．

表 4-4　半加算器の真理値表

入力		出力	
A	B	S	C_o
0	0	0	0
0	1	1	0
1	0	1	0
1	1	0	1

これより，以下の論理式が導かれます．

$$S = \overline{A} \cdot B + A \cdot \overline{B} = A \oplus B$$

$$C_O = A \cdot B$$

ここで，⊕は**排他的論理和**（XOR）を表しています．その回路構成を図4-20に示します．

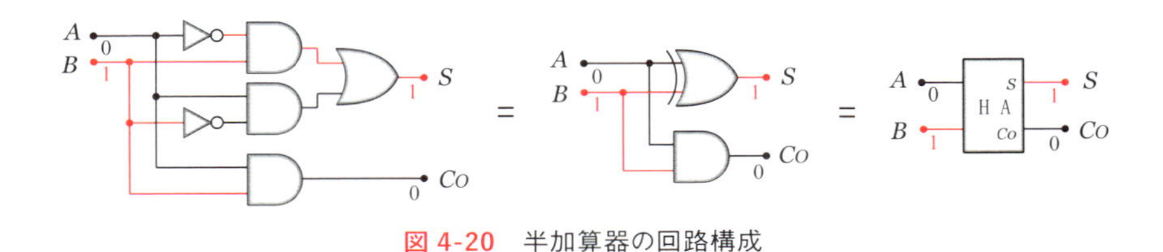

図 4-20　半加算器の回路構成

なおこの半加算器は，図のような四角形の記号で記述され，しばしばHAという略号が用いられます．

(2) 全加算器

全加算器（**Full Adder**）も半加算器と同様，1ビットの加算を行う回路ですが，下位からの桁上げ入力 C_i（Carry In）が追加され，3入力となります．なお，出力は半加算器と同じで，そのビットの和 S（Sum）と桁上げ C_O（Carry Out）です．その真理値表は，表4-5のようになります．

表 4-5　全加算器の真理値表

入力			出力	
C_i	A	B	S	C_o
0	0	0	0	0
0	0	1	1	0
0	1	0	1	0
0	1	1	0	1
1	0	0	1	0
1	0	1	0	1
1	1	0	0	1
1	1	1	1	1

これより，以下の論理式が導かれます．

$$S = \overline{C}_i \cdot (A \oplus B) + C_i \cdot \overline{A \oplus B} = C_i \oplus (A \oplus B) = C_i \oplus A \oplus B$$

$$C_O = A \cdot B + C_i \cdot (A \oplus B)$$

これらの式より，図 4-21 に示すように 2 つの半加算器と 1 つの OR 回路を用いて構成できることが分かります．なお，この全加算器は図のような四角の記号で表され，FA という略号が用いられます．

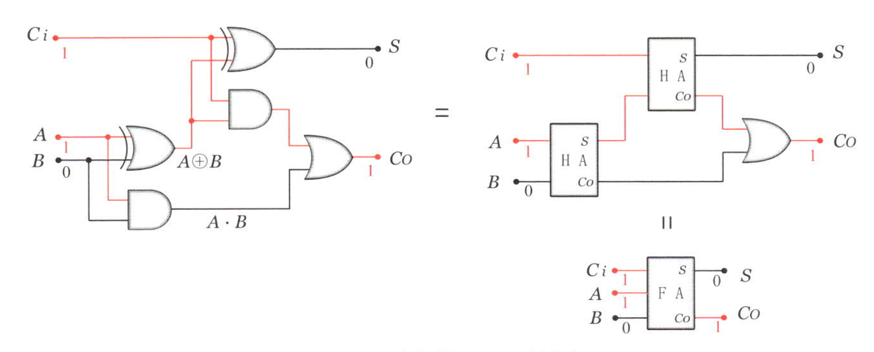

図 4-21　全加算器の回路構成

(3) 4 ビット加算回路

図 4-19 では，4 ビットの正の 2 進数を加算する計算例を示しました．

このような計算を行う **2 進加算器**の構成を，図 4-22 に示します．最下位ビット（LSB）には半加算器（HA），それ以外は全加算器（FA）を用い，これらを縦続に接続します．

入力 A_3～A_0 が 2 進数の "0111"，B_3～B_0 が "1001" のとき，出力 S_4～S_0 は 5bit の "10000" となり，正しい結果が得られていることが分かります．

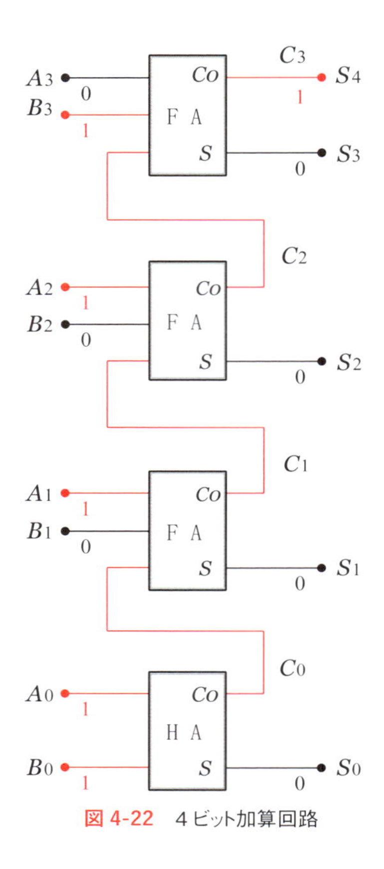

図 4-22 4ビット加算回路

MOSトランジスタとは？

ここで，論理回路を構成する**半導体**と**MOSトランジスタ**について補足します．この半導体とは，導体にも絶縁体にもなりえる物質であり，一般には，IV族のシリコン（珪素）に不純物を注入して製造します．

p型半導体は，シリコン単結晶の基板にホウ素（B）等のIII族元素を，**n型半導体**はリン（P）等のV族元素を，拡散やイオン打ち込みなどにより注入したものであり，n型では**電子**，p型では**ホール**が電気を流す多数キャリアとなります．このホール（hole）は電子が欠落した部位で，正孔ともいいます．

半導体に電界をかけると，これらの多数キャリアは移動し，電流が流れます．ホールは水中の泡に例えることができ，電子と逆の方向に移動します．

電界効果トランジスタ（FET：Field Effect Transistor）に分類されるMOS型（Metal Oxide Semiconductor）トランジスタには，図4-23に示すようにpチャネル型とnチャネル型があり，ON/OFFが逆向きのスイッチとして動作します．これらを組合せたものを**CMOS**（Complementary MOS）と呼び，現在の大規模集積回路（LSI）の大部分は，このCMOSのFETが用いられています．

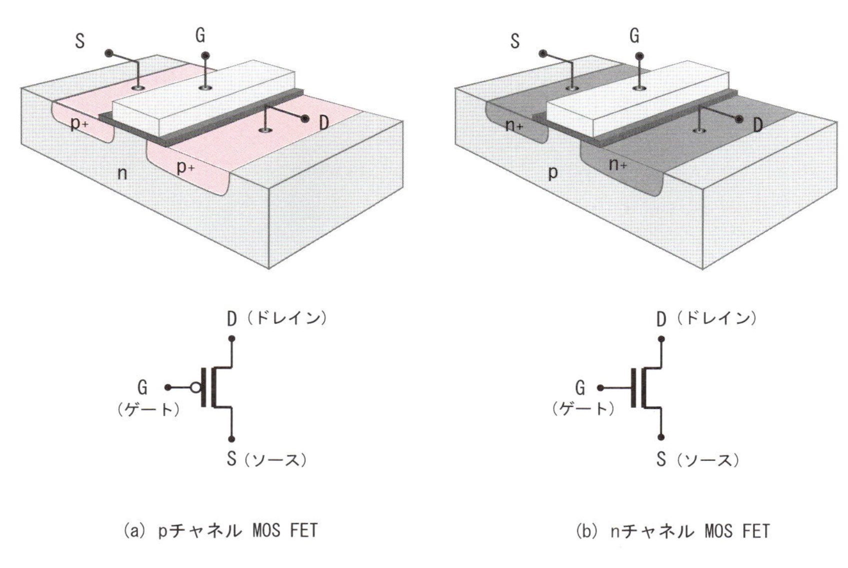

図 4-23　MOS型電解効果トランジスタ

pチャネルの**MOS FET**（以下pMOS）は，n型のシリコン基板の表面に絶縁層となる酸化膜（Oxide）を形成し，その上にアルミニウムのような金属（Metal）を蒸着させてゲート（G）電極を作成します．MOSの語源は，このような構造に由来しています．

リソグラフィー技術のホトレジスト等を用いて，**ゲート電極**の両側の酸化膜を部分的に除去し，その部分にp型の不純物を拡散させて，**ソース**（S）と**ドレイン**（D）領域を形成します．次に，このソースやドレイン，基板に電位を与える電極を形成します．nチャネルMOS（以下nMOS）の場合，p型のシリコン基板にn型の不純物を拡散させる点が異なるだけで，それ以外は同じです．なお，ソースとドレインは構造的には同じであり，回路への接続方法により決まります．このMOS FETは，ゲート電圧を制御することにより，ソース・ドレイン間を導通させたり，遮断したりする一種の**スイッチ**として動作します．

難解な半導体工学の用語を用いずに，nチャネルMOSトランジスタの動作を，目に見える水の挙動で説明してみましょう．

2つの電極（ソースとドレイン）はともにn型なので，水（電子）がたっぷり入ったコップと見なせます．その間のp型の領域は乾燥しきっているので，2つのコップ間で水が流れることはなく，**遮断状態**（OFF）にあります．

ここで，ゲート電極に高い電圧を加えると，水分が強く引き寄せられて，一見すると乾いて見えるタオルを強く絞ったときのように，表面にうっすらと水の膜（チャネルと言う）が現れます．このとき，水の層が一つに繋がって，高い位置のコップから低い位置のコップに向かって水が流れることになります．これが**導通**（ON）の状態です．

一方，pチャネルMOSの場合は，水（電子）ではなくホール（正孔）の挙動により，ONとOFFの状態が決まります．

ゲートの電位が低くなると，n型領域の電子が反発により遠くに追いやられ，結果としてチャネル表面にホールが集まってきます．このとき，ホールの層が一つに繋がって，ソースとドレイン間に電流が流れることになります．逆に，ゲートの電位が上昇すると，中間のホールの層が消失しn型に復帰するため，ソース・ドレインの2つの電極間が遮断されます．

CMOSを使って論理回路を構成する

先に示したpMOSとnMOSという2種類のスイッチを組合せることにより，様々な論理回路を構成することができます．

例えば図4-24のように，pMOSを電源側に，nMOSをグランド側に配置し，2つのゲートを入力端子，ドレインを出力端子に接続すると，**NOT回路**（インバータ）になります．

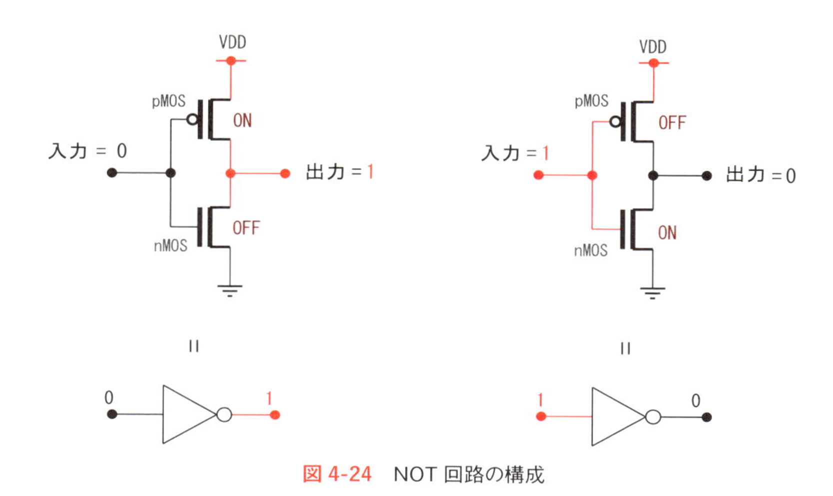

図4-24　NOT回路の構成

入力がLレベル（0）のとき，pMOSがON状態，nMOSがOFF状態になり，出力は電源側に接続されHレベル（1）となります．逆に，入力がHレベル（1）のとき，pMOSがOFF状態，nMOSがON状態になり，出力はグランド側に繋がりLレベル（0）となります．以上の動作は論理的には**NOT**（インバータ）です．

次に，CMOS構成による**NAND回路**を図4-25（a）に示します．

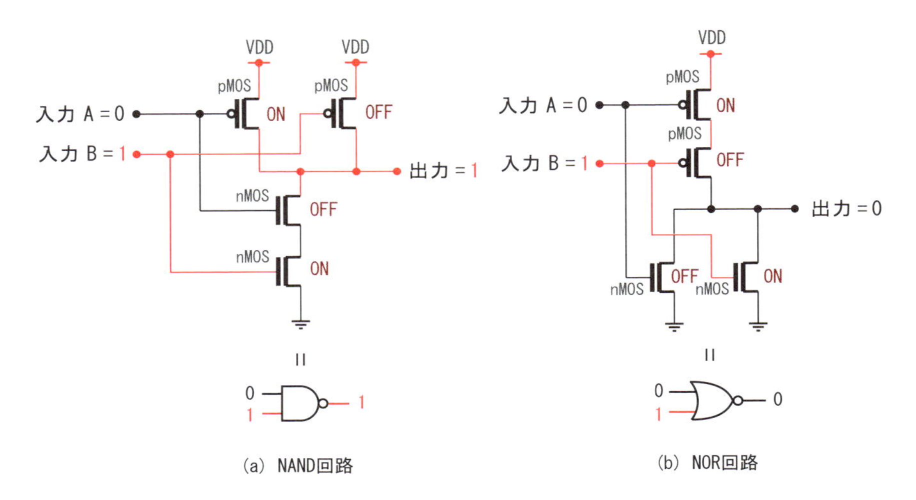

図 4-25　NAND および NOR の回路構成

pMOS と nMOS を，それぞれ 2 組用い，電源側の pMOS を並列に，グランド側の nMOS を直列に接続します．2 つの入力がともに H レベル（1）のとき，グランド側の 2 つの nMOS が同時に ON 状態になり，出力は L レベル（0）となります．一方，入力の少なくとも一方が L レベル（0）のとき，電源側の pMOS の少なくとも 1 つが ON 状態になり，出力は H レベル（1）となります．以上の動作は論理的には **NAND** に相当します．

図（b）に，**NOR 回路**の構成を示します．NAND と同様，pMOS と nMOS をそれぞれ 2 組用い，電源側の pMOS を直列に，グランド側の nMOS を並列に接続します．

2 つの入力がともに L レベル（0）のとき，電源側の 2 つの pMOS が同時に ON 状態になり，出力は H レベル（1）となります．一方，入力の少なくとも一方が H レベル（1）のとき，グランド側の nMOS の少なくとも 1 つが ON 状態になり，出力は L レベル（0）となります．以上の動作は論理的には **NOR** に相当します．

なお同様の手法により，pMOSとnMOSをそれぞれ3組用いて，3入力のNANDやNOR回路を構成することも可能です．

4.5 順序回路の例

4.5.1 順序回路とは

順序回路とは，図4-26に示すように出力信号がその時点の入力のみならず，過去の入力信号の履歴にも依存する回路です．例えばメモリのように入力したデータを記憶する**レジスタ**や，クロックパルスの数を計測する**カウンタ**，データをビット単位にずらす**シフトレジスタ**もこの順序回路に属します．**フリップフロップ**（Flip flop）は，その順序回路の基本となるものです．

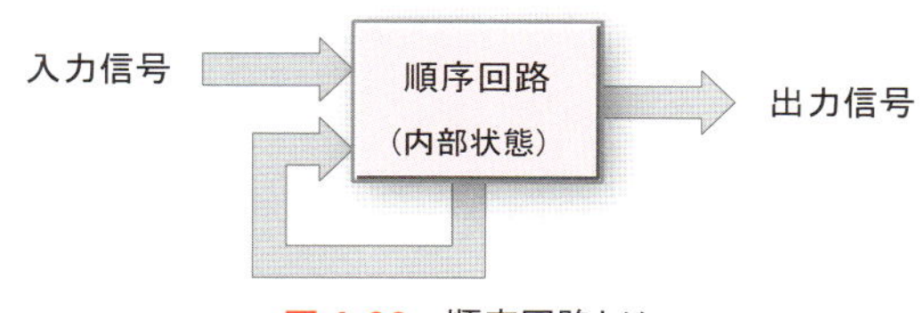

図4-26　順序回路とは

なお，順序回路の動作を正しく記述するためには，組合せ回路にはなかった時間的な変化や推移を明確に規定する必要があります．そのため，入出力に関する遷移表や，**タイムチャート**と呼ばれるグラフ等を導入することになります．あるいはそれらのイメージを掴むのに時間を要するかもしれませんが，ポイントさえ押さえればそれほど難しいことではありません．必要に応じて他の書籍等も参考にして，理解を深めて下さい．

4.5.2 状態図と遷移表

組合せ回路の真理値表に相当するのが**状態図**と**遷移表**であり，これにより順序回路の動作を記述します．以下，具体例を用いて説明しましょう．

最も単純な順序回路として**RSフリップフロップ**（RS-FF）を取り上げ，その動作を図4-27に示す**シーソー**を用いて説明します．

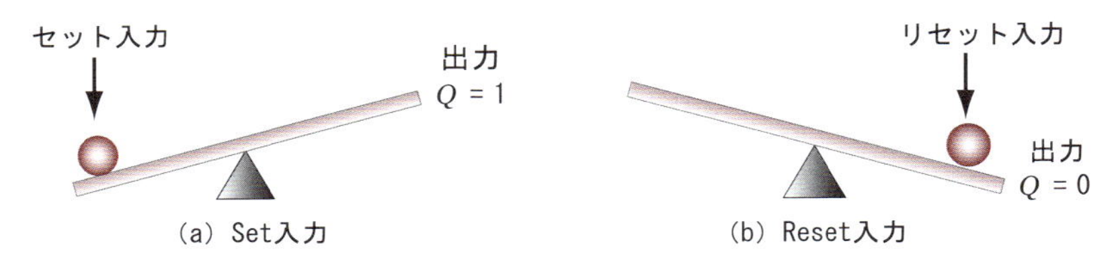

図 4-27　シーソーとRSフリップフロップの動作

図の (a) ではシーソーの左側に重りが乗っており，右側が上がっています．逆に (b) では右側に重りがあり，右側が下がっています．

RSフリップフロップには，**セット** (Set) と**リセット** (Reset) という2つの入力があり，左側に重りを乗せた状態 (入力) をセット，右側に乗せた状態 (入力) をリセットと呼びます．出力には Q と $\overline{Q}$ がありますが，実質的には1つであり，シーソーの右側が上がった状態を $Q=1$，下がった状態を $Q=0$ と定義します．左側が下がっている状態で，セット入力してもシーソーの状態，すなわち Q の値は変わりません．右側が下がっている場合のリセットも同様です．なお，これらの重りがない場合は，その前の状態が継続するものとします．また，セットとリセットを同時に入力することは，出力の Q からすれば矛盾した要求となるので，**禁止**されています．

このような動作を図4-28に示す**状態図**を用いて表すことができます．セット入力とリセット入力により，出力 Q が0と1の間を遷移することが分かります．

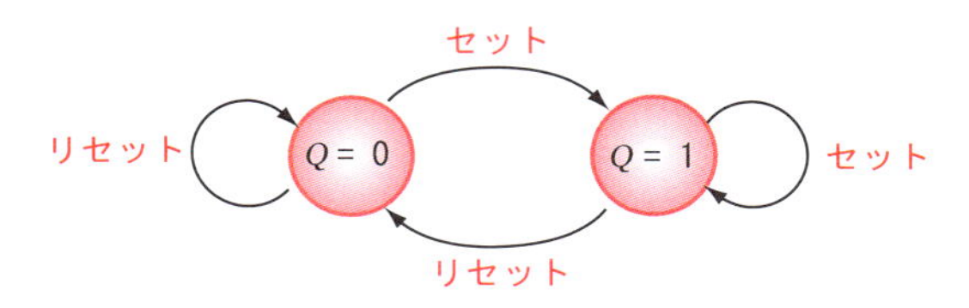

図 4-28　RSフリップフロップの状態図

この状態図から**遷移表**を作成します．RSフリップフロップの遷移表は，表4-6のようになります．

なお，次の状態 Q^n のXは禁止を表しています．

表 4-6　RS フリップフロップの遷移表

入力		現在の状態	次の状態
Set	Reset	Q	Q^n
0	0	0	0
0	0	1	1
0	1	0	0
0	1	1	0
1	0	0	1
1	0	1	1
1	1	0	X
1	1	1	X

ここで，入力と現在の状態から次の状態が導出されると考え，**次の状態** Q^n を**入力**（S,R）と**現在の状態** Q を用いて表現します．すなわち，Q を一種の入力とみなし，出力 Q^n のカルノー図を作成すると図 4-29 のようになります．なお，禁止されている状態を X で表しています．

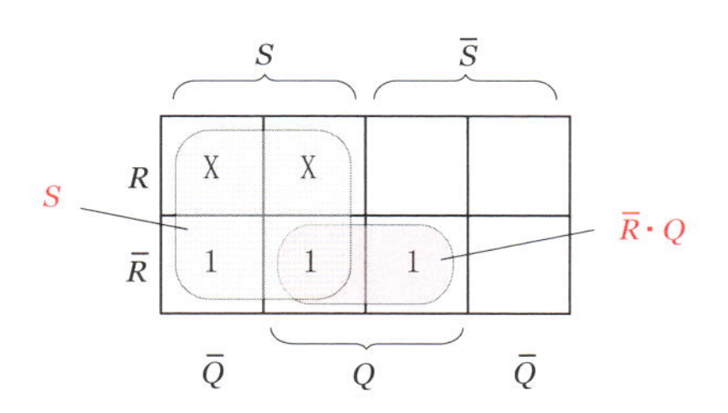

図 4-29　RS-FF における Q^n のカルノー図

これより次の式が導かれます．

$$R\cdot S=0$$
$$Q^n=S+\overline{R}\cdot Q$$

これらの式を RS-FF の**特性方程式**と呼びます．

1 番目の式は，$R=S=1$ のとき成立しないので，この状態が**禁止**（除外）されていることを表しています．2 番目の式について，全体を否定（NOT）すると，

$$\overline{Q^n} = \overline{S + \overline{R} \cdot Q}$$

となります．ここで，ド・モルガンの定理より，

$$\overline{\overline{R} \cdot Q} = R + \overline{Q}$$

となるので，

$$\overline{R} \cdot Q = \overline{R + \overline{Q}}$$

が成立します．これを上式に代入すると，

$$\overline{Q^n} = \overline{S + \overline{R + \overline{Q}}}$$

が導かれます．

ここで $Q^n = Q$ とおくことにより，図4-30の左のようにNOR回路を2個縦属に接続したRS-FFの回路図が得られます．なお，このフリップフロップは図の中央のように単純化した四角形の記号で表します．

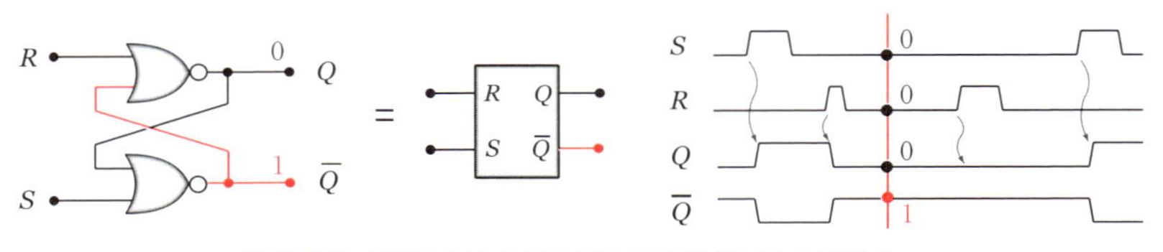

図4-30　NORによるRS-FFの回路構成とその動作

フリップフロップの安定状態は２つ

図4-30のNORを用いた回路で $R = S = 0$ のとき，RS-FFは図4-31の左のように，NOT回路を2つ縦属に接続し，入力の Q と出力の Q^n を結線した回路に等価となります．この回路では，電源投入により Q は0か1のいずれかになり，その状態は安定に持続します．この性質を**双安定性**といい，$Q^n = Q$ とおく根拠になっています．しかしながら，一旦その値が確定すると，電源を再投入しない限り変更はできません．このため，NOTではなく，入力を反転して出力するNORやNAND

が必要になります．例えば，$\overline{Q}=1$ のとき，その値を0とするためには，左側のNOTをNORに変更し，その入力 $S=1$ とする必要があります．逆に，$Q=1$ のときこれを0とするためには，右側のNOTをNORに変更し，その入力 $R=1$ とする必要があります．なお，2つのNORを上下に配置すると，図4-30の回路図になります．

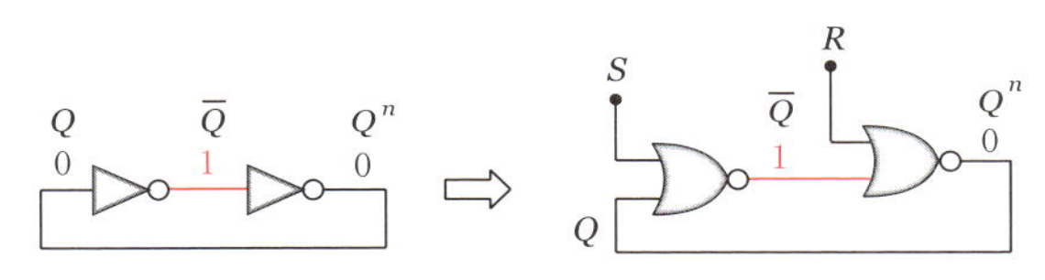

図 4-31　フリップフロップの双安定性

4.5.3　フリップフロップ回路（FF）

フリップフロップ回路は，順序回路の設計においてその出発点に位置するキーデバイスですが，その中でも最も重要なものが**エッジトリガー型**の**D-FF**です．ここでDは遅延（Delay）に由来しています．

D-FFの入力には D と CLK の2つがあり，後者は一定の周期で変化するクロックに相当します．また出力は実質的に1つで，通常 Q で表されます．

エッジトリガー型のD-FFでは，クロックの立ち上がり時点における入力 D の値が出力 Q に現れ，次のクロックの立ち上がりまで保持されます．簡易型のD型ラッチと異なり，クロックが1の期間に入力 D の値が変化しても，出力 Q は変化しないので，FPGAをはじめとする集積回路において，最も多く使用されています．

マスタ・スレーブタイプ構成のD-FFの回路図を，図4-32に示します．図の(a)のように，$CLK=0$，$D=1$ のときマスタ側がセットされ，左のRS-FFの出力が1になります．次にクロック CLK の立ち上がりで(b)のようにスレーブ側に伝播し，右のRS-FFがセットされるので，$Q=1$ となります．

一方，$CLK=0$，$D=0$ のときマスタ側がリセットされ，クロック CLK の立ち上がりで右側に伝播し $Q=0$ に推移します．

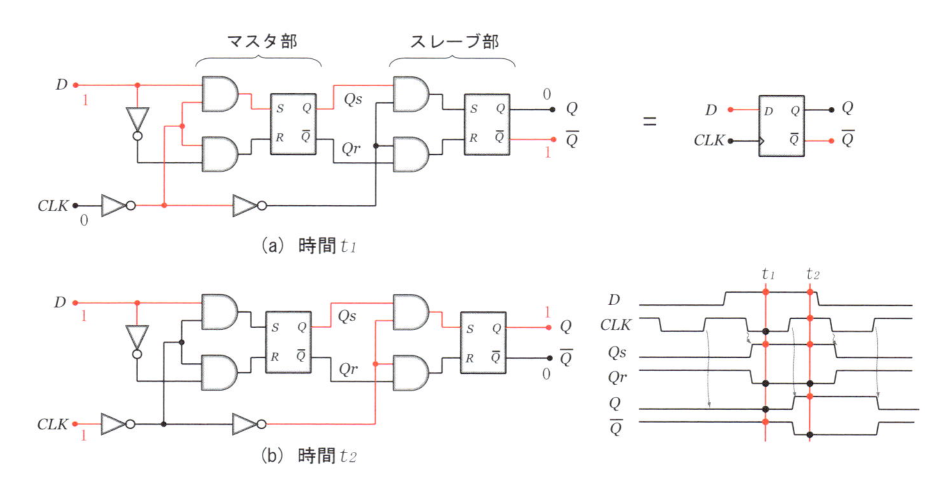

図4-32　エッジトリガー型D-FFの回路構成とその動作

D-FFの働きは3人の連係プレイ？

D-FFの動作を，3人の**連係プレイ**に例えてイメージしてみましょう．

1番手は**クロック**の立ち上がりで"ピッ"と**笛**を吹く係，2番手は**入力** *D*の値(0,1)を**チェック**する係，3番手はその値を**出力** *Q*に**セット**する係です．

入力と出力の因果関係から，笛が鳴った時点の入力*D*の値が，少し遅れて出力*Q*に現れます．なお，笛が鳴らない限り誰も反応することはなく，その状態を維持し続けます．

図4-33　D-FFの連係プレイ

例えば，図 4-34 のように，D-FF の反転出力 $\overline{Q}$ を入力 D に接続したときの動作について考えてみましょう．

主導権をもつのはあくまで笛であり，それが鳴るたびに，少し遅れて出力の Q が反転します．その結果，入力 D の値も逆方向に反転しますが，笛が鳴った後なので，他に影響を与えることなくその状態を維持します．

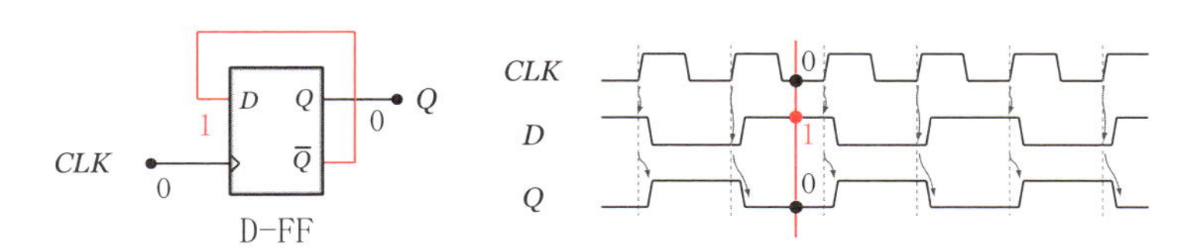

図 4-34　D-FF による反転回路

なお，出力 Q の**周波数**は，クロック周波数の**半分**になっており，この回路はカウンタ回路の最下位 bit に用いられています．

4.5.4　順序回路の設計手順

順序回路の一般的な**設計手順**は以下のようになります．

① クロックや回路の入力の値に応じて，現在の状態から次の状態へ遷移する動作を，表の形に整理した**遷移表**を作成する．
② 使用する**フリップフロップ**の**種類**を決定し，現在の状態が次の状態に遷移するようフリップフロップの各**入力**を決定する．
③ フリップフロップの各入力を，回路の入力と現在の状態の**論理式**で表す．
④ ③の論理式をカルノー図等を用いて簡略化し，**論理回路記号**で表す．

以下，この順序回路の具体的な設計事例を紹介します．

4.5.5　D-FFを用いた設計事例（4ビット16進カウンタ）

エッジトリガーのD-FFを4個使用して，（0000 → 0001 → … → 1110 → 1111 → 0000 → …）のように動作する4ビットの**バイナリカウンタ**を設計します．このカウンタの**遷移表**は，表4-7のようになります．

表4-7　4ビットバイナリカウンタの遷移表

現在の状態				次の状態			
Q_3	Q_2	Q_1	Q_0	Q_3^n D_3	Q_2^n D_2	Q_1^n D_1	Q_0^n D_0
0	0	0	0	0	0	0	1
0	0	0	1	0	0	1	0
0	0	1	0	0	0	1	1
0	0	1	1	0	1	0	0
0	1	0	0	0	1	0	1
0	1	0	1	0	1	1	0
0	1	1	0	0	1	1	1
0	1	1	1	1	0	0	0
1	0	0	0	1	0	0	1
1	0	0	1	1	0	1	0
1	0	1	0	1	0	1	1
1	0	1	1	1	1	0	0
1	1	0	0	1	1	0	1
1	1	0	1	1	1	1	0
1	1	1	0	1	1	1	1
1	1	1	1	0	0	0	0

この遷移表で，例えばQ_3，Q_2，Q_1，Q_0がそれぞれ（1, 0, 0, 1）の状態にあるとき，次のクロックの立ち上がりで，その値に1を加えた（1, 0, 1, 0）に遷移します．DC型のD-FFでは，クロック立ち上がり時の入力Dの値が，次のクロックの立ち上がりまで保持されます．したがって，現在のQ_3〜Q_0の（1, 0, 0, 1）という値から，次の（1, 0, 1, 0）という4ビットの情報を生成し，D_3〜D_0のそれぞれに入力して待機します．なお，Q_3〜Q_0が他の状態にある場合も同様です．これより，D-FFを用いた同期式カウンタの設計は，Q_3

$\sim Q_0$ を入力とし，次の $Q_3^n \sim Q_0^n$，すなわち，$D_3 \sim D_0$ の値を出力する 4 つの組合せ回路を求める作業に帰着します．なお，組合せ回路の簡略化にはカルノー図等を活用します．

はじめに，最下位の D_0 を決定します．現在の状態が 10 進数の偶数（0, 2, 4, 6, 8, 10, 12, 14）のとき $D_0=1$，それ以外の奇数（1, 3, 5, 7, 9, 11, 13, 15）のとき $D_0=0$ となるような組合せ回路を求めます．そのカルノー図を作成すると，図 4-35 のようになります．

次に 2 ビット目の入力 D_1 を求めると，図 4-36 のようになります．

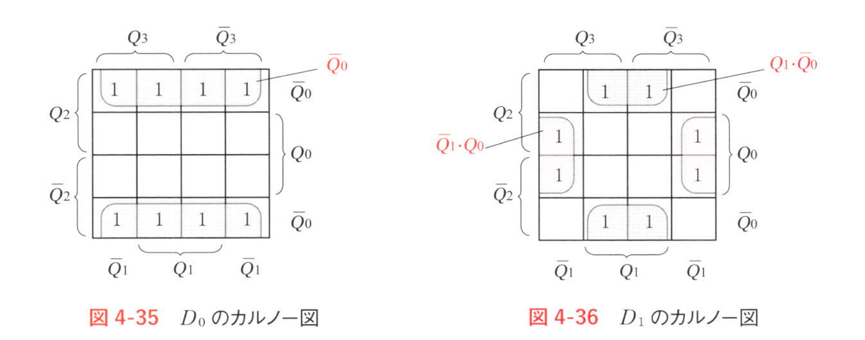

図 4-35　D_0 のカルノー図

図 4-36　D_1 のカルノー図

同様に，3 ビット目の D-FF 入力 D_2 のカルノー図を図 4-37，最上位 4 ビット目 D_3 のカルノー図を，図 4-38 に示します．

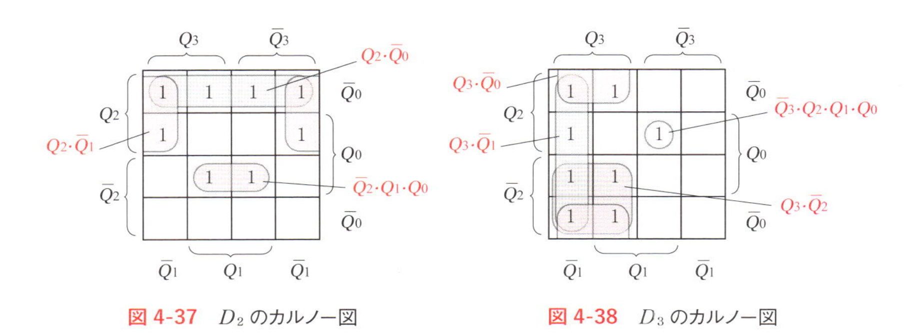

図 4-37　D_2 のカルノー図

図 4-38　D_3 のカルノー図

このようにして求められた論理式を以下に示します．

$$D_0 = \overline{Q}_0$$

$$D_1 = \overline{Q}_1 \cdot Q_0 + Q_1 \cdot \overline{Q}_0$$

$$D_2 = Q_2 \cdot \overline{Q}_1 + Q_2 \cdot \overline{Q}_0 + \overline{Q}_2 \cdot Q_1 \cdot Q_0$$

$$D_3 = Q_3 \cdot \overline{Q}_2 + Q_3 \cdot \overline{Q}_1 + Q_3 \cdot \overline{Q}_0 + \overline{Q}_3 \cdot Q_2 \cdot Q_1 \cdot Q_0$$

最後に，これらの論理式を具体的な回路図の形で表現します．その結果を，図4-39に示します．なお，フリップフロップの反転出力 $\overline{Q}$ を用いることもできますが，出力の配線数が増え回路図が煩雑になるので，この図では Q のみを使用し，$\overline{Q}$ はANDゲート入力部の○（NOT）で表しています．実際の回路では，遅延が少ない $\overline{Q}$ を使用します．

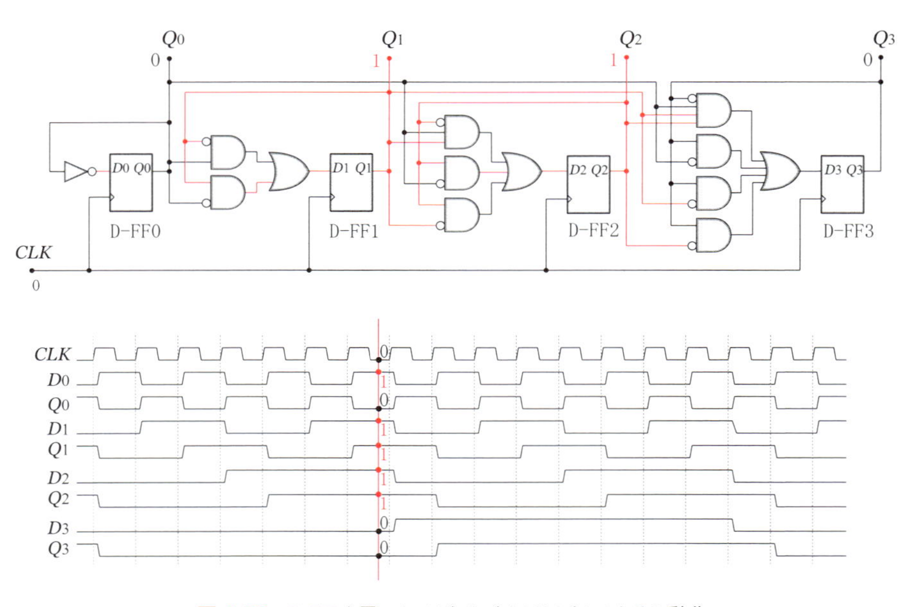

図4-39　D-FFを用いた4ビットバイナリカウンタとその動作

次の状態を準備して笛を待つ！

上で示したカウンタの動作が，具体的にイメージできましたでしょうか？

ポイントさえ押さえれば，順序回路の動作を理解することはそれほど難しいことではありません．

D-FF の項で述べたように，**順序回路**で主導権をもつのは**クロック**（笛）であり，基本的にクロックが変化することを事前に予知して，動作を開始することはありません．すなわち，クロックが立ち上がると，その影響は D-FF の**出力** Q を経由して，それらに繋がる**組合せ回路**へと伝播し，最終的に D-FF の**入力** D に行き着きます．

先ほどの**カウンタ**の例で説明すると，クロックが立ち上がって 4 つの D-FF の出力 Q_3～Q_0 が確定すると，それらに接続する組合せ回路は，その値に 1 を加えた 2 進数に相当する 4 つの信号を生成します．その信号をカウンタの出力とする方法も考えられますが，2 進数の bit 間で回路構成が異なるため，データが確定するタイミングにずれが生じます．出力波形の不揃いは見栄えのするものではなく，設計上の扱いも面倒になります．

そこで，見方を変えて D-FF の出力 Q_3～Q_0 自体をカウンタの出力とみなします．D-FF の出力はクロックの立ち上がり直後に確定するので，最終的な出力に不揃いは生じません．ただし，クロックが立ち上がる前に，入力 D_3～D_0 の値が確定している必要があります．

D-FF を用いたすべての**同期式順序回路**は，図 4-40 に示すように，それらの入力と現在の状態 Q から，次の状態 Q^n を生成する組合せ回路を設計し，それらの出力を D-FF の入力 D に接続して，次のクロックの立ち上がりを待つという動作を行っています．**遷移表**は，それらの組合せ回路の入出力関係を表しています．

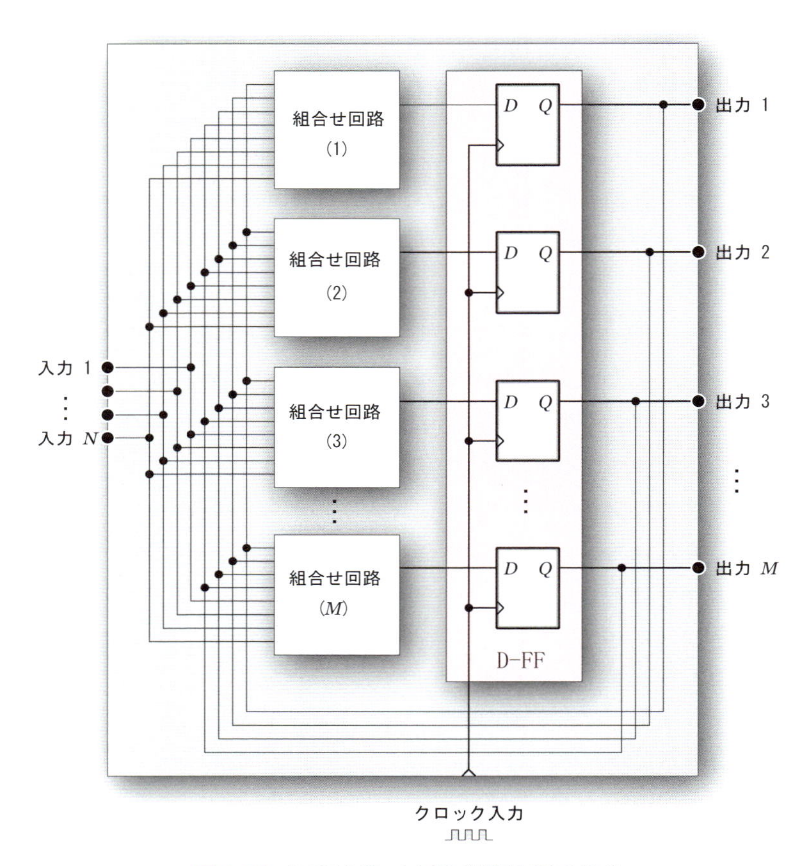

図 4-40　D-FF を用いた同期式順序回路の構成

なお，先ほど示したカウンタの例では，入力はクロックのみで，他の入力は用いませんでした．しかし一般には，カウンタ値を強制的に 0 に戻すリセット信号や，一時的に停止させる制御信号，カウントアップ/カウントダウンを切り替える選択信号等を利用することがあります．その場合は，**遷移表**の左側へ新たに**入力**の欄を追加し，それらの入力値と**現在の状態** Q のすべての組合せに対する**次の状態** Q^n を記入します．

次に，入力と Q を用いて Q^n の**論理式**を導出し，カルノー図等で簡略化した後 D-FF の入力 D に接続します．

第 5 講
ハードウェア記述言語のVHDLを用いて回路を表現する

本講では，LSIの設計・開発に広く使用されている**ハードウェア記述言語**（HDL）の表記法について解説します．

ハードウェア記述言語として様々な種類の言語が利用されていますが，ここでは国際的に広く使用されているVHDL（VHSIC Hardware Description Language）の記述例を中心に紹介します．このVHDLは極めて高い記述能力をもち，大規模なLSIの開発を効率的に進めることが可能です．

なお，この限られたスペースでは，それらの全容を紹介することはできません．ここでは，代表的な回路をいくつか選び，それらの記述内容を中心に解説します．説明が不足する箇所があろうかと思いますが，それらについては別途参考書等で補って下さい．

5.1 ハードウェア記述言語とは

5.1.1 ハードウェア記述言語の例

ハードウェア記述言語とは，文字通り論理回路をCやJavaのような**ソースコード**を用いて表現する手段です．ここでは，その具体的な表記例について説明します．

前講では，AND（論理積）やOR（論理和）などを用いた論理回路と，それに対応する論理式について解説しました．

このようにあらゆる**論理回路**は，**論理式**を用いて表現することが可能です．

例えば，図5-1の簡単な論理回路について検討してみましょう．入力はAとB，出力はZ_ANDとZ_ORです．

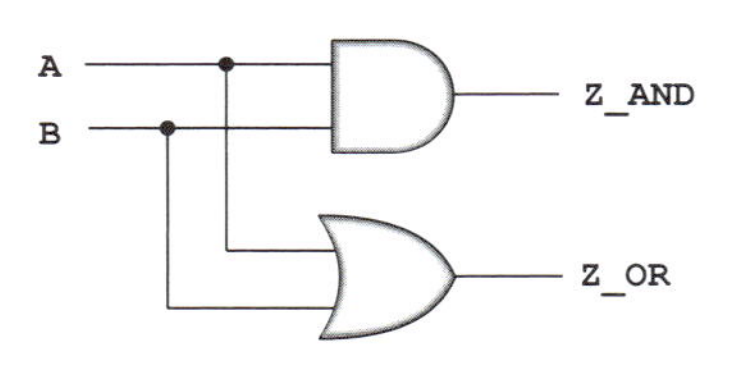

図5-1　簡単な論理回路

Z_ANDは前講で示した論理積（AND），Z_ORは論理和（OR）に相当します．これらの論理回路記号を**論理式**を用いて表すと，

$$Z\_AND = A \cdot B$$
$$Z\_OR = A + B$$

のようになります．

ハードウェア記述言語の種類により，具体的な記述方法はそれぞれ異なりますが，基本的にはこれらの論理式に相当する入出力の関係を表しています．

5.1.2　代表的なハードウェア記述言語

代表的なハードウェア記述言語として，VHDLやVerilog HDLがあります．

それらの概要については後ほど紹介しますが，その記述例をそれぞれ図5-2と図5-3に示します．

とりあえず記述の中身はざっと眺める程度にして，ピンクの部分に注目して下さい．この部分が，**論理積**（AND）と**論理和**（OR）に相当する記述です．論理式で使用したドット（・）やオア（+）の代わりに，VHDLではandやor，Verilog HDLではC言語と同様&や|を使用しています．

なおVHDLの場合，代入が＝（イコール）ではなく，<=となっている点に注意して下さい．

```
-- and_or.vhd
library IEEE;
use IEEE.std_logic_1164.all;

entity and_or is
    port
    (
        A       : in std_logic;
        B       : in std_logic;
        Z_AND   : out std_logic;
        Z_OR    : out std_logic
    );
end and_or;

architecture RTL of and_or is

begin
    Z_AND <= A and B;
    Z_OR  <= A or B;
end RTL;
```

図 5-2　VHDL の記述例

```
// and_or.v

module
and_or(A, B, Z_AND, Z_OR);

     input    A;
     input    B;
     output   Z_AND;
     output   Z_OR;

     assign   Z_AND = A & B;
     assign   Z_OR  = A | B;

endmodule
```

図 5-3　Verilog HDL の記述例

以下，それらの言語の特徴について簡単に説明します．

1. **VHDL**

VHSIC（Very High Speed Integrated Circuits）Hardware Description Language の略で，米国国防省が中心となって開発され，国際標準の規格（IEEE 1164-1993）として認定されています．

図 5-2 に示すように，入出力信号を定義する**エンティティ**部と，入出力の論理関係を記述する**アーキテクチャ**部に分かれており，ソースコードの行数が増える傾向がありますが，その記述能力の高さから幅広い分野で使用されています．

2. **Verilog HDL**

米国の旧 Gateway Design Automation 社により開発された言語で，回路を記述する論理合成に加えて，デバッグやシミュレーションのための検証方法を記述することができます．C 言語に近い記述法を採用しており，40 年以上にわたり，回路設計のデファクトスタンダードとして広く使用されてきました．VHDL に 2 年遅れて，IEEE 1364-1995 として標準化されました．

3. その他のHDL

その他のHDLとして，AHDLやPALASM，ABEL等があります．

AHDLは，米国のAltera社により開発された言語であり，同社から長らく提供されていた開発ツール（MAX+PLUS II等）で利用されてきました．

PLD（Programmable Logic Device）など，比較的小規模のデコーダ回路等に使用された簡易型の言語に，PALASMやABEL等があります．その歴史は古く，これらの知見を基に様々なHDLが考案され，発展してきました．

5.1.3 HDLの特徴

ハードウェア記述言語（HDL）は，大規模な回路を設計する場合の回路図の限界を解消するために，考案された手法です．回路図は分かりやすい表現形式ではありますが，以下のような問題点・課題が，従来から指摘されてきました．

1. 回路図は直感的ではあるが，CADシステムへの入力作業が煩雑（はんざつ）になる．
2. 回路図では，詳細な回路動作の記述が難しい．
3. コンピュータにとって，回路図は必ずしも最適な表現形式ではない．

次に，現在最も広く用いられているVHDLについて，その特徴を列挙します．

1. 様々なレベルで記述可能

ソフトウェアの分野で，アセンブリ言語から高級言語へと発展したように，HDLも下は具体的な**ゲートレベル**から，上は抽象的な**ビヘイビアレベル**まで，幅広い記述に対応できるようになりました．例えば**トップダウン設計**で，上位のビヘイビアレベルのみ記述するだけで，全体を通したデバッグを早い段階で実施することも可能です．上位のデバッグを完了した後，下のレベルを記述することにより，設計期間の大幅な短縮が可能となりました．

2. **論理合成のシミュレーション**
回路の記述だけでなく，合成した論理を検証するための**シミュレーション**方法を記述することができます．後ほど，**テストベンチ**の項で詳しく紹介しますが，入力信号の時間推移をVHDLのソースコード内に記述することにより，入力に対する出力波形を**タイムチャート**の形で表示することが可能です．さらに，実際に使用するFPGAの種類やピン配置等の情報を指定すれば，**遅延時間**等の推定値が得られるので，動作周波数の上限をはじめとする様々な特性を，事前に推定することが可能になります．

3. **設計資源の再利用**
HDLによる設計手法は，**パラメタライズ手法**の導入により，回路の**汎用性**が高まり，設計資源を効率的に再利用することが可能になりました．
パラメタライズとは，ビット幅等の数値データを，独立したパラメータとして与える手法です．例えば，8bitや16bitなど，ビット幅の異なるレジスタの設計において，パラメータを変更するだけで，ひとつのソースコードで対応することができます．

なお，大規模な回路設計で，回路図が完全に廃れたわけではありません．具体的な回路はHDLで記述し，上位の階層ではシンボリックな回路図として表現する方法は今でも用いられています．

5.2 VHDLによる回路記述

本節では，具体的なVHDLの記述法について説明します．

5.2.1 回路本体の雛形

はじめにVHDLによる**回路本体**の**雛形**（ひながた）（基本構成）を，図5-4に示します．

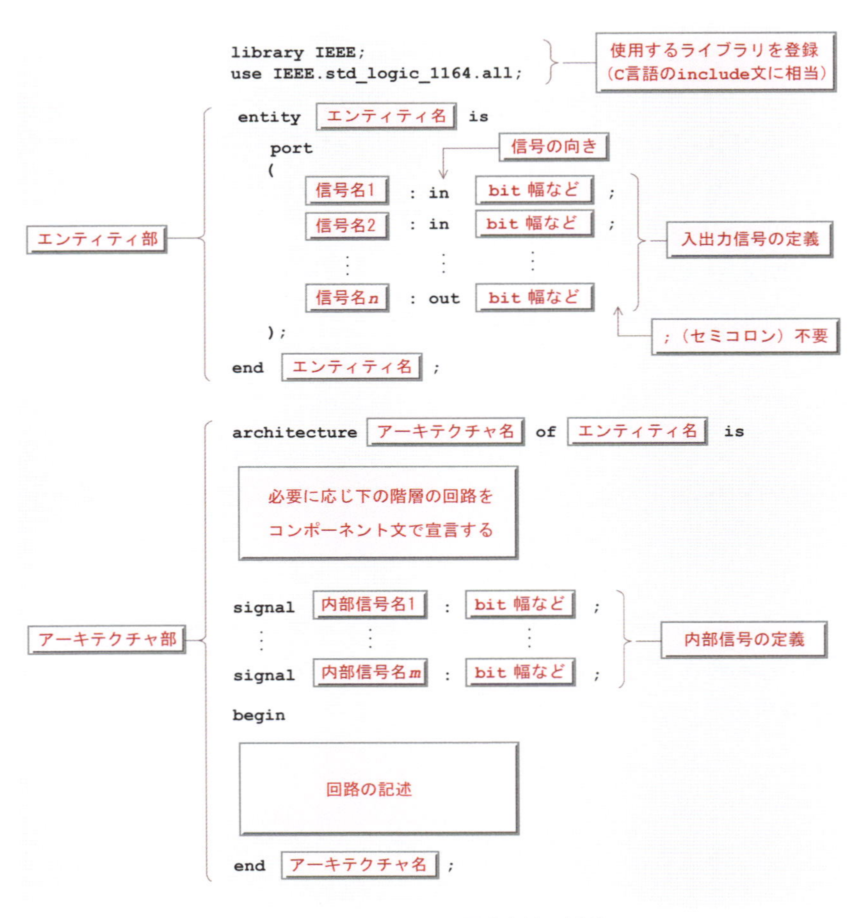

図5-4 VHDLによる回路本体の雛形

最初の2行は，ここで使用する標準的な**ライブラリ**を指定しています．

前半の**エンティティ**部で，**入出力信号**を指定し，後半の**アーキテクチャ**部で回路の本体を記述します．

VHDL では基本的に大文字と小文字は区別されませんが，読みやすさを最優先に記述する必要があります．本書では，原則として**信号名**を大文字で，それ以外の**予約語**等は小文字で表すことにします．

エンティティ名は vhd ファイルの名称に一致させる必要があるので，回路の機能が推定できるような，分かりやすい名称を付ける必要があります．

信号名も同様で，コメント文が不要となるような本質的な名称を付けることが重要です．

信号の向きには，回路へ**入力**する in，回路から**出力**する out，**双方向**を表す inout，回路内部で参照できる出力 buffer 等があります．なお，buffer については，上位の階層で使用する場合にも buffer としなければならないなどの制約があります．

データの型の欄は**信号の幅**等を表しており，1bit 信号の場合 std_logic，*n* bit の場合 std_logic_vector(n-1 downto 0) のように記述します．

bit というデータタイプも 1bit の型を表しますが，std_logic 等の型は，通常の 1 と 0 以外に**ハイインピーダンス**等の状態をとりうる点が異なります．このハイインピーダンスとは，論理回路の出力が接続されていない「宙ぶらりん」の状態を指し，メモリのデータバスのように複数の出力を共通の配線に繋いでおき，1つの出力のみ有効とする場合などに用います．

また，上記のような2進数ではなく，10進数を表す integer というデータタイプも利用できます．デフォルトは 32bit 幅ですが，bit 幅を指定する場合には integer range 0 to 9 のように記述します．

アーキテクチャ名は基本的に制約はなく，自由に付けることができますが，DATAFLOW（組合せ回路記述），BEHAVIOR（動作仕様記述），STRUCTURE（構造記述），RTL（レジスタレベル記述），SIM（シミュレーション）などが用いられることが多いようです．なお，本書の例題では RTL，SIM を使用しています．

5.2.2　簡単な論理回路のVHDL

それでは，図5-1に示した最も簡単な回路の具体的な表記法について，図5-5を用いて説明しましょう．

```
1   -- and_or.vhd
2   library IEEE;
3   use IEEE.std_logic_1164.all;
4
5   -- 入出力の宣言
6   entity and_or is
7       port
8       (
9           A       : in std_logic;
10          B       : in std_logic;
11          Z_AND   : out std_logic;
12          Z_OR    : out std_logic
13      );
14  end and_or;
15
16  -- 回路の記述
17  architecture RTL of and_or is
18
19  begin
20      Z_AND <= A and B;
21
22      Z_OR <= A or B;
23  end RTL;
24
```

基本的なライブラリを使用（C言語のinclude文に相当）

ファイル名と同じ

1bitの入力信号

1bitの出力信号

要注意（;は不要）

入力A,BのAND（論理積）を出力のZ_ANDに接続

入力A,BのOR（論理和）を出力のZ_ORに接続

図5-5　簡単な論理回路のVHDL（and_or.vhd）

以下，このソースコードについて，簡単に補足します．

- **1行：**--（2つのハイフン）から始まる1行は，**コメント文**を表しており，このファイル名がand_or.vhdであることを示しています．
- **2～3行：**この回路で使用するVHDLの**ライブラリ**を表しています．IEEEは，米国の電子技術者で構成される有名な組織（Institute of Electrical and Electronics Engineers）であり，そこで制定した規格に1164という番号が付いています．ここでは，C言語における代表的なヘッダーファイルstdio.hを取り込むinclude文のようなものだと解釈して下さい．

- **6～14 行：**エンティティ部では，入出力のインタフェースを表します．この場合，*A*，*B* という 2 つの信号が入力，*Z_AND* と *Z_OR* が出力を表しています．std_logic は，1bit の信号を表しています．
  なお，この例では各信号ごとにデータの型を宣言していますが，in もしくは out でまとめて，*A*, *B* のようにカンマ区切りで一度に定義することも可能です．
- **17～23 行：**アーキテクチャ部では，入出力信号の具体的な論理関係を記述します．
- **20,22 行：論理演算子**の and は**論理積**，or は**論理和**を表しており，記号の <= は，右辺の入力信号の演算結果を左辺の出力信号に接続することを表しています．これ以外の論理演算子として，not（**否定**），nand（**否定論理積**），nor（**否定論理和**），xor（**排他的論理和**）などが定義されています．

コードの並び順に依存しない HDL

C 言語と VHDL では，ともに加算や乗算をはじめとする演算が定義されており，一見同じような言語に見えますが，本質的な違いが存在します．

- **C 言語の場合**
  例えば，0,1 を表すブーリアン型変数 *A*,*B*,*C*,*D*,*E* について，**論理積**（&）と**論理和**（|）の演算を以下のように定義します．このとき，1 行目の結果が 2 行目以降に反映されるので，

  $C = A \,\&\, B;$

  $E = C \mid D;$

  とその順番を入れ替えた

$E = C \mid D;$

$C = A \,\&\, B;$

は必ずしも同じ演算結果になるとは限りません．

- **VHDL の場合**

1bit の std_logic 型の信号 A,B,C,D,E についても，論理積（and）と論理和（or）の演算を定義することができます．このとき，

$C <= A$ and B;

$E <= C$ or D;

とその順番を交換した

$E <= C$ or D;

$C <= A$ and B;

は**完全に等価**であることが保証されています．

この本質的な違いは，何に起因するのでしょうか？

C 言語はいわゆる**手続き型言語**に属し，上の行から下の行に向かってスポットライトが移動するように，**代入**（=）の操作が行われます．

すなわち**順次処理**となるので，代入の順序が変われば，当然のことながらその結果も変わります．

一方の VHDL の <= は，正確には代入ではなく**接続関係**を表しています．すなわち，スポットライトのような時間軸はなく，回路図上の配線の静的な接続関係を表しており，**同時処理文**と呼ばれます．なお，この表現はそれぞれの文がその並び順によらず，同時並列的に評価されることを意味しており，信号が同時に変化することを表しているのではないことに注意が必要です．

5.2.3　回路の階層化

大規模な回路を効率よく設計するためには，汎用性が高く再利用可能な要素部品を設計し，これらを**コンポーネント部品**として上層へと積み重ねてゆ

く**階層化**の手法が有効です．

ここでは，VHDLにおける部品の使用法について説明します．

一般に，アーキテクチャ部のはじめに，部品となる回路をcomponent文として定義します．

その雛形を，図5-6に示します．

部品として読み込むvhdファイルからエンティティの部分をコピーし，entityの表記をcomponentに置き換えるとよいでしょう．

なお，component文ではisの表記は不要ですので削除します．

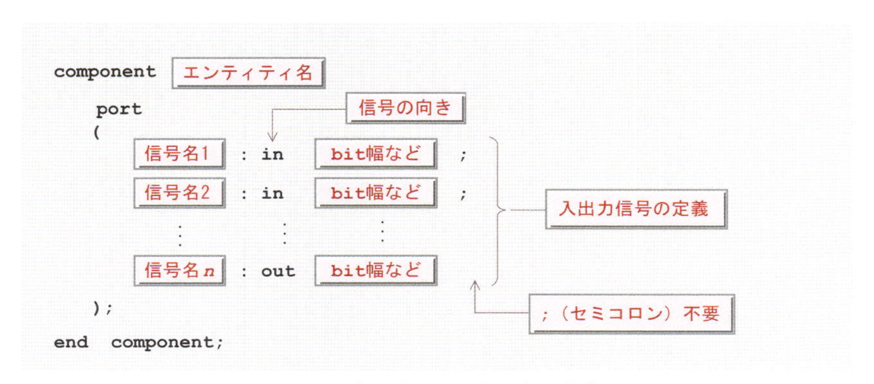

図5-6　部品（コンポーネント）の定義

この部品は，アーキテクチャの回路記述部で呼び出します．図5-7はその**雛形**です．

インスタンス名は，それぞれの部品を識別するための名札のようなものであり，同じ部品を複数使用する場合は，異なる名称を付与します．

port mapでは，**部品**の入出力信号と**回路本体**の信号について，その対応関係を記述します．=>の左側に部品（コンポーネント）の信号名，右側に本体の入出力信号や内部信号を**カンマ区切り**で並べます．

なお，port mapの最後は);（カッコとセミコロン）で締めくくるので，信号名の最後の行については，カンマ，は不要です．

また，左右の信号名の対応関係さえ正しければ，信号を記述する各行の順序を入れ替えても問題はありません.

このようにして，コンポーネント文により宣言した部品を**実体化**し，port map により，本体と部品の入出力信号を**相互に接続**して使用します.

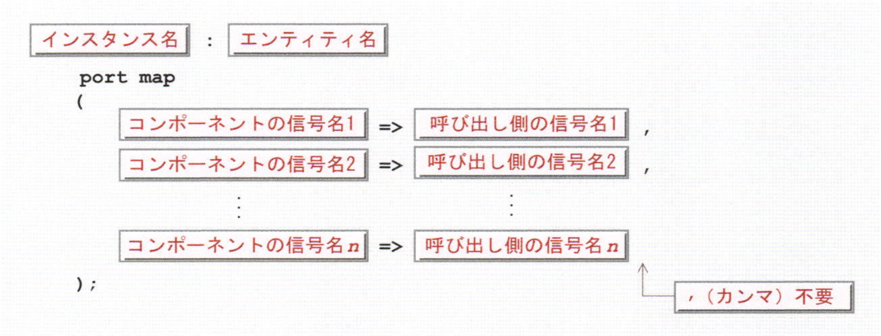

```
インスタンス名 : エンティティ名
    port map
    (
        コンポーネントの信号名1 => 呼び出し側の信号名1 ,
        コンポーネントの信号名2 => 呼び出し側の信号名2 ,
                 ⋮                       ⋮
        コンポーネントの信号名n => 呼び出し側の信号名n
    );                                   ↑
                                         └ ,（カンマ）不要
```

図 5-7　部品（コンポーネント）の組み込み

5.3 組合せ回路の設計

本節では，前講で説明した**組合せ回路**から加算回路とデコーダ回路を取り上げ，VHDL を用いて設計します.

前講で述べたように，2 進数の和を求める**加算回路**は，1 つの**半加算器**と複数の**全加算器**を用いて構成することができます．ここで図 4-22 で示したように，これらを階層構造に組み上げ，4bit の加算回路を構築します.

はじめに，最も低い階層に位置する半加算器について説明します.

5.3.1 半加算器（Half Adder）

前講の図 4-20 に示した**半加算器**を VHDL を用いて記述すると，図 5-8 のようになります.

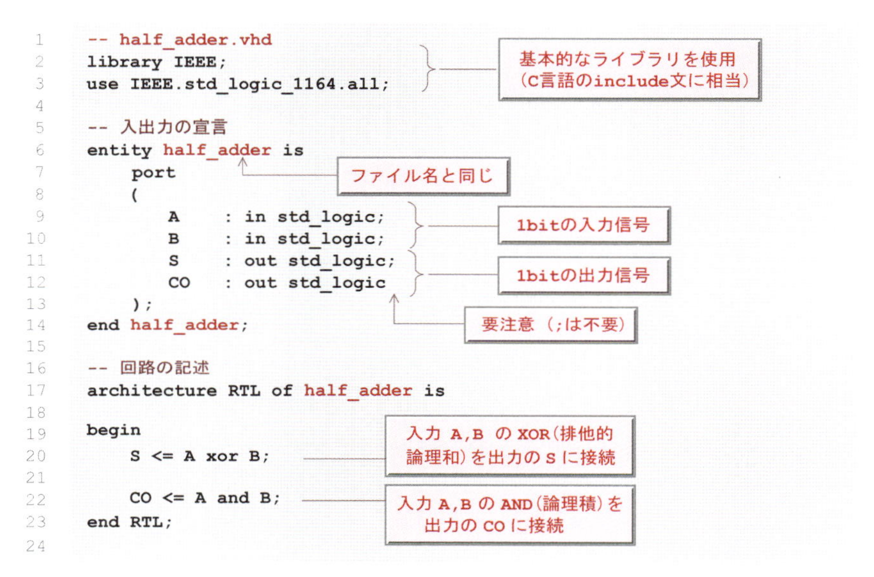

図 5-8　半加算器の記述例（half_adder.vhd）

次に，この半加算器をコンポーネント部品として組み込むことにより，下位からの桁上げ入力のある**全加算器**を設計しましょう．

5.3.2　全加算器（Full Adder）

前講の図 4-21 に示したように，**半加算器** 2 個と 1 つの論理和（OR）を用いて**全加算器**を構成します．

図 5-9 にその記述例を示します．なお**半加算器**は，**コンポーネント部品**（half_adder）として組み込みます．

以下，そのポイントについて簡単に補足します．

- **18～25 行：**

  component 文により，半加算器 half_adder を部品として使用することを宣言します．ここで，is の表記は不要です．なお，半加算器の VHDL（half_adder.vhd）は，このソースコードと同じフォルダに配置します．

```
1  -- full_adder.vhd
2  library IEEE;
3  use IEEE.std_logic_1164.all;
4
5  -- 入出力の宣言
6  entity full_adder is
7      port (
8          A    : in std_logic;
9          B    : in std_logic;
10         CI   : in std_logic;
11         S    : out std_logic;
12         CO   : out std_logic
13     );
14 end full_adder;
15 -- 回路の記述
16 architecture RTL of full_adder is
17 -- コンポーネント half_adder の宣言
18 component half_adder
19     port(
20             A    : in std_logic;
21             B    : in std_logic;
22             S    : out std_logic;
23             CO   : out std_logic
24     );
25 end component;
26 -- 内部信号の定義
27 signal  S_TMP    : std_logic;
28 signal  CO_TMP1  : std_logic;
29 signal  CO_TMP2  : std_logic;
30 begin
31 -- half_adder の実体化と入出力の接続
32     C1  : half_adder
33         port map(
34             A => A,
35             B => B,
36             S => S_TMP,
37             CO => CO_TMP1
38         );
39
40 -- half_adder の実体化と入出力の接続
41     C2  : half_adder
42         port map(
43             A => S_TMP,
44             B => CI,
45             S => S,
46             CO => CO_TMP2
47         );
48
49     CO <= CO_TMP1 or CO_TMP2;
50 end RTL;
```

基本的なライブラリを使用（C言語のinclude文に相当）

ファイル名に一致させる

1bitの入出力信号

要注意（;は不要）

下位の半加算器をコンポーネント（部品）として宣言

1bitの入出力信号

要注意（;は不要）

部品間を接続する内部信号

部品C1（半加算器）を実体化

部品C1の入出力信号を本体の入出力や内部信号に接続

要注意（,は不要）

部品C2（半加算器）を実体化

部品C2の入出力信号を本体の入出力や内部信号に接続

部品C1,C2の COの論理和を回路本体の出力 CO に接続

図 5-9　全加算器の記述例（full_adder.vhd）

- **27〜29 行：**signal 文を用いて内部信号を定義し，これらを用いて本体とコンポーネント間の接続関係を記述します．
- **32〜38 行：**1 つ目の半加算器を，C1 という名称のインスタンスとして実体化します．部品である半加算器の 2 つの入力と出力は => の左に，本体の全加算器の入出力信号や内部信号はその右に記述します．なお，対応関係にズレがなければ，信号を記述する順番を入れ替えても問題はありません．
- **41〜47 行：**同様にして，2 つ目の半加算器を C2 という名称のインスタンスとして実体化し，内部信号等を用いて相互接続を行います．
- **49 行：**内部信号の *CO_TMP1* と *CO_TMP2* の論理和をとり，桁上げの信号 *CO* として出力します．

  なお，この OR 回路と同様，上記 C1 と C2 はそれぞれ 1 つの回路を表しています．すなわち，これらは完全に対等な関係にあり，記述する順序を入れ替えても差し支えありません．

図 4-21 の回路図と図 5-9 のソースコードを対照させることにより，回路の要素部品や配線を，単純に VHDL のコードに置き換えていることが理解できると思います．

5.3.3 4bit 加算回路

最後に，**半加算器**と**全加算器**を組合わせて，4bit の**加算回路**を設計します．

図 5-10 および図 5-11 にその記述例を示します．

このように，比較的単純で汎用性の高い**要素部品**を component として用意し，これらを階層的に組み上げてゆくのが，いわゆる**ボトムアップ**の設計方法です．

以下，重要なポイントについて簡単に補足します．

- **9～11 行：***AIN*，*BIN* を 4bit の入力，*SUM* をその和の 5bit の出力として定義します．それらの各要素は配列のように，それぞれ 0～3 および 0～4 のインデックスにより指定します．
- **18～25 行：**component 文により，半加算器 half_adder を部品として使用することを宣言します．なお，半加算器のソースコード（half_adder.vhd）は，同じフォルダ内に配置します．
- **28～36 行：**component 文を用いて，全加算器 full_adder を部品として使用することを宣言します．なお，全加算器のソースコード（full_adder.vhd）についても，同じフォルダ内に配置します．
- **38～40 行：**それぞれの加算器の入出力に接続する 3 種類の内部信号を定義します．これらは部品間を接続するための配線とみなすことができます．
- **44～50 行：**component 文で定義した半加算器を，C1 という名称のインスタンスとして実体化し，それらの信号を全体の入出力信号や内部信号に接続します．
- **52～59 行：**component 文で定義した 1 番目の全加算器を，C2 という名称のインスタンスとして実体化し，それらの信号を全体の入出力信号や内部信号に接続します．
- **62～69 行 :**component 文で定義した 2 番目の全加算器を実体化し，その入出力信号を記述しています．なお，インスタンス名は C3 です．
- **72～79 行：**component 文で定義した 3 番目の全加算器を実体化し，その入出力信号を記述しています．なお，インスタンス名は C4 です．

```
1  -- adder_4bit.vhd
2  library IEEE;
3  use IEEE.std_logic_1164.all;
4
5  -- 入出力の宣言
6  entity adder_4bit is
7      port(
8
9          AIN   : in std_logic_vector(3 downto 0);
10         BIN   : in std_logic_vector(3 downto 0);
11         SUM   : out std_logic_vector(4 downto 0)
12     );
13 end adder_4bit;
14
15 -- 回路の記述
16 architecture RTL of adder_4bit is
17 -- コンポーネントhalf_adder の宣言
18 component half_adder
19     port(
20         A    : in std_logic;
21         B    : in std_logic;
22         S    : out std_logic;
23         CO   : out std_logic
24     );
25 end component;
26
27 -- コンポーネントfull_adder の宣言
28 component full_adder
29     port(
30         A    : in std_logic;
31         B    : in std_logic;
32         CI   : in std_logic;
33         S    : out std_logic;
34         CO   : out std_logic
35     );
36 end component;
37 -- 内部信号の定義
38 signal  CO_TMP0  : std_logic;
39 signal  CO_TMP1  : std_logic;
40 signal  CO_TMP2  : std_logic;
41
42 begin
43 -- half_adder の実体化と入出力の接続
44     C1 : half_adder
45         port map(
46             A => AIN(0),
47             B => BIN(0),
48             S => SUM(0),
49             CO => CO_TMP0
50         );
```

- 基本的なライブラリを使用（C言語のinclude文に相当）（2～3行目）
- ファイル名に一致させる（6行目 adder_4bit）
- 4bit幅の入力信号（9～10行目）
- 5bit幅の出力信号（11行目）
- 要注意（;は不要）（11行目）
- 半加算器をコンポーネント部品として宣言（18行目）
- 1bitの入出力信号（20～23行目）
- 要注意（;は不要）（23行目）
- 全加算器をコンポーネント部品として宣言（28行目）
- 1bitの入出力信号（30～34行目）
- 要注意（;は不要）（34行目）
- 部品間を接続する内部信号（38～40行目）
- 部品C1（半加算器）を実体化（44行目）
- 部品C1の入出力信号を本体の入出力や内部信号に接続（46～49行目）

図 5-10　4ビット加算回路の記述例（1/2）(adder_4bit.vhd)

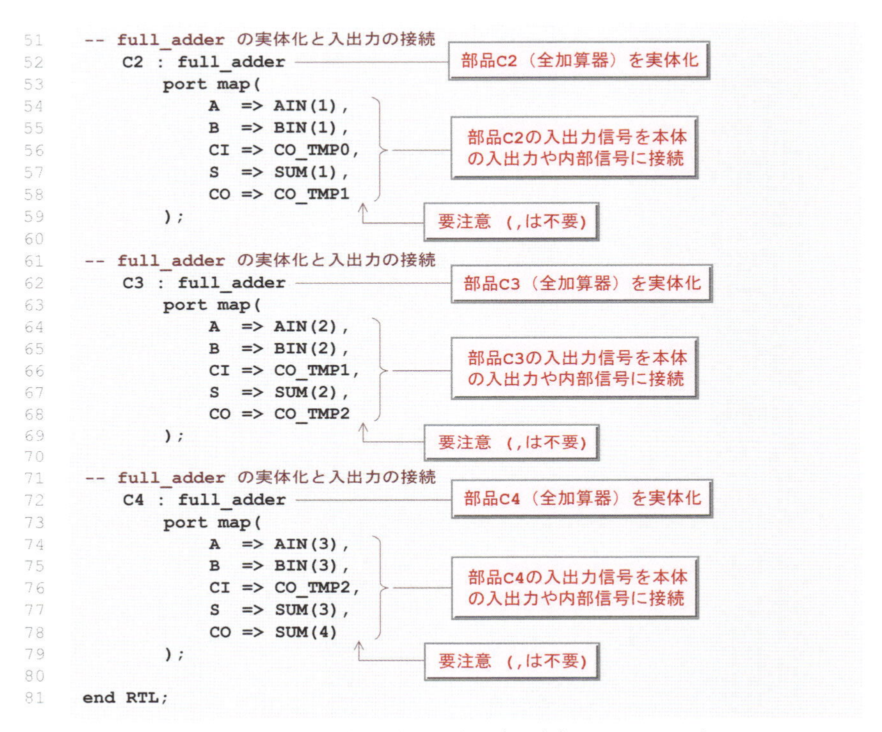
```
51    -- full_adder の実体化と入出力の接続
52        C2 : full_adder
53            port map(
54                A  => AIN(1),
55                B  => BIN(1),
56                CI => CO_TMP0,
57                S  => SUM(1),
58                CO => CO_TMP1
59            );
60
61    -- full_adder の実体化と入出力の接続
62        C3 : full_adder
63            port map(
64                A  => AIN(2),
65                B  => BIN(2),
66                CI => CO_TMP1,
67                S  => SUM(2),
68                CO => CO_TMP2
69            );
70
71    -- full_adder の実体化と入出力の接続
72        C4 : full_adder
73            port map(
74                A  => AIN(3),
75                B  => BIN(3),
76                CI => CO_TMP2,
77                S  => SUM(3),
78                CO => SUM(4)
79            );
80
81    end RTL;
```


図 5-11　4ビット加算回路の記述例（2/2）（adder_4bit.vhd）

5.3.4　ライブラリを用いた 4bit 加算回路

前節では，**半加算器**と**全加算器**を組合わせて，4bit の**加算回路**を設計しました．これらは，ゲートレベルで設計した回路を部品化し，これを上層に向かって積み上げる方式であり，いわゆるボトムアップによる設計手法に属します．

一方，VHDL には算術演算やメモリ関連など，より高度な機能を有する豊富な**ライブラリ**を実装した**パッケージ**群が用意されています．例えば，std_logic_arith，std_logic_signed，std_logic_unsigned などのライブラリを，VHDL の開始部に宣言することにより，**算術演算**をはじめとする様々な機能を利用することができます．

このように，抽象度の高い記述が利用できるライブラリを活用することにより，ソースコードの記述がより直感的で理解しやすくなり，回路の変更や保守・管理等を効率的に進めることが可能になります．

このようなライブラリを用いて，先に説明した4bitの**加算回路**を再設計しましょう．図5-12に，そのソースコードの例を示します．

```
1   -- adder_4bit_lib.vhd
2   library IEEE;
3   use IEEE.std_logic_1164.all;
4   use IEEE.std_logic_unsigned.all;
5
6   -- 入出力の宣言
7   entity adder_4bit_lib is
8       port(
9
10          AIN   : in std_logic_vector(3 downto 0);
11          BIN   : in std_logic_vector(3 downto 0);
12          SOUT  : out std_logic_vector(4 downto 0)
13      );
14  end adder_4bit_lib;
15
16  -- 回路の記述
17  architecture RTL of adder_4bit_lib is
18
19  begin
20
21     SOUT <= ('0' & AIN) + ('0' & BIN);
22
23  end RTL;
24
25
26
27
28
```


図5-12　ライブラリを用いた4ビット加算回路の記述例（adder_4bit_lib.vhd）

以下，その内容について補足します．

- **4行**：use IEEE.std_logic_unsigned.all; の一文により，使用する**算術演算**の**パッケージ**を呼び出します．これにより，正の整数を用いた演算に＋（プラス）や－（マイナス）の加減算記号を用いることができます．
- **21行**：アーキテクチャ本体はこの1行のみで，前節で示した**ボトムアップ手法**による加算回路に比べ，大幅に簡略化されています．

正の4bit入力*AIN*，*BIN*の最上位にbitの0を連結して5bitとし，単純な+(プラス)で2進数の**加算**処理を実現しています．なおVHDLでは，記号の&は変数等をbit単位で連結するための演算子であり，論理積（and）ではありません．
また，+(プラス)は論理和（or）ではなく，2進数の**加算**を表している点に注意して下さい．

column ライブラリを積極的に活用しよう！

ゲートレベルの設計を，**アセンブリ言語**を用いた職人芸のプログラムに例えるならば，**ライブラリ**を用いた設計は，抽象度の高い機能を分かりやすく表現した**高級言語**と言えるでしょう．

その回路規模や動作速度等を厳密に評価すれば，当然のことながら性能の差が現れます．

一般に，論理ゲートやフリップフロップを用いた**RTLレベル**で設計した回路は，設計者の意図を細かく反映させることが可能です．回路の専門家が，独創的なアイデアや詳細な検討に基づいて注意深く設計すれば，この手法に勝るものはありません．

一方，**演算ライブラリ**等を用いて設計した回路の場合，その性能はコンパイラの性能やライブラリの品質に依存します．しかし，これらは日々改良が積み重ねられており，その品質も向上しつつあります．

動作速度に余裕のある場合，記述の容易さや，設計した回路の保守性などを含めて総合的に判断すると，抽象度の高い演算ライブラリを用いるのが現実的な選択と言えるでしょう．

5.3.5 7セグメントデコーダ回路

7セグメントのデコーダ回路の記述例を図5-13に示します．この回路は，前講の図4-18で示したように，論理式の形で表すこともできますが，より抽象度の高い**プロセス文**のcase-whenを用いることにより，直感的にその動作を表現することが可能になります．

```
1  -- dec_7seg.vhd
2  library IEEE;
3  use IEEE.std_logic_1164.all;
4
5  -- 入出力の宣言
6  entity dec_7seg is
7      port
8      (
9          DIN   : in std_logic_vector(3 downto 0);
10         SEG7  : out std_logic_vector(6 downto 0)
11     );
12 end dec_7seg;
13
14 -- 回路の記述
15 architecture RTL of dec_7seg is
16
17 begin
18     process(DIN)
19     begin
20         case DIN is
21             when "0000" => SEG7 <= "1000000";
22             when "0001" => SEG7 <= "1111001";
23             when "0010" => SEG7 <= "0100100";
24             when "0011" => SEG7 <= "0110000";
25             when "0100" => SEG7 <= "0011001";
26             when "0101" => SEG7 <= "0010010";
27             when "0110" => SEG7 <= "0000010";
28             when "0111" => SEG7 <= "1111000";
29             when "1000" => SEG7 <= "0000000";
30             when "1001" => SEG7 <= "0010000";
31             when others => SEG7 <= "1111111";
32         end case;
33     end process;
34 end RTL;
35
```


図5-13　7セグメントデコーダ回路の記述例（dec_7seg.vhd）

以下，重要なポイントについて補足します．

- **9～10行：**入力の*DIN*は4bitの正の2進数です．また，出力の*SEG7*は7bitの制御信号であり，図4-17に示す7つのセグメントa～gを制御しています．
  なお，このFPGAボードの場合，出力0でLEDが点灯し，出力1で消える**負論理**になっています．
- **18行：**組合せ回路を**プロセス文**を用いて表現するため，**センシティビティリスト**にすべての入力信号を記述します．なおこの回路の場合，入力は*DIN*のみです．
- **21～30行：**case-when文により，入力*DIN*の値0～9に応じて，点灯させるセグメントを設定しています．
  なお，*SEG7*の最下位bitは**セグメント**のa，最上位bitはセグメントのgに対応しています．
  例えば*DIN*が10進の0のとき，中央のgを除くすべてのセグメントを点灯させる"1000000"を，10進の8のとき，すべてのセグメントを点灯させる"0000000"を出力しています．
- **31行：**信号の*DIN*は4bitの2進整数を表すので，10進の0～9以外の値が入力される可能性があります．このためwhen othersの1行が必要になり，いずれのセグメントも点灯させないよう"1111111"を出力しています．

column　プロセス文で組合せ回路を表すとき

すべての**組合せ回路**は，図5-8の半加算器で示したように，論理式を用いた**同時処理文**により表現することができますが，しばしば**順次処理**により分かりやすく表現できる**プロセス文**が用いられます．

例えば，図5-13の7セグメントデコーダのように，if-else文やcase-when文等を用いることにより，煩雑（はんざつ）な論理式を延々と連ねることなく，回路の機能を一般的な数式やプログラムのように抽象的な表現で記述することが可能になります．

このとき，以下の2点に注意する必要があります．

1. **センシティビティリスト**に，すべての入力信号をもれなく記述すること．
2. 入力の**すべての状態**に対する出力の値を，もれなく記述すること．

これらの条件が満たされないとき，入力の変化に対し出力が応答せず，組合せ回路ではなくなるので注意が必要です．

プロセス文のカッコ内のセンシティビティリストは，その信号が変化したとき，begin以降の順次処理文が実行されるという条件を表しています．

このため，上記2条件が満たされていれば，入力信号の変化に対し，必ず出力信号への代入が行われ，演算結果が反映されるので，目的とする**組合せ回路**が生成されます．

一方，センシティビティリストにない場合は，その入力信号が変化しても，プロセス自体が起動しないので，出力信号への代入が行われず，入力の変化に追随できません．

このため，その出力の値を保持するための**ラッチ回路**（実質的にD-FF）が自動的に挿入されてしまいます．

プロセス文を用いて組合せ回路を記述する場合は，上記2条件を満たしているか，必ず確認する習慣をつけましょう．

5.4 順序回路の設計

本節では，順序回路の記述例について紹介します．

5.4.1 D フリップフロップ

前講で紹介した**D フリップフロップ**（D-FF）について，VHDL の**プロセス文**を用いて記述した例を図 5-14 に示します．

```
1  -- d_ff.vhd
2  library IEEE;
3  use IEEE.std_logic_1164.all;
4
5  -- 入出力の宣言
6  entity d_ff is
7      port
8      (
9          CLK : in std_logic;
10         D   : in std_logic;
11         Q   : out std_logic
12     );
13 end d_ff;
14
15 -- 回路の記述
16 architecture RTL of d_ff is
17
18 begin
19     process(CLK)
20     begin
21         if(CLK'event and CLK = '1') then
22             Q <= D;
23         end if;
24     end process;
25 end RTL;
```


図 5-14　D-FF の記述例（d_ff.vhd）

以下，重要なポイントについて補足説明します．

- **19 行：**センシティビティリストに *CLK* が指定されており，これが変化した時に，以下の begin 以降の処理が実行されます．
- **21～23 行：**信号の *CLK* が立ち上がった場合は，23 行の end if 文までの処理が実行されます．立ち下がりの場合は，24 行の end process

により，プロセスは終了します．

- **22 行：**入力 D の値が，出力 Q に代入されます．

このように D-FF 回路では，CLK が立ち上がった時点の入力 D が出力 Q に反映され，それ以外では出力 Q は変化せず，その値を保持します．

5.4.2　D フリップフロップを使用した 10 進同期カウンタ

この D-FF を用いた **10 進同期カウンタ**の例を，図 5-15 に示します．

```
1  -- count10.vhd
2  library IEEE;
3  use IEEE.std_logic_1164.all;
4  use IEEE.std_logic_unsigned.all;
5
6  -- 入出力の宣言
7  entity count10 is
8      port
9      (
10         CLK   : in std_logic;
11         RST   : in std_logic;
12         COUNT : out std_logic_vector(3 downto 0)
13     );
14 end count10;
15
16 -- 回路の記述
17 architecture RTL of count10 is
18 -- 内部信号の定義
19 signal COUNT_TMP : std_logic_vector(3 downto 0);
20
21 begin
22     process(CLK)
23     begin
24         if(CLK'event and CLK = '1') then
25             if(RST = '1') then
26                 COUNT_TMP <= "0000";
27             elsif(COUNT_TMP = "1001") then
28                 COUNT_TMP <= "0000";
29             else
30                 COUNT_TMP <= COUNT_TMP + 1;
31             end if;
32         end if;
33     end process;
34
35     COUNT <= COUNT_TMP;
36
37 end RTL;
```

- 4 行：±符号のない正の2進数演算のライブラリを使用する
- 7 行（count10）：ファイル名と同じ
- 10～11 行：1bitの入力信号
- 12 行：4bit幅の出力信号
- 12 行（行末）：要注意（;は不要）
- 19 行：出力信号を代入文の右辺に置けないので別信号を用意
- 22 行：CLKが変化したとき
- 24 行：CLK の立ち上がり
- 25～26 行：同期リセット時
- 27～28 行：カウンタ値が 9（1001）のとき0(0000)に戻す
- 30 行（+ 1）：4bitの変数に1を加算（論理和の OR ではない）
- 35 行：内部信号を出力の COUNT に接続

図 5-15　10 進同期カウンタの記述例（count10.vhd）

以下，重要なポイントについて補足します．

- **4行：**カウンタ値の更新（+1）に，+（プラス）による加算表現を用いるため，符号なし算術演算のライブラリ（IEEE.std_logic_unsigned.all）を追加します．
- **11行：**信号の*RST*は，カウンタの値を0（"0000"）に戻すリセット入力です．なお，この**リセット**にはクロックの状態によらず，強制的に0にする**非同期クリア**と，クロックの立ち上がり時点における*RST*の値が1(H)のとき動作する**同期クリア**があります．ここでは，後者の同期クリアを使用します．
- **19行：**30行で信号の*COUNT*を使用したいところですが，この信号が出力として定義されているため，<=を用いた代入文の右辺に記述することができません．このため，内部信号*COUNT_TMP*を一時的な変数として定義します．なお，10進カウンタでは0～9の状態を表すため，信号幅は4bitとなります．
- **24～32行：**クロックの立ち上がりを検出するif文の直後に，リセット入力*RST*の値を判定します．その結果，+1の加算操作等よりクリアの優先度が高くなり，同期クリアが実現されます．
  なお，非同期クリアにするためには，24行の*CLK*に関するif文の前に*RST*の判定を行う必要があります．
- **27行：**C言語の場合はelse ifと記述しますが，VHDLではelsifのように短縮した表記を用いるので注意が必要です．
- **35行：**内部信号の*COUNT_TMP*を，出力の*COUNT*に接続します．なお，22～33行のプロセス文と35行の代入文は，それぞれ1つの同時処理文とみなすことができ，その配置を入れ替えることができます．

プロセス文の表現は遅延0の仮想マシン？

先ほどの10進カウンタの例で示したように，**プロセス文**はif-elseやcase-whenなどの**順次処理文**により，目的とする回路の動作や信号の優先順位などを分かりやすく表現する手法ではありますが，実際に設計した回路の**タイミング**関係については，誤解を生じやすい一面があります．

ここでは，それらのタイミングについて，図5-16を用いて整理してみましょう．

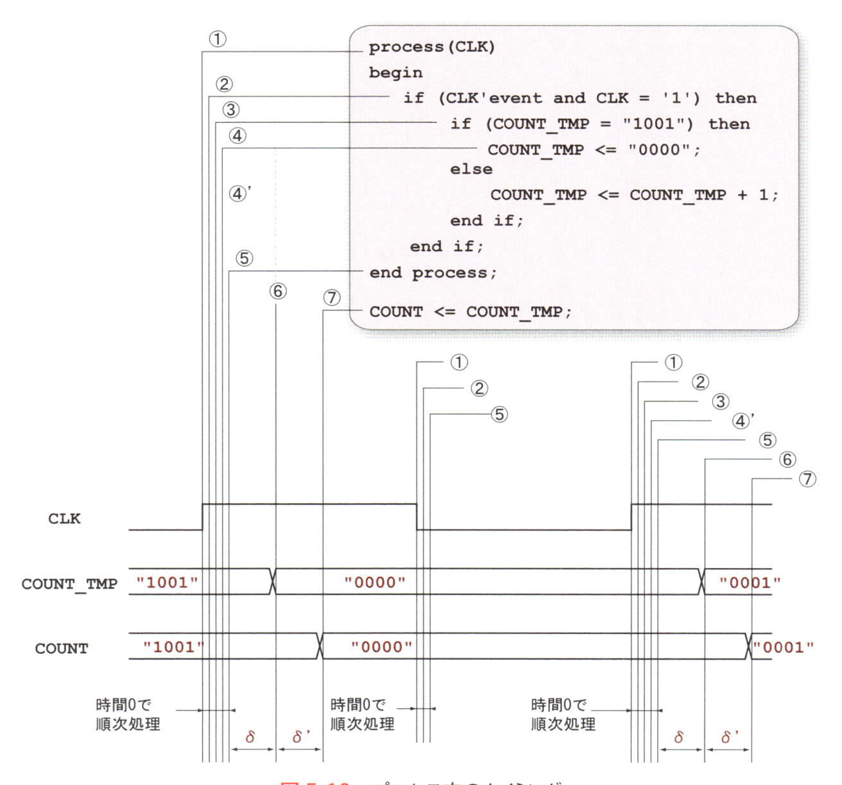

図5-16　プロセス文のタイミング

この例には，①～⑤の**プロセス文**と，⑦の**代入文**が含まれています．これらはそれぞれ独立した回路を表す**同時処理文**であり，その配置を入れ替えても最終的な結果に変わりはありません．

①で CLK の値が変化したとき，プロセス文のセンシティビティリストにより，このプロセスがアクティブとなり，以下の②～⑤の処理を行います．

まず②において，CLK の変化が立ち上がりである場合は，遅延時間 0 で③以降の処理を行います．一方，立ち下がりである場合は直ちに⑤に移行し，プロセスは**スタンバイ状態**に復帰します．

③の場合，直ちに信号 $COUNT\_TMP$ の状態を調べ，その値が "1001" のとき，④で "0000" を代入するよう**スケジューリング**を行います．あくまでスケジューリングであり，この時点での代入は行われません．

一方，信号 $COUNT\_TMP$ の値が "1001" 以外のとき，④′でその値に 1 を加算した値を代入するようスケジューリングし，⑤を経由して，プロセスはスタンバイ状態に戻ります．

ここまでは最大 2 つの判定処理があり，if-else の優先順位等は保証されますが，実質的な遅延時間は 0 とみなされます．

これらのプロセスが終了してスタンバイ状態に移行すると，自動的に δ 時間後の⑥で，$COUNT\_TMP$ のようにスケジューリングされたすべての信号への代入操作が同時に行われます．また，信号 $COUNT$ への代入はさらに δ' 時間遅れた⑦で行われます．

なお，使用する FPGA の種類やピン配置など，具体的な回路の細部を定義することにより，遅延時間 δ や δ' の具体的な推定値が確定します．

このように，前半の①～⑤の処理は，遅延 0 の仮想マシン上でのみ成立するものであり，判定や加算等の演算に遅延を伴う実際のハードウェア上で実現できるものではありません．

すなわち，プロセス文の記述は遅延のない仮想的な環境のもとで，順次処理文で記述された論理や信号の優先順位等を確定し，基本的なタイミングに関する基準点を定めるのが主目的であり，必ずしも実際の論理回路の構成法を表現しているのではない点に注意が必要です．

次の状態を準備して笛を待つ！（その2）

プロセス文を用いて記述した**順序回路**が，遅延0の**仮想的なマシン**上でしか実現できない処理を前提としていることについては，この前のコラムで解説しました．それでは，このプロセス文を用いて設計した実際の回路は，どのようにして目的の動作を実現しているのでしょうか？

答えは「**フライング**」です．すなわち，前講の順序回路の項で紹介した「次の状態を準備して笛（クロック）を待つ」というセオリーを実行していることになります．

図5-16に示した10進カウンタの例で，具体的に説明しましょう．

このプロセス文では，クロック（*CLK*）の変化がすべての起点となっています．その立ち上がり直後，変数*COUNT_TMP*の値をチェックし，"0000"に戻したり1を加算する操作を時間0で済ませ，そのδ時間後にその変数の値が更新されます．

しかし，変数*COUNT_TMP*の値は，注目する一つ前のクロックの立ち上がりからδ時間後には既に確定しているので，クロックの変化を待つことなく，変数値の判定や加算の操作を前倒しで進めても問題は生じません．

なお，これらの処理は組合せ回路で実現可能であり，判定結果にあたる出力をフリップフロップのD-FFを用い，クロック*CLK*の立ち上がりで確定します．D-FFの応答は極めて速く，その遅延をδとすると，図5-16のプロセス文と同じ仕様の出力波形が得られます．

このように判定や加算の部分をプロセス文の外に移動し，もう1つのプロセス文で表現すると，そのVHDLは図5-17のようになります．さらに，この回路の構成は図5-18のように表すことができます．なおこの回路構成は，前講の図4-33の同期式順序回路や，FPGAのロジックエレメント（LE）の構造に一致しています．

VHDLのコンパイラは，このような発想に基づいて，遅延0の仮想的なマシン上でしか実現できないプロセス文の処理を，実際の回路に置き換えていると考えられます．

```
1   -- 回路の記述
2   architecture RTL of count10_2 is
3   -- 内部信号の定義
4   signal COUNT_TMP      : std_logic_vector(3 downto 0);
5   signal COUNT_TMP_NEXT : std_logic_vector(3 downto 0);
6
7   begin
8   -- COUNT_TMP を入力とする組合せ回路
9       process(COUNT_TMP)
10      begin
11          if(COUNT_TMP = "1001") then
12              COUNT_TMP_NEXT <= "0000";
13          else
14              COUNT_TMP_NEXT <= COUNT_TMP + 1;
15          end if;
16      end process;
17
18  -- 上記組合せ回路の出力を波形整形するD-FFのみの順序回路
19      process(CLK)
20      begin
21          if(CLK'event and CLK = '1') then
22              COUNT_TMP <= COUNT_TMP_NEXT;
23          end if;
24      end process;
25
26      COUNT <= COUNT_TMP;
27
28  end RTL;
```

新たな信号の追加

現在の状態から次の状態を準備

組合せ回路の出力をDFFの入力に接続

図 5-17　プロセス文により自動生成される10進カウンタのVHDL（部分）(count10_2.vhd)

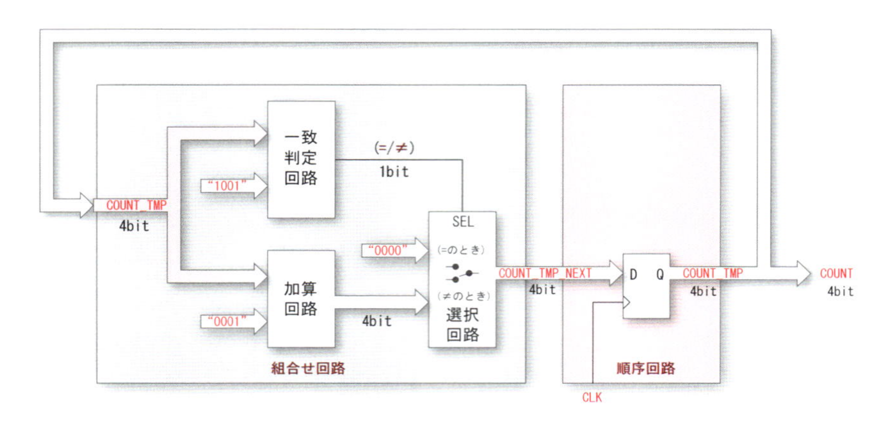

図 5-18　プロセス文により自動生成される10進カウンタの回路構成（count10_2.vhd）

5.4.3 パラメタライズによる汎用化

大規模な回路を効率よく設計するためには，要素部品として使用するHDLのソースコードを汎用化し，これをいたるところで再利用する手法が有効です．回路の汎用性を高める方法として，**パラメタライズ**の手法があります．

ここでは，様々なbit数の**2進カウンタ**を例に，その具体的な記述法を紹介します．図5-19に，カウンタのビット数nを一般化して，パラメタライズした記述例を示します．

```
1   -- count_nbit.vhd          （パラメタライズによる nビット2進カウンタ）
2   library IEEE;
3   use IEEE.std_logic_1164.all;
4   use IEEE.std_logic_unsigned.all;
5
6   -- 入出力の宣言
7   entity count_nbit is
8       generic(                          ┐
9           N_BIT : integer := 8          ├── デフォルト値は8であるが
10      );  ── ;（セミコロン）が必要       ┘    呼び出し側で変更できる
11      port(
12          CLK     : in std_logic;
13          RST     : in std_logic;
14          COUNT_N : out std_logic_vector( N_BIT - 1 downto 0)
15      );
16  end count_nbit;
17
18  -- 回路の記述
19  architecture RTL of count_nbit is
20  -- 内部信号の定義
21  signal COUNT_TMP : std_logic_vector( N_BIT - 1 downto 0);
22
23  begin
24      process(CLK)
25      begin
26          if(CLK'event and CLK = '1') then
27              if(RST = '1') then
28                  COUNT_TMP <= (others => '0'); ── すべてのbitに0をつめる
29              else
30                  COUNT_TMP <= COUNT_TMP + 1;
31              end if;
32          end if;
33      end process;
34      COUNT_N <= COUNT_TMP;
35  end RTL;
```

図5-19　パラメタライズによるnビット2進カウンタの記述例（count_nbit.vhd）

8〜10行のgeneric文で，カウンタのビット数を*N_BIT*というパラメータで表しています．なお，デフォルト値は8です．

次に，パラメタライズしたカウンタの使用方法を，図5-20に示します．

ここでは，*N_BIT*=16に再設定した例を示しています．なお，17〜19行のgeneric文は，図5-19の8〜10行と同じ書式であり，省略するとデフォルト値の8が適用され，8ビットカウンタとなります．

```
1   -- count_16.vhd (呼び出し側)
2   library IEEE;
3   use IEEE.std_logic_1164.all;
4
5   -- 入出力の宣言
6   entity count_16 is
7       port(
8           CLK      : in std_logic;
9           RST      : in std_logic;
10          COUNT_16 : out std_logic_vector(15 downto 0)
11      );
12  end count_16;
13  -- 回路の記述
14  architecture RTL of count_16 is
15  -- コンポーネント count_nbit の宣言
16  component count_nbit
17      generic(
18          N_BIT : integer := 8
19      );
20      port(
21          CLK     : in std_logic;
22          RST     : in std_logic;
23          COUNT_N : out std_logic_vector( N_BIT - 1 downto 0)
24      );
25  end component;
26  begin
27  -- count_nbit の実体化と入出力の相互接続
28      C1 : count_nbit
29          generic map(N_BIT => 16)
30          port map(
31              CLK => CLK,
32              RST => RST,
33              COUNT_N => COUNT_16
34          );
35  end RTL;
```


図5-20　パラメタライズしたカウンタの使用例（*N_BIT*=16）(count_16.vhd)

このように，一度設計した回路を大切な設計資源として蓄積し，他の様々な回路設計に積極的に生かそうとする姿勢が極めて重要です．

第 6 講 FPGA評価ボード上で簡単な回路を動作させる

前講では，VHDLの記述方法について解説し，基本的な回路（組合せ回路，順序回路）に関するいくつかの設計例を紹介しました．

本講では，それらの回路をEDA（Electronic Design Automation）ツールを用いてコンパイルし，実際にFPGAにダウンロードして，その動作を確認します．さらに，**RTLシミュレータ**を用いて，回路の動作を波形表示する手法について解説します．

6.1 FPGAとは?

6.1.1 FPGAのベンダーと開発用EDAツール

FPGAはField Programmable Gate Arrayの略で，製造しているベンダーは数多くありますが，その中の双璧ともいえるのが，Intel（旧Altera）とXilinxです．いずれも，半導体の製造プロセスの進歩に伴い，いくつかの製品系列（シリーズ）が用意されており，回路規模や演算速度，消費電力等のスペックに合わせ，様々な製品群が提供されています．

どのベンダーのFPGAを選択したとしても，基本的に無償の開発ツールが提供されてはいますが，それらの機能等は必ずしも統一されておらず，個別にダウンロードし，その操作法に習熟する必要があります．FPGAの選択にあたっては，開発環境があるというだけで満足せず，それらの機能や操作性等についても考慮すべきでしょう．

1. **Intel（旧 Altera）**
   MAX+PLUS IIを引き継ぎ，Quartus IIという**EDA（Electronic Design Automation）ツール**が長らく利用されてきましたが，現在は最新のQuartus Prime（Lite Edition）をはじめとする開発環境が，無償で提供されています．なお，シミュレーションには専用のアプリケーションソフトを立ち上げる必要があり，波形を表示する**RTLシミュレータ**にはModelSim-Intel，遅延時間や動作マージン等を解析する**タイミング・シミュレータ**にはTime Quest Timing Analyzerが用意されています．
2. **Xilinx**
   2012年から，ISE（Integrated Synthesis Environment）と称する開発ツールが提供されてきましたが，現在はISE WebPACKという開発ソフトウェアが無償で利用可能です．Windows版とLinux版があり，その中にはISE Simulator（ISim）のLiteバージョンというシミュレータが含まれています．

本書では，Intel（旧 Altera）のFPGAを搭載した評価ボードを使用します．このため，開発環境は必然的にIntelのツールを使用することになります．

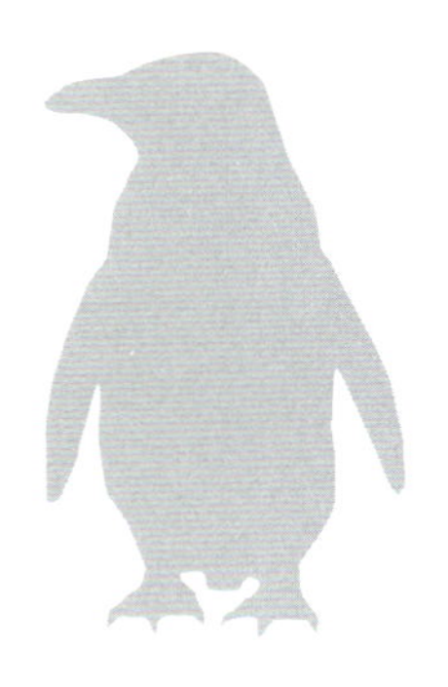

FPGAの内部はどうなっているか？

FPGAは，ハードウェア記述言語（HDL）を用いて記述した回路情報をダウンロードすることにより，様々な論理回路が構築できるプログラマブルな半導体デバイスですが，その内部はどのような構造になっているのか？　その構造について眺めてみましょう．

FPGAの代表的な内部構造の例を，図6-1に示します．

図（a）は，**ロジックエレメント**（LE：Logic Element）と呼ばれる基本要素の構成例を表しており，市販のFPGAには数千から多いもので数十万個内蔵されています．

前段が**ルックアップテーブル**（LUT）というメモリ（SRAM）であり，ダウンロード時に，4bit入力に対する1bitの出力がプログラミングされます．すなわち，第4講で述べた論理式の簡略化は行わず，真理値表の内容がそのままメモリに書き込まれています．この部分がANDやORのような論理式で表される**組合せ回路**を構成し，入力数が4を超える場合は，複数のLUTを多段接続することにより実現します．

後段は非同期クリア信号CLRNと，イネーブル信号ENAのあるD-FFであり，前段の出力や外部信号に接続することにより**順序回路**を構成します．

これらのLEをブロック状に複数配置した**ロジックアレイブロック**（LAB）は，図（b）に示すように，行（横）と列（縦）の相互接続バスやローカルの接続バスに繋がっており，バスの接続方法を外部からプログラム制御することにより，どのような回路でも構成することが可能になります．

なお，本書で使用するFPGAのCyclone Vシリーズでは，従来のLEに代わって，これを拡張したALM（Adaptive Logic Module）という**回路モジュール**を用いています．このALMの内部には，8入力のルックアップテーブルと4個のD-FFが内蔵されており，その平均的な能力はLEの2.65倍に相当するとされています．一見するとD-FFの使用効率は低下しているように見えますが，モジュール内の回路規模が拡大し，その演算が大幅に高速化されるため，回路全体の動作速度が改善されると言われています．

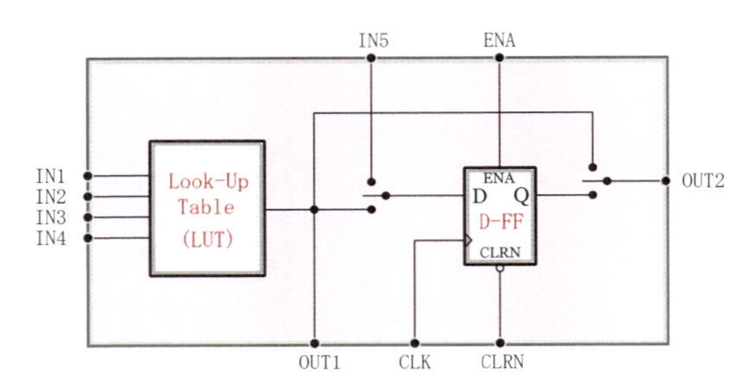

(a) Logic Element (LE)の構成

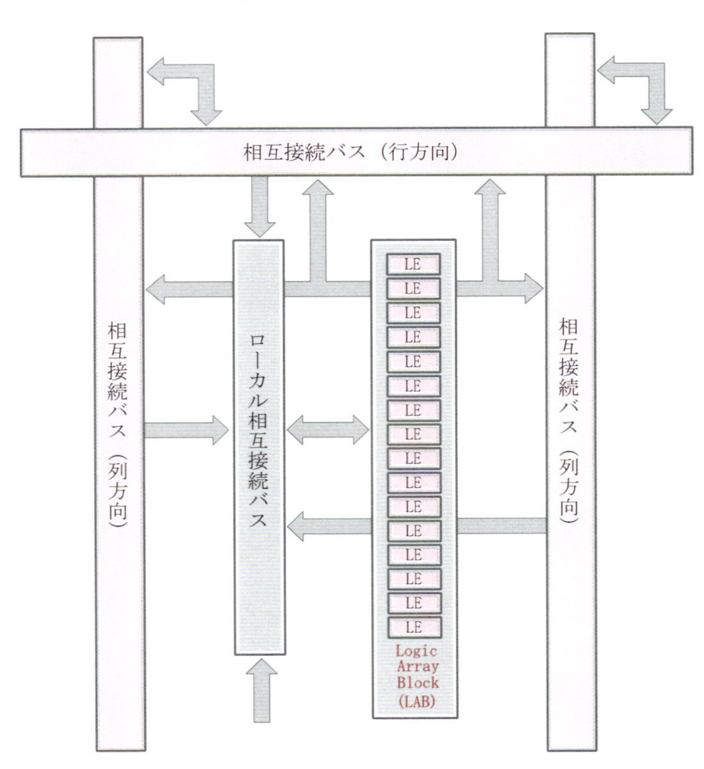

(b) Logic Array Block (LAB)の構成

図6-1 FPGAの内部構造の例

6.1.2　FPGA評価ボードDE0の仕様

本書で使用する**FPGA評価ボード**には，Terasic社製のDE0-CVという機種を選定しました．その外観を図6-2に示します．

図6-2　本書で使用するFPGA評価ボード　DE0-CV（イメージ）

このFPGAボードには，Intel（旧Altera）社Cyclone VシリーズのCEBA4F23C7NというFPGAが搭載されています．

以下，それらの仕様について補足します．

(1) FPGA

1. **ロジックエレメント（LE）**

図6-1に示したロジックエレメント（LE）を拡張したALM（Adaptive Logic Module）が，18480個内蔵されています．なお一つのALMの能力は，平均で2.65個分のLEに相当するとされているので，LE数に換算すると約49000になります．

2. **エンベデッドメモリ**

FPGA内部に，3080KbitsのRAMが実装されています．

3. **ユーザI/Oピン**

このFPGAは，484個の端子が半球状のハンダで仕上げられている

BGA (Ball Grid Array) パッケージに実装されています．ユーザI/Oとしては346pin利用することができますが，その大半は評価ボードのLEDやメモリ等に割り当てられており，ユーザ側で自由に使用できるのは，2つの拡張用ヘッダーの72pin分です．

(2) ボード上に実装されているデバイス

1. **SDRAM**

   64Mバイト（32M×16bit）のシンクロナスDRAMが1個組み込まれています．

2. **Flashメモリ**

   プログラム用に64MビットのFlashメモリが実装され，FPGAの回路情報を事前に書き込んでおき，電源投入時に自動的にダウンロードして起動する機能も用意されています．

3. **クロック用オシレータ**

   50MHzのクロック専用オシレータ（発振器）が組み込まれています．

4. **拡張インタフェース等**

   MicroSDカードソケット，プログラミング用USBブラスタ，PS/2ポート，VGA用D/AコンバータとDSUBコネクタ，2つの40pinヘッダーコネクタ等が用意されています．

5. **スイッチと表示デバイス**

   プッシュボタン（4個），スライドスイッチ（10個），赤色の単体LED（10個），7セグメントLED（6個）が実装されています．

次講以降で述べるCPUの設計では，正常に動作することを確認するため，上記スイッチや表示デバイス等を活用します．

なお，同じ製品系列にDE0やDE0-Nanoという評価ボードがありますが，使用するFPGAのシリーズや細部の仕様が異なるので注意が必要です．

他の FPGA ボードを使用するとき

当然のことながら，DE0-CV 以外の FPGA ボードを使用することも可能です．その場合，ボードの種類によっては図 6-3 に示す**ブレッドボード**等の部品を用意して，FPGA ボード上のコネクタやピンと，LED やスイッチの間を**配線ワイヤ**により接続する作業が必要になります．

例えば，図 6-4 のように，入力側にはスイッチと抵抗，出力側には LED と抵抗を接続します．なお，配線ミスや不適切な部品を使用した場合，FPGA 本体に過大な電流が流れ，破損する可能性がありますので，FPGA ボードのマニュアル等を熟読して，適切に対応する必要があります．また，実装している FPGA が，Intel（旧 Altera）の製品系列ではない場合，そのベンダーが提供している HDL 開発ツールを個別にインストールして，その使用法に習熟する必要があります．

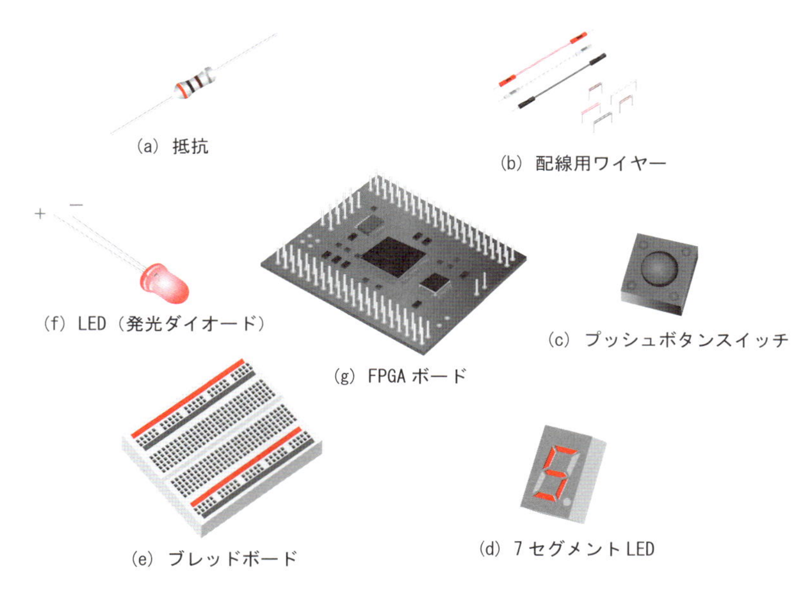

図 6-3　他の FPGA ボード使用時に追加する部品類

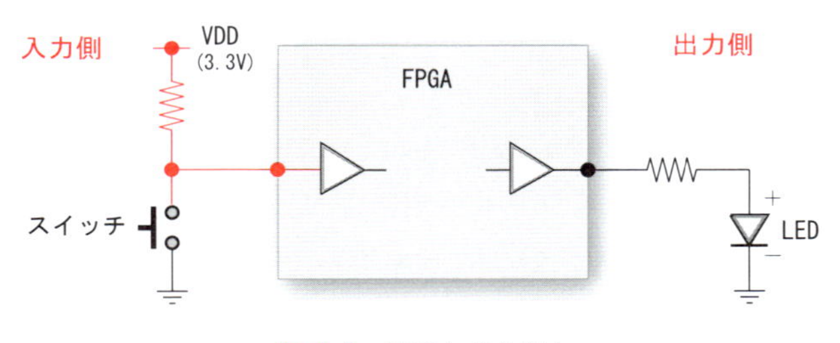

図 6-4 FPGAの入出力

6.1.3 FPGAシリーズと開発用EDAツール

FPGAのベンダーであるIntel（旧Altera）は，様々なFPGAシリーズを製品化してきましたが，それに合わせてQuartusと称する開発用EDAツールも，対応したバージョンが提供されています．表6-1はCycloneシリーズにおける、対応したバージョンを示しています．

表 6-1 開発用EDAツールQuartusとの対応

ファミリ	最新サポート Quartus Prime バージョン（プロ）	最新サポート Quartus Prime／Ⅱバージョン（スタンダード／サブスクリプション）	最新サポート Quartus Prime／Ⅱバージョン（ライト／ウェブ）
Cyclone 10 LP	-	18.1	18.1
Cyclone 10 GX	19.1	-	-
Cyclone Ⅴ	-	18.1	18.1
Cyclone Ⅳ GX	-	18.1	18.1
Cyclone Ⅳ E	-	18.1	18.1
Cyclone Ⅲ LS	-	13.1	13.1
Cyclone Ⅲ	-	13.1	13.1
Cyclone Ⅱ	-	13.0sp1	13.0sp1
Cyclone	-	13.0sp1	11.0sp1

http://fpgasoftware.intel.com/devices より

本書ではDE0-CVというFPGA評価ボードを使用します．先に述べたように，これにはCyclone VシリーズのCEBA4F23C7NというFPGAが搭載されており，Quartus Prime（18.1）が利用できます．

以下のURLからフリー（Lite, ライト）のQuartus Prime (18.1) をダウンロードし，インストールを済ませて下さい．なおダウンロード時に，ユーザー登録が必要になりますので，必要事項を入力し，所定の手続きを完了させて下さい．

https://www.intel.co.jp/content/www/jp/ja/programmable/downloads/download-center.html

一方，例えばFPGAのシリーズや，使用するOSの種類（32bit版等）によっては，最新のQuartus Primeが対応していないケースがあります．そのような場合，対応するバージョンの中から最新のもの（例えばQuartus II (Web Edition) 13.1など）を別途ダウンロードして下さい．

6.2 大まかな開発の流れ

本節では，Windowsのパソコンに，Intel（旧Altera）の開発用EDAツールQuartus Prime (Lite) をインストールした場合を想定し，大まかな開発の流れを，図6-5に沿って簡単に説明します．（付録2を参照のこと）

1. プロジェクトを新規作成し，使用するFPGAの型番等を指定すると，プロジェクトを管理するqpfファイルが自動的に生成されます．
2. プロジェクトの中に，新規ファイルとして，拡張子がvhdのVHDLファイルを生成し，組み込みのエディタ等を用いて，目的とするソースコードを編集・保存します．
   なお，プロジェクトを保存するフォルダ名の中に日本語フォントを使用すると，エラーになることがあるので注意が必要です．
   VHDLファイルをコンパイルすると，文法エラー等のチェックが行われ，エラー情報等のメッセージが出力されます．正常に終了した場合，output_filesというフォルダが自動生成され，その中にsofという拡張子をもつネットリストファイルが生成されます．なおこの段階では，入出力のピン配置は仮のデフォルト値が使用されており，最終的なピン配置を指定するまでは，正確な遅延時間等を推定することはできません．あくまで，文法的な問題やライブラリとの整合性等をチェックすることが中心になります．コンパイル結果のメッセージ欄には，warnings情報が表示されるので，その中から問題となりえる項目を抽出し，必要に応じ修正を加えます．

3. メニューAssignmentsの下のPin Plannerを起動し，FPGAボードのマニュアル等を参照しながら，入出力のピン番号を指定し，再度コンパイルします．コンパイルが正常終了すると，sofという拡張子のネットリストファイルが更新されます．
4. 遅延情報等の確認等は後回しにし，とりあえずFPGAボード上で動作を検証する場合は，メニューToolsの中から，Programmerを選択し起動します．初回は，PCとFPGAボードを接続するインタフェースが指定されていないので，Hardware setupからUSB-Blusterを指定します．次に，Add fileメニューから，コンパイル結果のsofファイルを選択し，Startを指定するとダウンロードが開始されます．データ転送が正常終了すると，FPGAは所定の動作を開始します．
5. コンパイルやダウンロードが正常終了したにもかかわらず，所定の動作を開始しない場合は，入出力のピン配置に誤りがあるか，VHDLの記述に隠れたバグがあり，FPGAが想定外の動作をしている可能性があるので，RTLシミュレータの出番になります．
6. 本書ではQuartus Primeで指定されているModelSim-Intelという**RTLシミュレータ**を使用します．このシミュレータには様々な機能が用意されていますが，入力信号に所定の波形を指定して，出力信号や内部信号の波形をタイムチャートの形で表示する機能が中心になります．先に作成したVHDLには，入力波形を指定する記述が含まれていません．そこで別途テストベンチと称するVHDLを作成しますが，その詳細については次講で説明します．このシミュレーションの目的は，設計した回路が想定した通りに動作しているか否かを検証することにあり，実質的な遅延時間は0（ゼロ）と見なされます．

設計した回路の遅延時間を含むタイミング特性を正確に評価する場合は，第9講で述べる**タイミング・シミュレータ**（Time Quest Timing Analyzer）を使用します．なお，最終的には実機を用いた検証を行います．

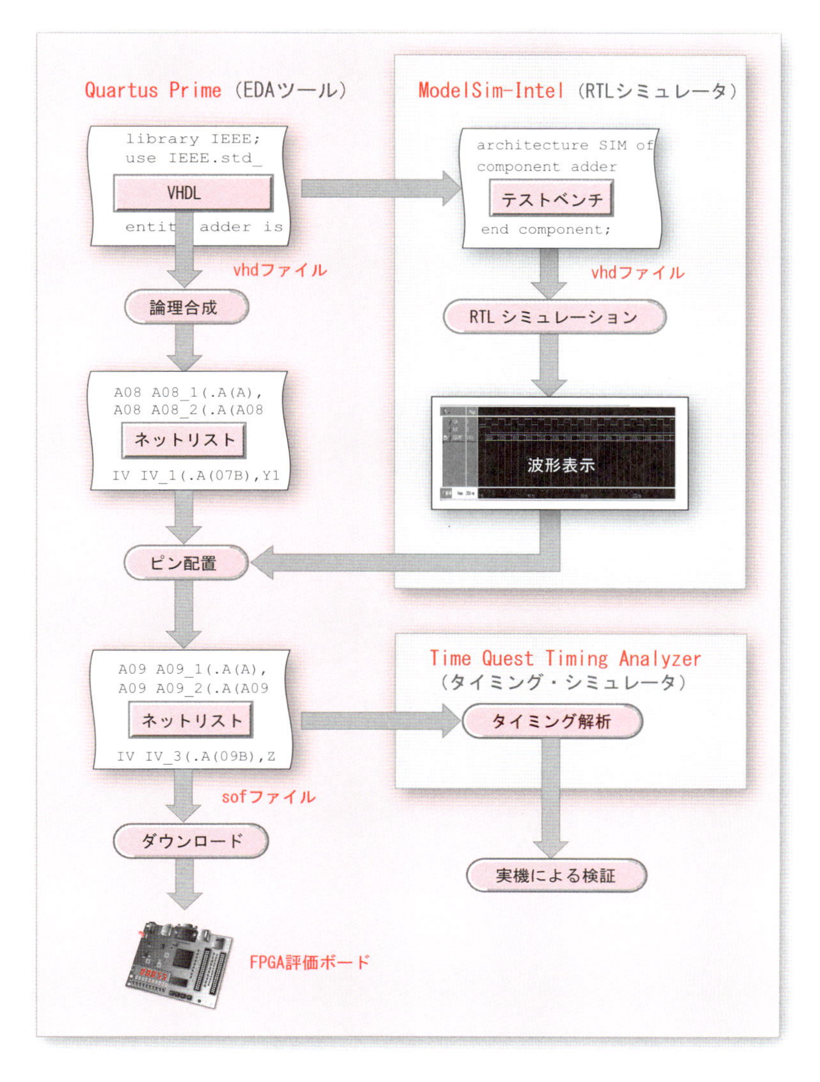

図 6-5　開発のおおまかな流れ

6.3 FPGA評価ボードによる回路の動作検証

ここでは，前講で設計した回路からいくつかの事例を選び，実際にFPGA評価ボードにダウンロードして，その動作を確認します．

なお，Quartus Primeの具体的な使用法については，付録2を参照して下さい．

6.3.1 評価ボードで使用するスイッチとLED

評価ボードDE0-CVの下部には，図6-6に示すスイッチとLEDが実装されています．スイッチについては，プッシュボタン型（4個）とスライド型（10個）があり，LEDは単体の赤色タイプが10個，7セグメントLEDが6個搭載されています．

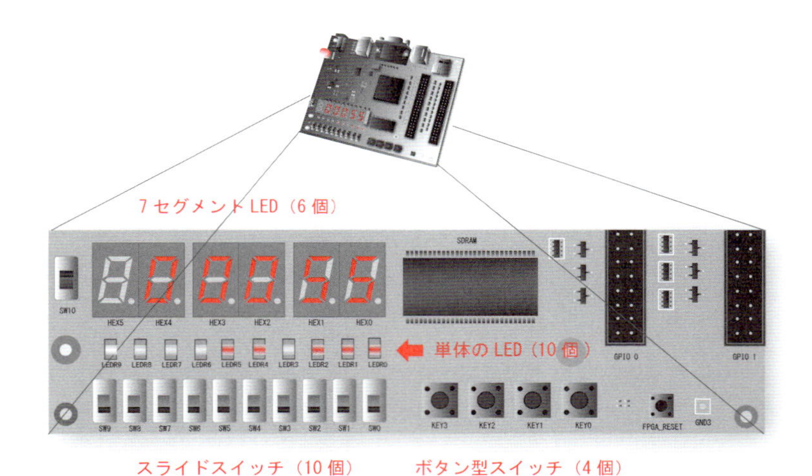

図6-6　FPGA評価ボードのスイッチとLED

1. **プッシュボタン**

図6-7に，プッシュボタンの入力回路とその動作を示します．

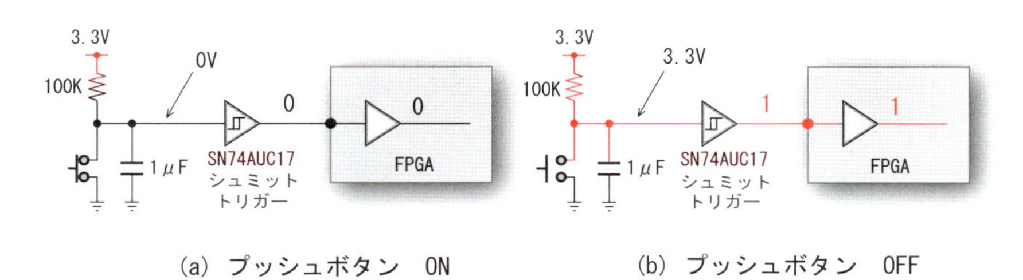

図 6-7　プッシュボタンの動作

この回路には，FPGA の入力端子の前段にシュミットトリガー入力の IC（SN74AUC17）のバッファ回路や，コンデンサ等が追加されています．詳しくは後ほど説明しますが，これによりスイッチの**チャタリング現象**（接点が機械的にバウンドするため，信号のレベルが 1 と 0 の間を何度か往復する）を除去することが可能になります．

プッシュボタンを押すとスイッチの両端がショートするので，図 (a) のように 100kΩ の抵抗の下端が直ちに 0V となり，SN74AUC17 を経由して 0 の値が FPGA に入力されます．

一方，図 (b) のようにプッシュボタンを開放すると，コンデンサが充電されて抵抗の下端が 3.3V を目指して徐々に上昇し，その電圧が**閾値**（しきいち）を越えた直後に FPGA の入力が 0 から 1 に変化します．

2. **スライドスイッチ**

図 6-8 に，スライドスイッチの入力回路とその動作を示します．

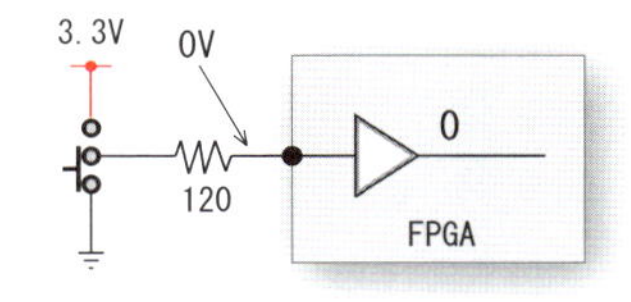

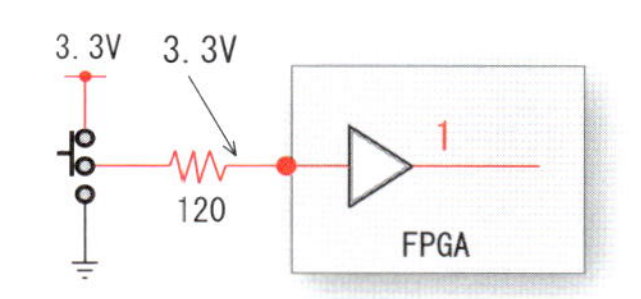

(b) スライドスイッチ　上

図 6-8　スライドスイッチの動作

一般に，FPGAやICの入力インピーダンス（抵抗値のようなもの）は極めて高いので，入力電圧に影響を与えることはありません．すなわち，入力電圧を決定するのはそれに接続する抵抗やスイッチであり，入力端子はその電圧を計測するセンサーとして機能します．

図（a）のように，スライドスイッチを押し下げると，FPGA入力は抵抗を介し接地されて0Vとなり，0が入力されます．

一方図（b）のように，スライドスイッチを押し上げると，入力は抵抗を介して電源の3.3Vに繋がります．FPGAの高い入力インピーダンスのため，120 Ωの抵抗に流れる電流値はほぼ0となり，その両端に電圧降下は生じないので，入力電圧が3.3Vとなり1が入力されます．

3. 単体の赤色LED

単体の赤色LEDを駆動する出力回路と，その動作を図6-9に示します．

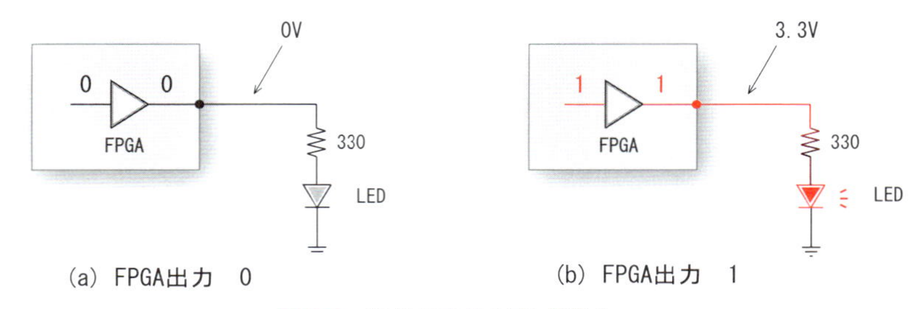

図6-9　単体の赤色LEDの動作

一般に出力インピーダンスは，入力とは逆に極めて低い値になります．すなわち，レベル0の時は0Vのグランド，レベル1の時はVDD（ここでは3.3V）の電源のような働きをします．図（a）のとき，LEDと直列に接続した抵抗に0Vが印加されますが，それらの両端が同じ0Vとなるので電流は流れず，LEDは点灯しません．

図（b）のとき，一方に3.3V，他方に0Vが印加されます．従って，LEDの順方向に電流が流れ点灯します．なお，抵抗の330Ωは LEDが破損しないよう電流値を制限するためのものです．

4. 7 セグメント LED

図 6-10 に，7 セグメント LED を駆動する FPGA の出力回路と，その動作を示します．

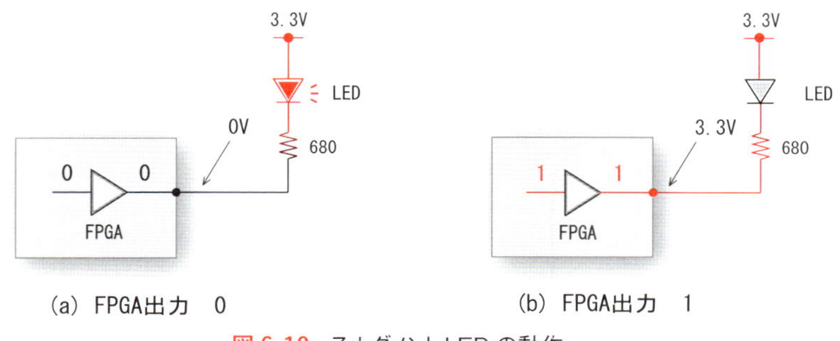

図 6-10　7 セグメント LED の動作

縦 4 本，横 3 本の 7 セグメントから成るこの表示デバイスは，小数点のドットを合わせると，計 8 つの LED から構成されています．
配線数を減らすため，共通のアノード（陽極）が電源側に接続されており，抵抗を介してカソード（陰極）を FPGA 出力に接続する構成になっています．
FPGA の出力が 0 となる図（a）のとき，LED と抵抗の両端に 3.3V の電圧が順方向に印加されるので点灯します．一方，図（b）のように出力が 1 のとき，両端の電位差が 0V になるので LED は点灯しません．このように，7 セグメント LED の場合は負論理となっているので注意が必要です．
なお，DE0-CV の場合，小数点のドットには配線されていないので，使用できるのは 7 つのセグメントに限られます．

CPU の設計では，これらの周辺デバイスを用いて FPGA の動作確認を行います．

図 6-11 にそれらの接続関係を示します．なお，スイッチは主として入力側の信号源として，LED は出力信号の確認用に使用します．

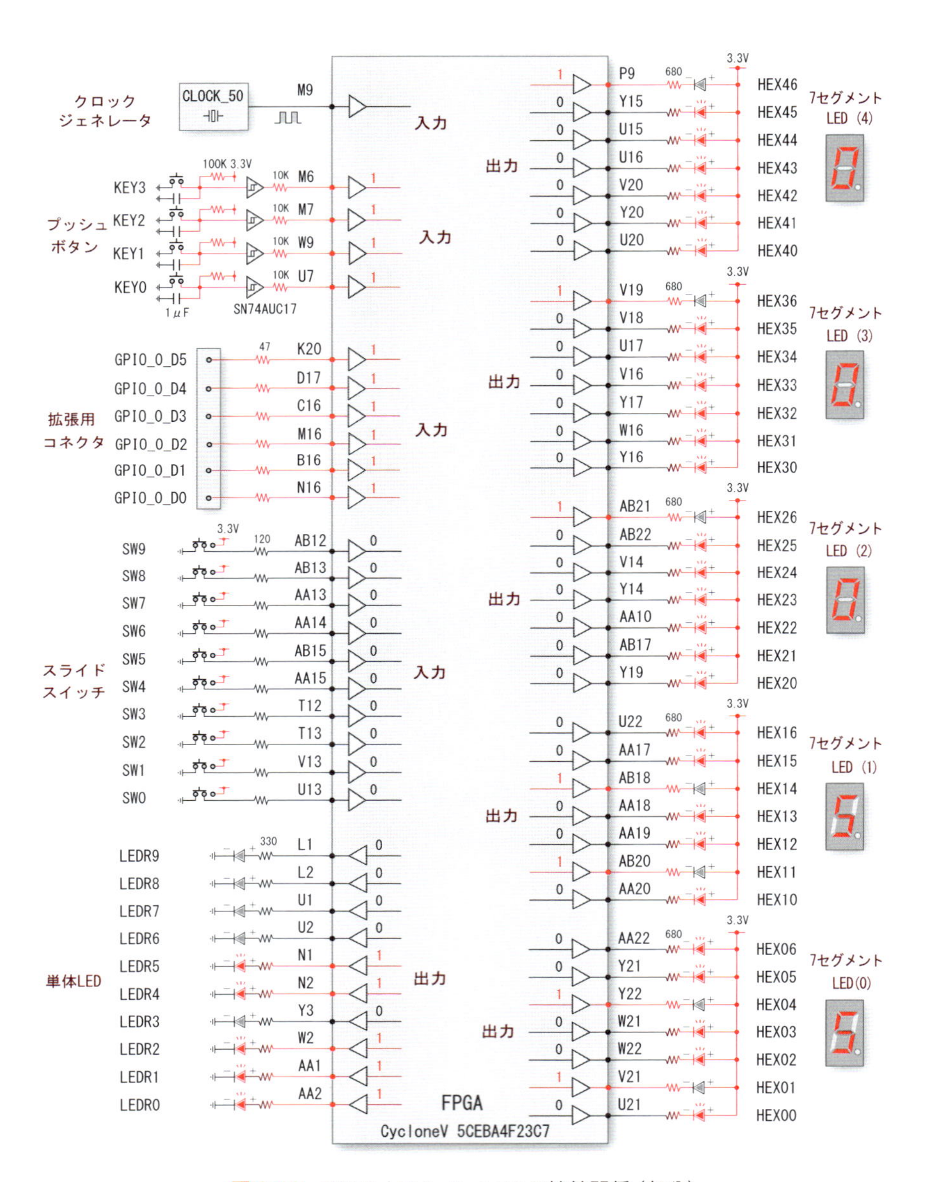

図6-11　FPGAとスイッチ，LEDの接続関係（部分）

これらのデバイスに対応する信号名と，FPGA のピン番号の対応関係を表 6-2 に整理します．

なお実際の回路設計では，信号名は VHDL のソースコードで記述し，ピン番号（ピン配置）は Pin Planner で指定します．

表の信号名は，FPGA 評価ボード（DE0-CV）のマニュアルに記述されている名称であり，必ずしもこの通りにする必要はありません．

一方のピン番号は，FPGA 評価ボード上の配線レイアウトにより決まるので，基本的にユーザ側で変更することはできません．

表 6-2　DE0-CV における FPGA のピン番号（部分）

信号名	ピン番号	信号名	ピン番号	信号名	ピン番号
CLOCK_50	M9	HEX02	W22	HEX41	Y20
KEY0	U7	HEX03	W21	HEX42	V20
KEY1	W9	HEX04	Y22	HEX43	U16
KEY2	M7	HEX05	Y21	HEX44	U15
KEY3	M6	HEX06	AA22	HEX45	Y15
SW0	U13	HEX10	AA20	HEX46	P9
SW1	V13	HEX11	AB20	HEX50	N9
SW2	T13	HEX12	AA19	HEX51	M8
SW3	T12	HEX13	AA18	HEX52	T14
SW4	AA15	HEX14	AB18	HEX53	P14
SW5	AB15	HEX15	AA17	HEX54	C1
SW6	AA14	HEX16	U22	HEX55	C2
SW7	AA13	HEX20	Y19	HEX56	W19
SW8	AB13	HEX21	AB17	GPIO_0_D0	N16
SW9	AB12	HEX22	AA10	GPIO_0_D1	B16
LEDR0	AA2	HEX23	Y14	GPIO_0_D2	M16
LEDR1	AA1	HEX24	V14	GPIO_0_D3	C16
LEDR2	W2	HEX25	AB22	GPIO_0_D4	D17
LEDR3	Y3	HEX26	AB21	GPIO_0_D5	K20
LEDR4	N2	HEX30	Y16	GPIO_0_D6	K21
LEDR5	N1	HEX31	W16	GPIO_0_D7	K22
LEDR6	U2	HEX32	Y17	GPIO_0_D8	M20
LEDR7	U1	HEX33	V16	GPIO_0_D9	M21
LEDR8	L2	HEX34	U17	GPIO_0_D10	N21
LEDR9	L1	HEX35	V18	GPIO_0_D11	R22
HEX00	U21	HEX36	V19		
HEX01	V21	HEX40	U20		

スイッチのチャタリング現象とは？

FPGA評価ボードには，数多くのスイッチが用いられていますが，入力部にこれらのスイッチを使用するとき，注意すべき点があります．

スイッチを操作すると，2つの金属が接触したり離れたりします．

例えば接触するとき，端子間の抵抗値は最終的に0Ωに近い値に落ち着きますが，ミクロに観察すると，衝突やスライド時に接点が機械的にバウンドし，図6-12に示すように数ms～数十msの間隔で接触と非接触を繰り返します．この現象を**チャタリング**と呼び，出力信号が1と0の間を何度か往復することがあるので注意が必要です．

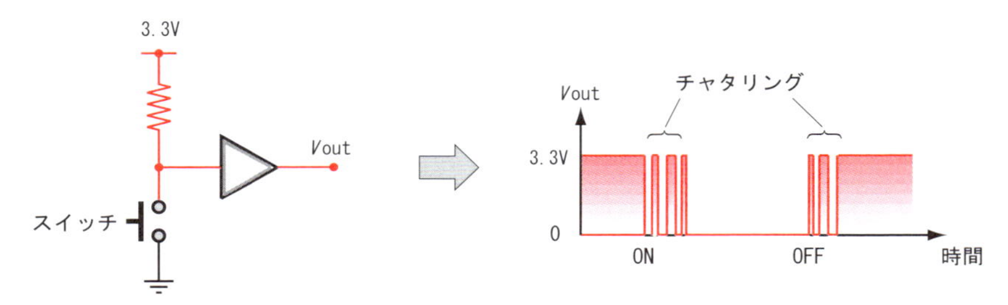

図6-12　スイッチのチャタリング現象

このチャタリングによる出力信号のバタツキを防ぐためには，この後のコラムで述べるように，入力端子とグランドの間にコンデンサを追加し，入力の履歴により1,0判定の閾値(しきいち)が変化する**シュミットトリガー**回路を用いる必要があります．

しかし，このシュミットトリガーは一般的なゲートに比べ構造が複雑になり，入出力間の遅延時間が増えるため，FPGAの入力部に実装された事例は少なく，外付けの専用ICを用いる必要があります．

本書で使用するFPGA評価ボードDE0-CVの場合，4個のプッシュボタンには外付けのシュミットトリガーICを用いた対策が施されていますが，スライドスイッチについては直接FPGAに入力されており，チャタリングが発生する可能性が高いので，その使用法には注意する必要があります．

シュミットトリガーとは？

シュミットトリガーとは，図6-13に示すように入出力特性に**ヒステリシス**（履歴）特性をもつ論理回路のことです．

一般的な回路の場合，入力電圧の**閾値**（しきいち）（V_T）は図(a)のように1つで，閾値以上になると出力が1に，それ以下では0になります．

一方，図(b)のシュミットトリガーの場合は閾値が2つあり，入力電圧が上昇するときは高い閾値（V_{TH}），下降するときは低い閾値（V_{TL}）で出力が切り替わります．

このとき，出力の0,1が切り替わるためには，入力が2つの閾値の間を往復する必要があり，微小な電圧変動では出力が変化しないという特性があります．これより，入力信号が緩やかに上昇，もしくは下降するとき，その閾値付近で出力の値がバタつく問題を回避することが可能になります．

なお，今回使用するFPGA本体の入力には，シュミットトリガー回路は内蔵されていないので，外付けのICとしてSN74AUC17を実装しています．シュミットトリガーのICとしては，他に74HC14，74HC245等があります．

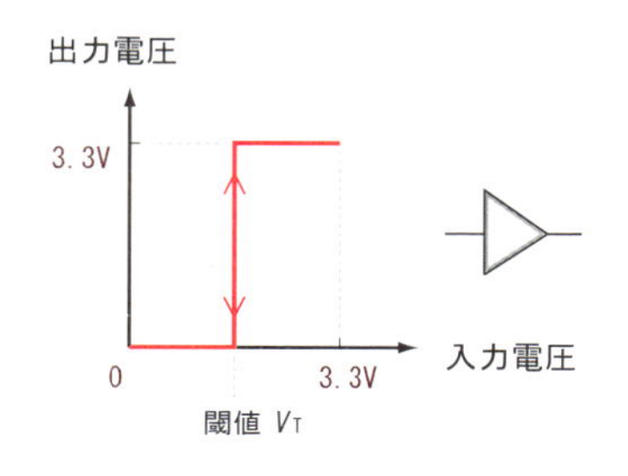

(a) 通常の入出力特性

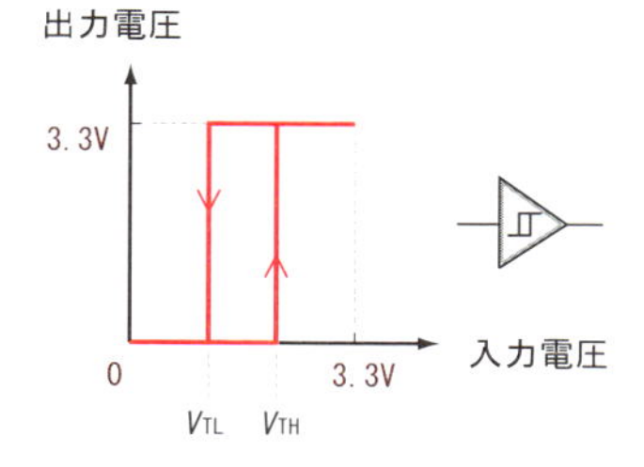

(b) シュミットトリガーの入出力特性

図6-13　シュミットトリガーの入出力特性

チャタリングの影響を除去するには

チャタリングの影響を除去するためには，図6-14に示すように入力端子とグランドの間にコンデンサCを追加し，**シュミットトリガー**回路により波形整形する必要があります．電源側の抵抗RとコンデンサCの積（時定数）を大きく設定することにより，高速に変化するチャタリングの影響を平滑化し，緩やかに変動する入力電圧をシュミットトリガーにより2値化します．

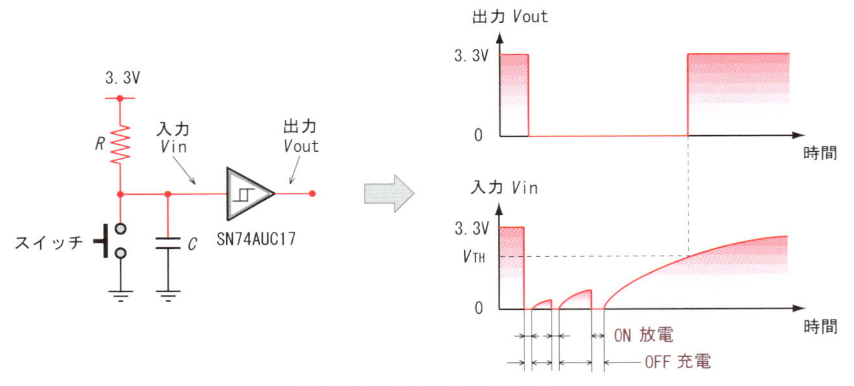

図6-14 RC回路の充放電

図中のスイッチをONにすると，コンデンサに蓄積された電荷はその瞬間に放電され，入力電圧は急速に0Vに下降します．一方，スイッチを開放すると抵抗RによりコンデンサCが充電され，ICの入力電圧は3.3Vに向かって最初は速く，上昇するにつれ緩やかに接近してゆきます．RとCの積で表される時定数が大きいほど，上昇の速度が遅くなりますが，図6-11の時定数は$100\mathrm{k}\Omega \times 1\mu\mathrm{F} = 0.1[\mathrm{s}]$となるので，数十ms程度のチャタリングでは，高い方の閾値電圧V_{TH}に到達することはありません．その結果，プッシュボタンが完全に開放され，時定数を大きく超える時間が経過して初めてV_{TH}に到達し，シュミットトリガーの出力が1に切り替わります．

6.3.2 簡単な論理回路（and_or.vhd）

前講の図 5-5 に示した簡単な論理回路（and_or.vhd）を EDA ツールを用いてコンパイルし，Pin Planner により入出力の**ピン配置**を行います．

入力 *A* には右端のスライドスイッチ SW0 のピン U13 を，入力 *B* にはその左のスライドスイッチ SW1 のピン V13 を割り当てます．また出力の *Z_AND* は単体 LED アレイの右端にある LEDR0 の AA2，*Z_OR* はその左 LEDR1 の AA1 を指定します．

これらの接続関係を図示すると，図 6-15 のようになります．

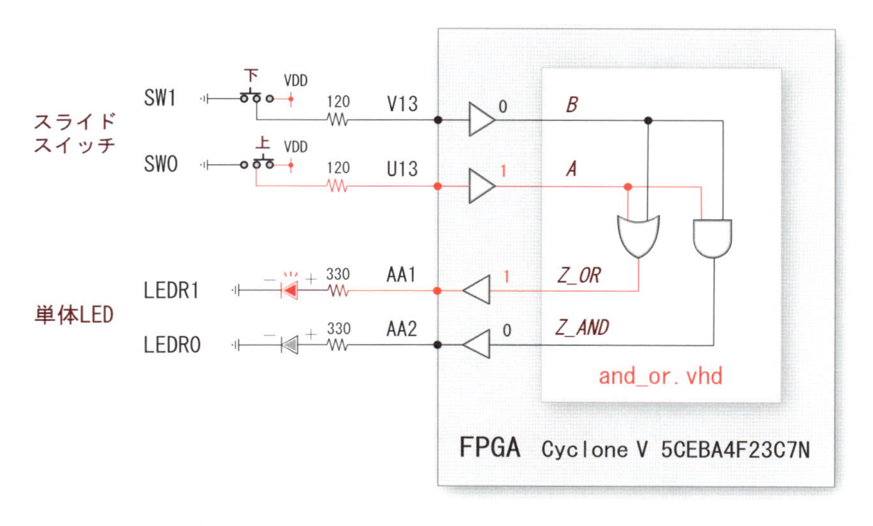

図 6-15 簡単な論理回路の FPGA への実装（and_or.vhd）

信号名とピン番号の対応関係を整理すると，表 6-3 のようになります．

表 6-3 簡単な論理回路の信号名と FPGA ピン番号

回路の信号名	ピン番号	ボードの信号名	回路の信号名	ピン番号	ボードの信号名
A	U13	SW0	*Z_AND*	AA2	LEDR0
B	V13	SW1	*Z_OR*	AA1	LEDR1

ピン配置を指定した後，再コンパイルすると，ネットリストのsofファイルが生成されるので，Programmerを起動してFPGAボードにダウンロードします．

and_or回路の実行例を，図6-16に示します．入力 A，B のすべての組合せについて，論理積（AND）と論理和（OR）の値を表の形で整理したのが真理値表ですが，その通りにLEDが点灯しています．なお，図は $A=1$，$B=0$ の例であり，$Z\_AND=0$，$Z\_OR=1$ の状態が表示されています．

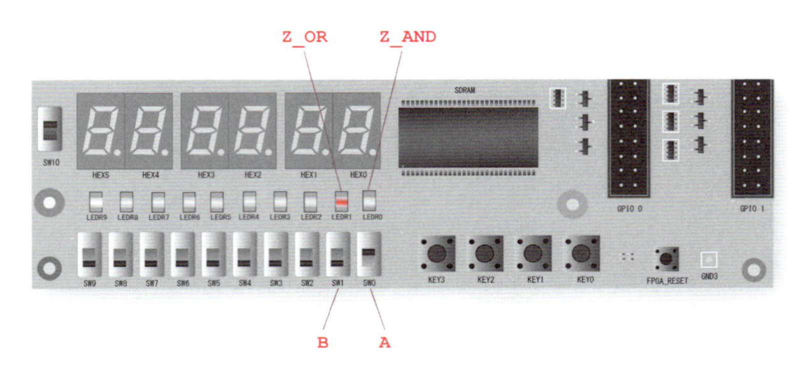

図6-16　and_or回路の実行例（and_or.vhd）

6.3.3　4ビット加算回路（adder_4bit_lib.vhd）

前講の図5-12に示した4ビット**加算回路**（adder_4bit_lib.vhd）をコンパイルし，ピン配置を行います．

4bitの入力 A と B はそれぞれ10進数の0～15を表すので，その和 $SOUT$ は10進数の0～30となり，5bit必要になります．

入力AIN[3]～AIN[0]にはスライドスイッチのSW3～SW0，入力BIN[3]～BIN[0]にはその左のスライドスイッチSW7～SW4を割り当てます．

また出力のSOUT[4]～SOUT[0]は，単体LED右端のLEDR4～LEDR0に設定します．

これらの接続関係を表6-4に整理します．

表 6-4 4ビット加算回路の信号名とFPGAピン番号

回路の信号名	ピン番号	ボードの信号名	回路の信号名	ピン番号	ボードの信号名
AIN[0]	U13	SW0	SOUT[0]	AA2	LEDR0
AIN[1]	V13	SW1	SOUT[1]	AA1	LEDR1
AIN[2]	T13	SW2	SOUT[2]	W2	LEDR2
AIN[3]	T12	SW3	SOUT[3]	Y3	LEDR3
BIN[0]	AA15	SW4	SOUT[4]	N2	LEDR4
BIN[1]	AB15	SW5			
BIN[2]	AA14	SW6			
BIN[3]	AA13	SW7			

4ビット加算回路の実行例を図6-17に示します．入力A，Bに対応するすべてのスイッチの組合せについて，その和がLED上に2進数で表示されています．図はA="1001"，B="1011"の例であり，和の"10100"がSOUT[4]～SOUT[0]に表示されています．

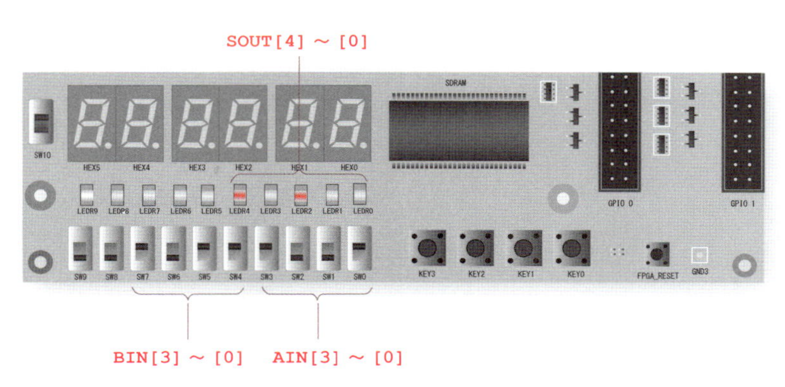

図 6-17 4bit 加算回路の実行例（adder_4bit_lib.vhd）

6.3.4 7セグメントデコーダ回路（dec_7seg.vhd）

図5-13に示した**7セグメントデコーダ回路**（dec_7seg.vhd）は，入力の2進数（0000～1001）を10進数に変換して7セグメントLEDに表示します．入力のDIN[3]～DIN[0]はスライドスイッチのSW3～SW0に，出力の

SEG7[6]～SEG7[0]は，右端の7セグメントLED（HEX06～HEX00）に割り当てます．これらの接続関係を整理すると，表6-5のようになります．

表6-5　7セグメントデコーダ回路の信号名とFPGAピン番号

回路の信号名	ピン番号	ボードの信号名	回路の信号名	ピン番号	ボードの信号名
DIN[0]	U13	SW0	SEG[0]	U21	HEX00
DIN[1]	V13	SW1	SEG[1]	V21	HEX01
DIN[2]	T13	SW2	SEG[2]	W22	HEX02
DIN[3]	T12	SW3	SEG[3]	W21	HEX03
			SEG[4]	Y22	HEX04
			SEG[5]	Y21	HEX05
			SEG[6]	AA22	HEX06

7セグメントデコーダ回路の実行例を図6-18に示します．

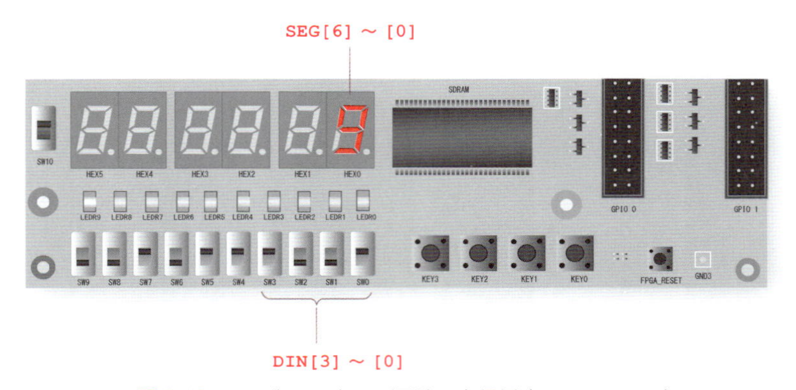

図6-18　7セグメントデコーダ回路の実行例（dec_7seg.vhd）

入力DIN[3]～DIN[0]が2進数の"0000"～"1001"のとき，対応する10進数がLED上に表示され，それ以外の"1010"～"1111"の場合は，すべてのセグメントが消えることを確認します．なお，図はDIN[3]～DIN[0]="1001"の例であり，7セグメントLEDには9が表示されています．

順序回路の動作を検証するには？

これまで，and_or 回路や加算回路，7 セグメントのデコーダ回路をFPGA 評価ボードにダウンロードし，想定した通りに動作することを検証してきました．

これらはいずれも **組合せ回路**であり，遅延時間の評価を別とすれば，その **デバッグ**は比較的容易です．入力となる信号のすべての組合せについて，その真理値表は一義的に定まるので，それに合致しているか否かを検証すればよいのです．時間を要するかもしれませんが，検証は一定の時間内に確実に終了します．

一方，**順序回路**の場合はそれほど単純ではありません．

一般にこの順序回路は極めて高い周波数のクロックで動作するため，その出力信号は目にも止まらぬ速度で変化しています．あえて，出力信号の変化を目視で確認するためには，クロック周波数を 1Hz 程度まで極端に落として観察する方法しかありません．

また外部入力により，次に遷移する状態が変化するような順序回路では，どのタイミングでどのような信号が入力したかを把握することすら容易ではなく，その状態を再現しようとしても，再現できないのが実状です．

そこで，実機でのデバッグを行う前に，**EDA システム**で指定された専用の **RTL シミュレータ**を用いて，特定の入力信号に対する出力信号の変化を **波形表示**する **RTL シミュレーション**の手法が有効になります．

次節では，VHDL のソースコードの中に，入力信号の波形の記述を追加することにより，回路内部の信号の変化を **タイムチャート**の形でシミュレートする**テストベンチ**の使用法について解説します．

なお，この RTL シミュレーションは，設計した回路が想定した通りに動作するか否かを検証するためのツールであり，タイムチャートのすべての波形は，遅延時間 0 で表示されます．これらの遅延時間を高い精度で推定するためには，別途 **タイミング・シミュレーション**を実施する必要がありますが，その操作法等については，第9講で説明します．

6.4 RTL シミュレーション用テストベンチ

ここでは，**RTL シミュレーション**により波形を表示する **テストベンチ**の記述法について説明します．

6.4.1 テストベンチの雛形について

RTL シミュレーションを行うテストベンチの雛形（ひな）を図 6-19 に示します．

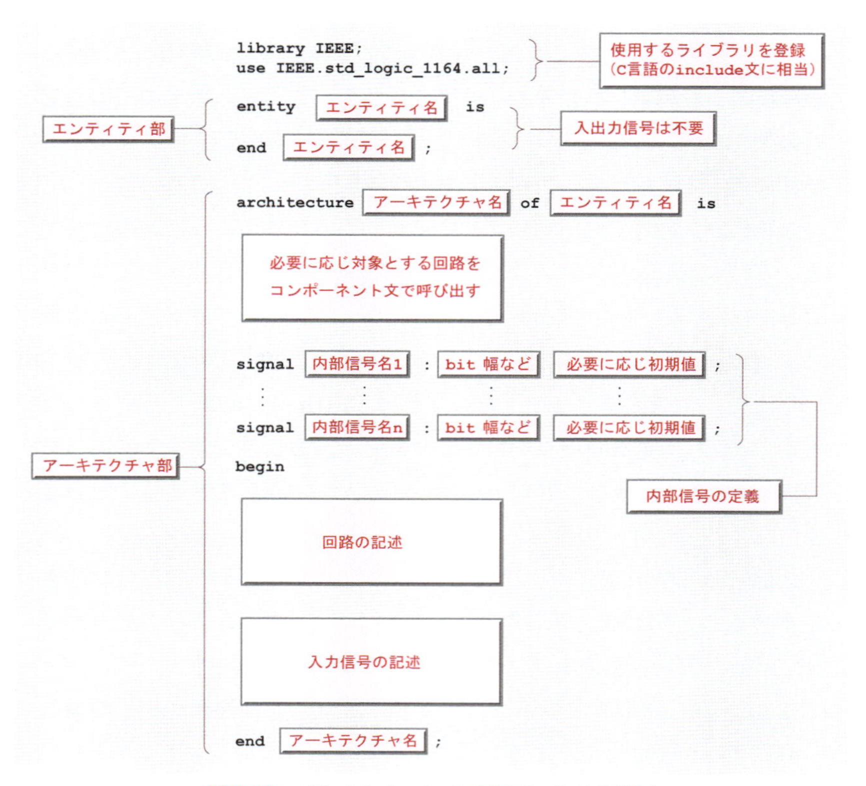

図 6-19　RTL シミュレーション用テストベンチの雛形

以下，その大まかな構成について整理します．

通常の VHDL と同様，前半のエンティティ部と後半のアーキテクチャ部に分かれていますが，エンティティの入出力信号を定義する port 文がない点に注意して下さい．

その代わりとして，アーキテクチャ部の内部信号に加えて，省略した port 文の入出力信号をすべて記述する必要があります．このような操作により，すべての信号を同一の条件で扱うことが可能になり，波形表示の指定等がシンプルになります．

アーキテクチャの前半は，通常の VHDL の記述法と変わりはなく，一般的な VHDL のコードを直接記述しても差し支えありません．

しかしながら，一般には RTL シミュレーションの対象となる VHDL のソースコードを，同じプロジェクトの下に別ファイルとして用意し，テストベンチ本体からコンポーネント部品として呼び出す方法が用いられます．これにより，対象とする VHDL コードに一切修正や変更を加えることなく，シミュレーションを効率的に進めることができます．

アーキテクチャ後半では，回路の記述に加えて入力信号の波形を定義します．入力波形の具体的な記述方法については，次節の事例の中で紹介します．

なお，RTL シミュレーションは，これまで用いた Quartus Prime ではなく，ModelSim というソフトウェアを使用します．この中に組み込まれているエディタは，残念ながら日本語に対応していません．

しかしながら，本書では読み易さを優先するため，例えば図 6-20 のように，RTL シミュレーションのコメントをあえて日本語で表示しています．

ModelSim で直接表示すると，コメントの部分が文字化けするので注意して下さい．

6.4.2 簡単な回路の RTL シミュレーション

本節では，具体的な **RTL シミュレーション・テストベンチ**の記述法について説明します．

簡単な回路の記述例を，図 6-20 に示します．ここでは，前講の図 5-5 で示したVHDLコード(and_or.vhd)を，コンポーネント文で読み込みます．以下，それらの重要なポイントについて補足します．

- **6,7行：**RTLシミュレーションを行うテストベンチ本体の名称をand_or_simとし，エンティティ名に定義します．なお先ほど述べたように，port文は不要です．
- **12～20行：**RTLシミュレーションの対象となるVHDLを，外部ファイル(and_or.vhd)から呼び出すため，component文で定義します．このファイルは同じフォルダ内に配置し，メニューProjectのAdd Current File to Projectによりプロジェクトに追加します．
- **22～25行：**ここで内部信号を定義します．なお，信号名はcomponent部品の名称と同じでも全く問題はありませんが，ここでは，port文における信号の対応付けを明確にするため，アルファベットのTを最後に付加しています．
- **29～35行：**上で定義した部品をインスタンスとして実体化し，その信号の対応関係を記述します．
- **37～42行：**内部信号の中で入力となる信号ATの波形を，プロセス文で記述します．時間0を起点とし，0の期間が10[ns]，1の期間が20[ns]の周期波形が生成されます．なお，数字とnsの間にスペースを挿入しないとエラーになるので，注意が必要です．
- **44～49行：**同様に内部信号BTの波形をプロセス文で記述します．この場合，0の期間が15[ns]，1の期間が20[ns]なので，その周期は35[ns]になります．

なお，ここで作成したテストベンチ(and_or_sim.vhd)をQuartus Primeを用いてコンパイルすると，wait文等がエラーになるので注意して下さい．

このようにして作成したテストベンチは，Intel(旧Altera)のEDA開発ツールQuartus Prime (Lite Edition)ではなく，その中で指定されているRTLシミュレータのModelSim (Intel FPGA Starter Edition)を用いて

```
1  -- and_or_sim.vhd
2  library IEEE;
3  use IEEE.std_logic_1164.all;
4
5  -- 入出力の宣言
6  entity and_or_sim is
7  end and_or_sim;
8
9  -- 回路の記述
10 architecture SIM of and_or_sim is
11 -- コンポーネントの宣言
12 component and_or
13     port
14     (
15         A      : in std_logic;
16         B      : in std_logic;
17         Z_AND  : out std_logic;
18         Z_OR   : out std_logic
19     );
20 end component;
21 -- 内部信号の定義
22 signal  AT      : std_logic;
23 signal  BT      : std_logic;
24 signal  Z_ANDT  : std_logic;
25 signal  Z_ORT   : std_logic;
26
27 begin
28 -- コンポーネント and_or の実体化と入出力の相互接続
29     C1 : and_or
30         port map(
31             A => AT,
32             B => BT,
33             Z_AND => Z_ANDT,
34             Z_OR => Z_ORT
35         );
36 -- 入力信号 AT の波形を記述
37     process begin
38         AT <= '0';
39         wait for 10 ns;
40         AT <= '1';
41         wait for 20 ns;
42     end process;
43 -- 入力信号 BT の波形を記述
44     process begin
45         BT <= '0';
46         wait for 15 ns;
47         BT <= '1';
48         wait for 20 ns;
49     end process;
50
51
52 end SIM;
```


図 6-20　簡単な論理回路のテストベンチ（and_or_sim.vhd）

コンパイルします．

このModelSimの実行ファイル（modelsim.exe）は，ダウンロードしたQuartus Primeの以下のフォルダにあります．なお，Quartus Primeとのバージョンが異なる場合，正常に動作しないことがあるので注意して下さい．

C:¥intelFPGA_lite¥18.1¥modelsim_ase¥win32aloem

以下，その操作法について簡単に説明します．

1. 実行ファイルのmodelsim.exeをダブルクリックして，起動します．
2. メニューFileのNewからProjectを選択し，プロジェクト名に例えばand_or_simと入力し，プロジェクトを新規作成します．
   なお，既に作成済みのプロジェクトを開く場合は，メニューFileのChange Directoryを選択し，そのフォルダを指定します．
3. Add items to the Projectのダイヤログが開くので，その中からCreate New Fileを実行し，VHDLファイルを新規作成します．なお，作成済みのファイルが存在する場合は，Add Existing Fileにより指定します．コンポーネントとして使用するファイルも同様に指定します．
4. CompileメニューのCompile Allをクリックします．コンパイルが正常終了すると，画面下のTranscriptの欄に，# Compile of ○○.vhd was successfulと表示されます．
5. SimulateメニューからStart Simulationを選択すると，Start Simulationのダイヤログが開くので，プロジェクトを作成したフォルダ（デフォルトではwork）の下にあるテストベンチのファイル（例えばand_or_sim）を指定し，OKをクリックします．
6. 画面中央の右側に，VHDLファイルのソースコード等を表示するウィンドウが開くので，左下にあるWaveのタグを選択して，波形表示用の画面を開きます．なお，Waveのタグが見当たらない場合は，メニューViewの下にあるWaveの項に，チェックマークが入っているか確認します．

7. Sim-Default ウィンドウでツリーを検索しながら Object ウィンドウから表示したい信号名を選択し，ウィンドウ Wave-Default の左の欄にドラッグアンドドロップで入力します．Object ウィンドウが見当たらない場合は，メニュー View の下にある Object の項にチェックマークが入っているか確認します．
8. Simulate メニューから Runtime Options を選択すると，Runtime Options のダイヤログが開くので，Default Run に例えば，100 ns と入力し（単位を ns にすることに注意），Apply の後，OK をクリックします．
9. Simulate メニューから Run の Run100 を指定すると，波形の画面上にシミュレーション結果が表示されます．なお，波形の一部が拡大表示されている場合があるので，メニュー Wave の Zoom の下にある Zoom Full，Zoom Out や，画面下のスライダ等を操作して，適切なタイムスパンになるよう調整します．

図 6-20 に示したテストベンチを実行すると，図 6-21 の波形が得られます．簡単な論理回路（and_or.vhd）が component 部品として読み込まれ，テストベンチで指定した入力波形の A, B に対し，AND（論理積）と OR（論理和）の信号が，理論通りに出力されていることが分かります．図から明らかなように，RTL シミュレーションでは理論的な論理合成を行うため，遅延時間は考慮されていません．

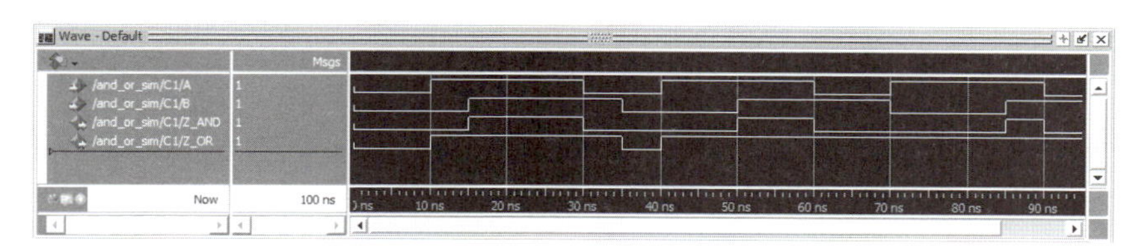

図 6-21　簡単な回路の RTL シミュレーション波形（and_or_sim.vhd）

6.4.3　7セグメントデコーダ回路のRTLシミュレーション

前講の図5-13に示した**7セグメントデコーダ回路**（dec_7seg.vhd）について，RTLシミュレーションを行うテストベンチを図6-22に示します．

```
1   -- dec_7seg_sim.vhd
2   library IEEE;
3   use IEEE.std_logic_1164.all;
4   use IEEE.std_logic_unsigned.all;
5
6   -- 入出力の宣言
7   entity dec_7seg_sim is
8   end dec_7seg_sim;
9
10  -- 回路の記述
11  architecture SIM of dec_7seg_sim is
12
13  -- コンポーネント dec_7seg の宣言
14  component dec_7seg
15      port
16      (
17          DIN  : in std_logic_vector(3 downto 0);
18          SEG7 : out std_logic_vector(6 downto 0)
19      );
20  end component;
21
22  -- 定数の定義
23  constant CYCLE : Time := 10 ns;
24
25
26
27  -- 内部信号の定義
28  signal  DIN  : std_logic_vector(3 downto 0) := "0000";
29  signal  SEG7 : std_logic_vector(6 downto 0);
30
31  begin
32  -- コンポーネント dec_7seg の実体化と入出力の相互接続
33      C1 : dec_7seg
34          port map(
35              DIN   => DIN,
36              SEG7  => SEG7
37          );
38
39  -- 入力信号 DIN の波形を記述
40      process begin
41          for I in 0 to 15 loop
42              wait for CYCLE;
43              DIN <= DIN + 1;
44          end loop;
45          wait;
46      end process;
47  end SIM;
```


図6-22　7セグメントデコーダ回路のテストベンチ（dec_7seg_sim.vhd）

以下，その内容について簡単に説明します．

14～20 行で，第 5 講で設計した dec_7seg をコンポーネントとして定義し，23 行では，RTL シミュレーションで用いる定数 *CYCLE* を定義しています．この定数は C 言語の define 文に相当し，コンパイル直前に文字列の *CYCLE* が 10 ns という文字列に置換されます．

33～37 行で，コンポーネントの dec_7seg をインスタンス化し，入力となる信号 *DIN* の波形を 40～46 行で記述しています．また 41～44 行の for 文により，*CYCLE* の 10[ns] 周期で，*DIN* の値を "0000" から "1111" までカウントアップしています．このテストベンチを実行すると，図 6-23 に示す波形が得られます．なお，このタイムチャートは横方向に長くなるため，途中で折り返した形で表示しています．

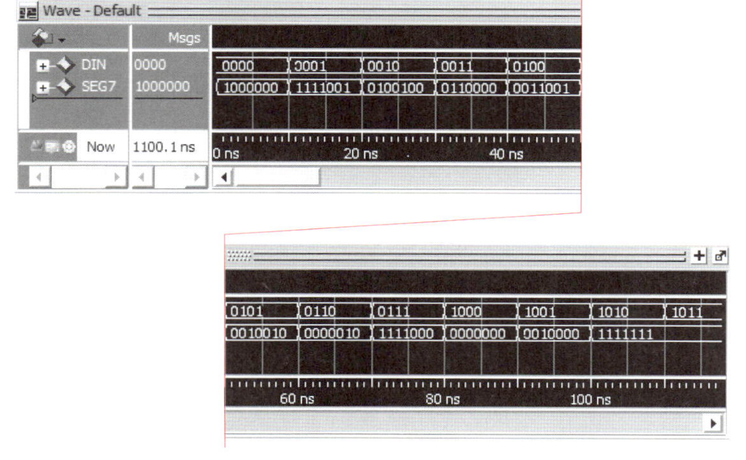

図 6-23　7 セグメントデコーダ回路の RTL シミュレーション波形（dec_7seg_sim.vhd）

10[ns] ごとに入力の *DIN* がカウントアップされ，この 2 進数に対応する 10 進数の各セグメントが，信号の *SEG7* に出力されています．この *SEG7* は 0 のとき点灯する負論理になっており，例えば *DIN* が "1000" のときすべてのセグメントを点灯させる "0000000" が出力されています．なお，"1010" 以降では *SEG7* が "1111111" となり，すべて消える状態になっています．

6.4.4 10進同期カウンタ回路のRTLシミュレーション

第5講の図5-15に示した**10進同期カウンタ**について，そのRTLシミュレーションを行うテストベンチを次の図6-24に示します．

```
1   -- count10_sim.vhd
2   library IEEE;
3   use IEEE.std_logic_1164.all;
4   use IEEE.std_logic_unsigned.all;
5
6   -- 入出力の宣言
7   entity count10_sim is
8   end count10_sim;
9
10  -- 回路の記述
11  architecture SIM of count10_sim is
12  -- コンポーネントの宣言
13  component count10
14      port
15      (
16          CLK    : in std_logic;
17          RST    : in std_logic;
18          COUNT  : out std_logic_vector(3 downto 0)
19      );
20  end component;
21
22  -- 内部信号の定義
23  signal  CLK    : std_logic;
24  signal  RST    : std_logic;
25  signal  COUNT  : std_logic_vector(3 downto 0);
26
27  begin
28  -- コンポーネント count10 の実体化と入出力の相互接続
29      C1 : count10
30             port map(
31                 CLK    => CLK,
32                 RST    => RST,
33                 COUNT => COUNT
34             );
35
36  -- 入力信号 CLK の波形を記述
37      process begin
38          CLK <= '0';
39          wait for 10 ns;
40          CLK <= '1';
41          wait for 10 ns;
42      end process;
43  -- 入力信号 RST の波形を記述
44      process begin
45          RST <= '1';
46          wait for 15 ns;
47          RST <= '0';
48          wait;
49      end process;
50  end SIM;
```


図6-24 10進同期カウンタ回路のテストベンチ（count10_sim.vhd）

以下，その内容について簡単に説明します．

13～20 行で，第 5 講で設計した count10 をコンポーネントとして宣言し，29～34 行でインスタンス名 C1 として実体化しています．

25 行で，カウンタ出力の信号 *COUNT* を定義していますが，ここでは初期化を省略しています．このため RTL シミュレーションの起動直後，その値は不定となりますが，クロック *CLK* の立ち上がりでリセット信号 *RST* により "0000" に初期化され，その後カウントアップの動作を開始します．

このテストベンチを実行すると，図 6-25 に示す波形が表示されます．

開始後 10[ns] で，変数の *COUNT* が "0000" にリセットされ，その後 20[ns] ごとにカウントアップしています．また 210[ns] 後には，10 進の 9("1001") から 0("0000") に復帰し，10 進の同期カウンタとして動作していることが分かります．

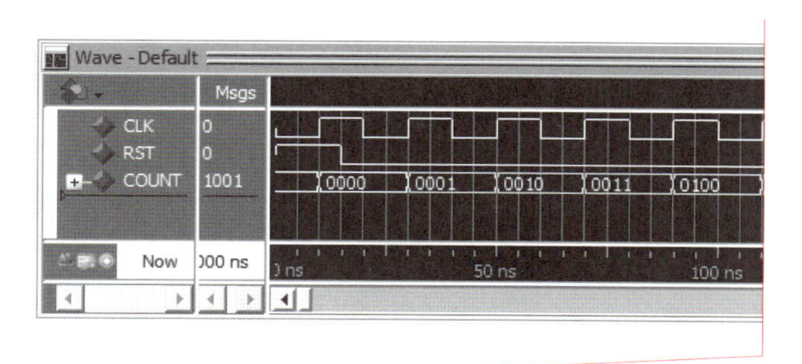

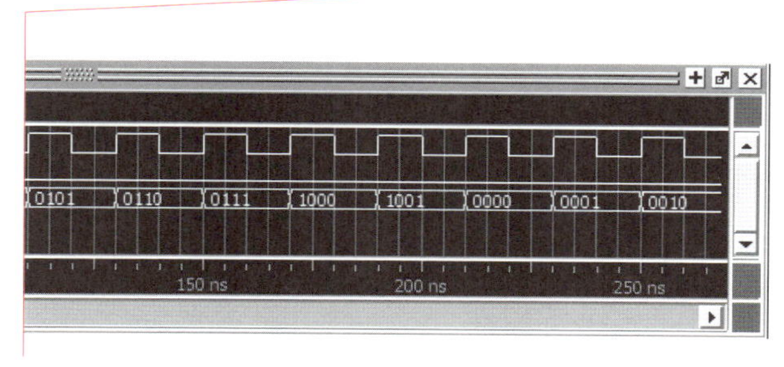

図 6-25　10 進同期カウンタ回路の RTL シミュレーション波形（count10_sim.vhd）

回路の動作を不安定にするハザードとは？

ここでは，回路の動作を不安定にする**ハザード**について説明します．

第4講で述べた同期カウンタにおいて，内蔵するフリップフロップの出力信号を組合せ回路に通すと，フリップフロップ出力が切り替わるタイミングに，幅の狭いパルス状のハザード（いわゆる**ヒゲ**）が発生している可能性があります．理論上は同時に変化する信号であっても，ミクロに観察すると若干のズレがあります．これらのズレは，LSI内部のデバイスのバラツキや配線長，負荷容量の違いなどによっても発生します．図6-26は，信号のQ_0, Q_1, Q_2がQ_3より遅れた場合を表しています．このように組合せ回路の出力には，過渡的なハザードが含まれている可能性があり，**クロック入力**や**非同期のクリア入力**に直接接続すると，致命的な誤動作をひき起こすことがあります．

このような回路構成は，ハザードが発生しないことが明らかな場合を除いて，原則的に避けなければなりません．なお図の信号S_{15}は，最終的にカウンタと同じクロックCLKで動作するD-FFの入力Dに接続して，波形を整形する必要があります．

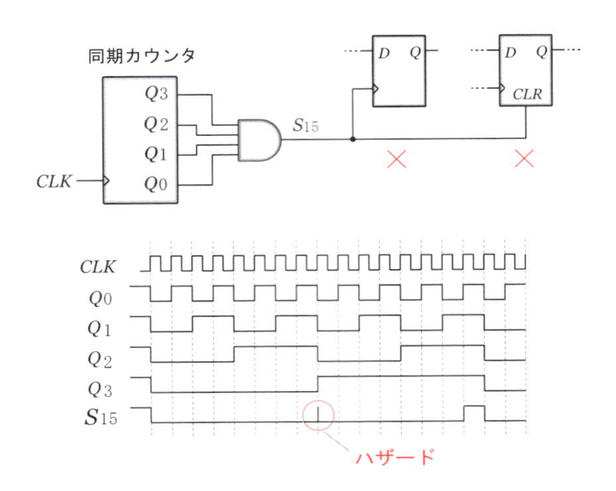

図6-26 同期カウンタ出力に組合せ回路を接続した場合に発生するハザード

デバッグは急がば回れ！の精神で

筆者の苦い経験とその反省から言えることですが，人間は本来バグの種を撒き散らすものです．開発を効率的に進めるためには，「急がば回れ！」の精神で，決して後戻りせず，小さくとも前進の一歩を積み重ねる姿勢が大切です．具体的には，

1. 一度に多くの修正や追加をしないこと．
2. プログラムに修正を加える場合は，修正前の状態が直ちに再現できるよう，関連するすべてのプログラムをコピーして保存すること．

が重要です．

例えば犯人が 2 人以上いるとき，逮捕しようと一方に接近すると，他の犯人がその存在感をアピールして妨害を始めます．すなわち，二兎，三兎を追う状態に陥り，結果として複数の犯人の間を右往左往することになります．

また，先を急ぐあまり，それまでの成果を根本的に壊してしまい，以前の状態に戻そうにも戻せなく，その復元作業に貴重な時間を費やさざるを得ない状況に陥りがちです．デバッグに行き詰まったとき，直前のバージョンに戻して動作確認することが，新たな一歩を進めるカンフル剤になることがあります．

耳元で「先を急ごうよ！」，「何とかなるさ！」と甘い言葉を並べる悪魔のささやきに耳を傾けてはいけません．

なお，さらに一歩踏み出して，より高度で複雑な回路設計を目指す場合，設計当初からそのデバッグ手法について検討を進め，必要に応じデバッグ用の回路をあらかじめ組み込む手法も有効です．

第 7 講
VHDL を用いて CPU を設計する

本講では，前講で紹介した VHDL を用いて実際に CPU を設計します．

第 2 講で示した CPU の命令セットの機能を，具体的な回路に置き換えてゆきますが，最も複雑な実行ユニット（ALU 部）については，C 言語で作成した CPU エミュレータのソースコードを VHDL に移植します．

VHDL のコード自体は長大ですが，基本的な考え方は比較的単純です．VHDL の記述から，具体的な回路構成と，その動作がイメージできるようになるのが理想ですが，記述内容が難しく壁に突き当たった場合には一旦該当する講に戻り，あいまいな箇所を再確認して下さい．

7.1 CPU の基本動作

はじめに，CPU の基本動作について整理します．

7.1.1 CPU のステージ構成

図 7-1 は，比較的単純な CPU の基本的な動作を模式的に表したものです．

図 7-1　CPU のステージ構成

1命令の動作は，次の4つのステージで構成されます．

1. **命令フェッチ** ：プログラムメモリから機械語を読み込む
2. **命令デコード** ：機械語のオペランドからレジスタやメモリの内容を読み出し，演算に必要なデータを準備する
3. **実行** ：演算ユニット（ALU）を用いて命令を実行する
4. **ライトバック** ：実行結果をレジスタやメモリ等に書き込む

このとき，各ステージが1クロックで実行されるとすると，1命令の実行が完了するのに4クロックを要します．各ステージを4コマ漫画に例えると，これらがパラパラ動画により繰り返し再生されている状態をイメージすればよいでしょう．

7.1.2 CPUの全体構成

図7-2に，本講で設計するCPUの全体構成を示します．

基本的に左のフェッチから，右のライトバックへと信号が次々に加工され，次のステージへと受け渡されてゆく構成となっています．四角形は各ステージのコンポーネント回路を表しており，それらを接続する信号の名称を赤字で示しています．なお，ハーバード・アーキテクチャの採用により，機械語を保存するPROMとRAMのデータバスは完全に分離しています．

1. **フェッチステージ**

   fetchコンポーネントでは，プログラムメモリ（PROM）から，
   プログラムカウンタで指定されたアドレスの機械語を読み出します．

2. **デコードステージ**

   decode，2つのreg_dc, ram_dcの4つのコンポーネントから構成されており，オペランドによって指定したレジスタやRAMの内容を読み出し，実行ステージに受け渡します．

3. 実行ステージ

最も複雑なコンポーネントであるexecでは，ALUを用いたレジスタ間の演算や，メモリとレジスタ間のデータ転送，プログラムカウンタ（PC）の制御等を行います．

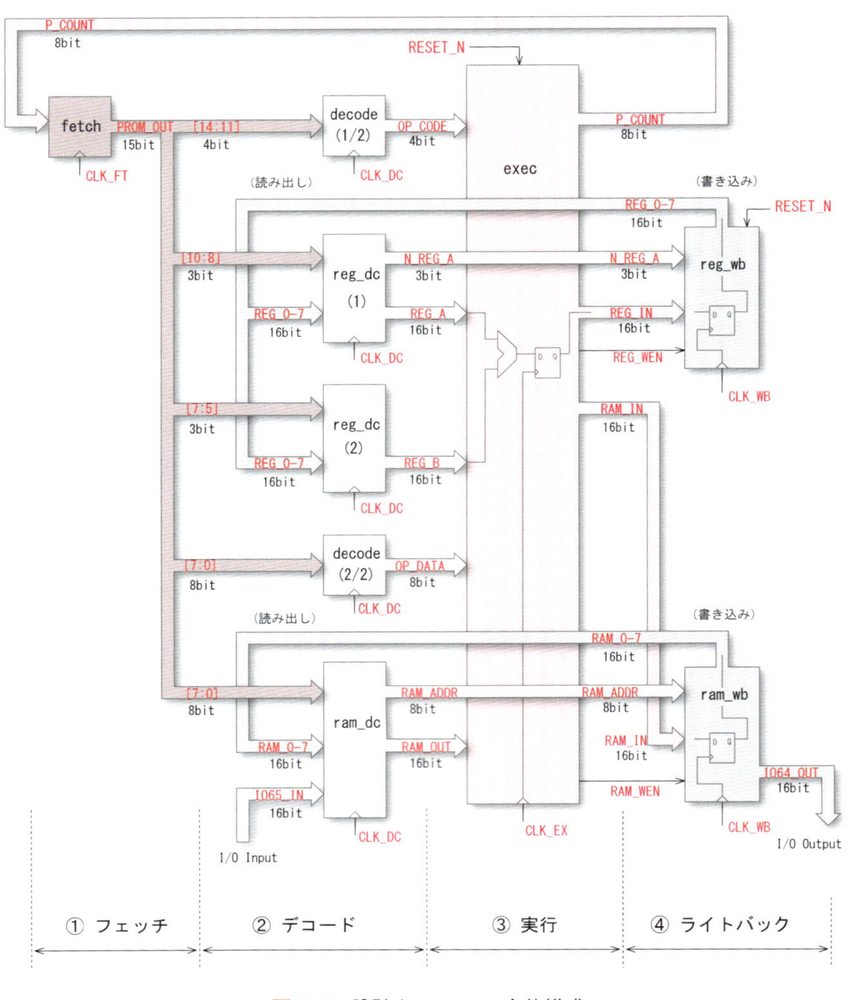

図7-2　設計するCPUの全体構成

4. ライトバックステージ

reg_wb, ram_wbの2つのコンポーネントで構成されており，実行ステージの演算結果をレジスタやメモリ（RAM）に書き込みます．

7.1.3 主要信号のタイムチャート

全体構成で示した主要な信号の変化を，図7-3のタイムチャートに示します．

4つの位相をもつクロックのCLK_FT，CLK_DC，CLK_EX，CLK_WBは，基本クロックCLKを分周して生成します．

これらのクロックを用い，回路図のそれぞれのコンポーネントは，以下のいずれかのフェーズでデータの受け渡しを行います．

1. フェッチフェーズ

PROMの出力PROM_OUTは，CLK_FTの立ち上がりで変化します．

2. デコードフェーズ

命令コードOP_CODE，レジスタのインデックスN_REG_A，N_REG_B，レジスタのデータREG_A，REG_B，RAMの出力RAM_OUTは，このフェーズで変化します．

3. 実行フェーズ

プログラムカウンタP_COUNT，レジスタへ書き込むデータREG_IN，レジスタへの書き込み許可信号REG_WEN，RAMへ書き込むデータRAM_IN，RAMへの書き込み許可信号RAM_WENは，実行クロックCLK_EXの立ち上がり直後に変化します．

4. ライトバックフェーズ

レジスタの出力データREG0～REG7と，RAMの出力データRAM0～RAM7は，CLK_WBの立ち上がりで変化します．

なお，図7-3のREG_WENとRAM_WENの信号については，重ねて表示していますが，選択された場合でも一方のみであり，同時にH(1)になることはありません．

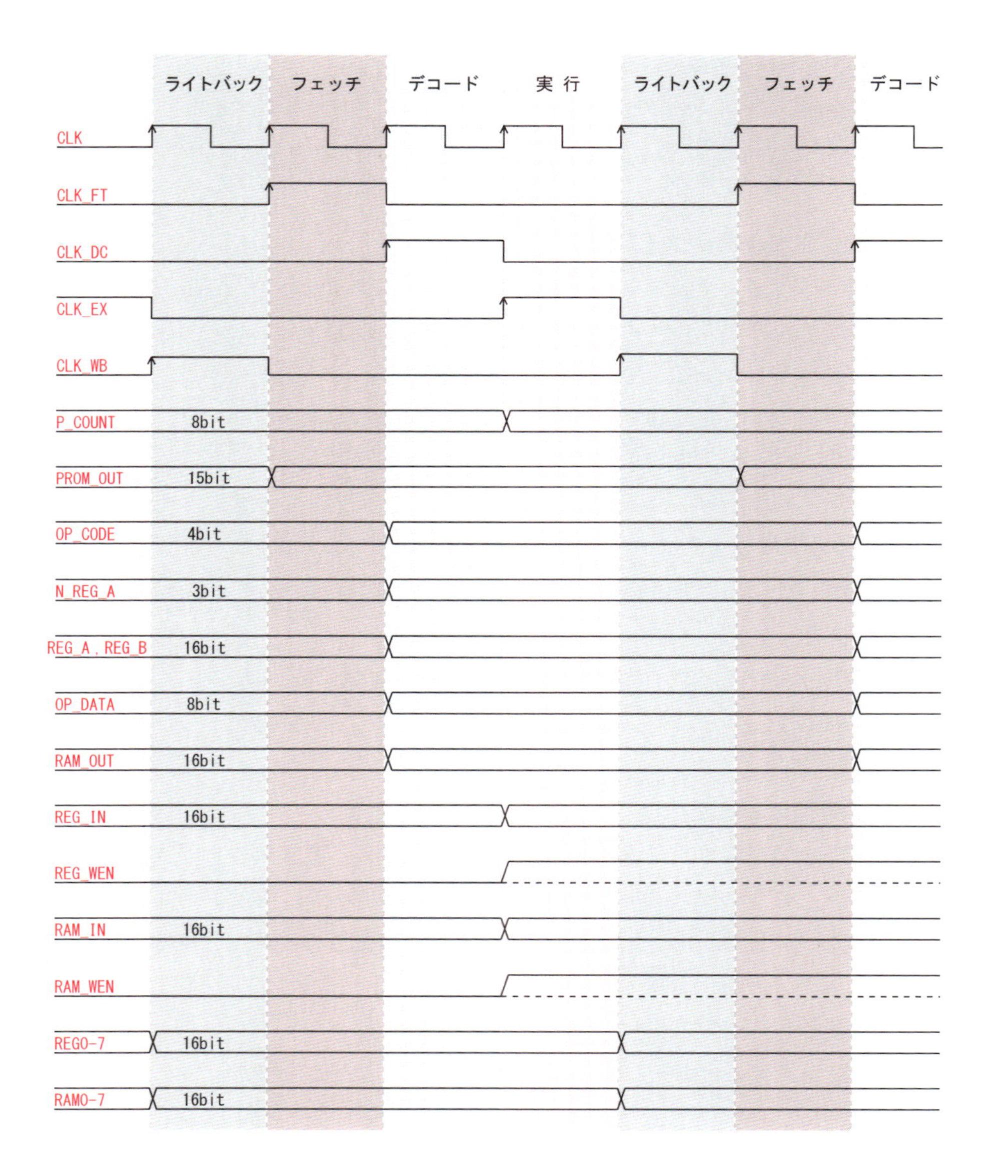

図7-3　主要信号のタイムチャート

7.1.4 各ステージの動作

各ステージについて，動作している箇所を赤色で図 7-4 に示します．

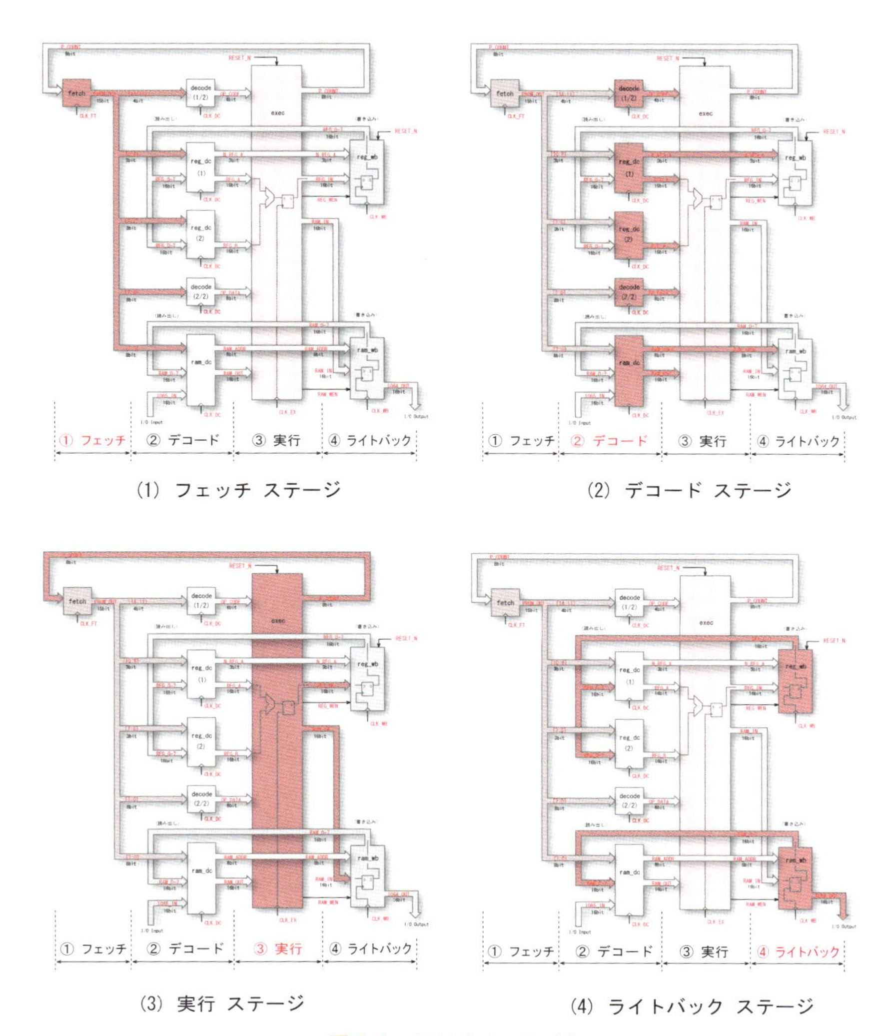

図 7-4　CPU の 4 ステージ

以下，図 3-1 に示した 1+2+…+10 を計算するプログラムについて，9 番地の加算命令 [add Reg0, Reg2] を例に，各ステージの動作を説明します．

7.1.5　フェッチステージ

図7-5に，フェッチステージの動作例を示します．

fetchコンポーネントの入力には，プログラムカウンタの出力（P_COUNT）が接続されており，CLK_FTの立ち上がりで，そのアドレスに保存された機械語をラッチ（記憶）して出力します．内蔵するPROMの9番地のアセンブリ言語は，[add Reg0, Reg2]であり，その機械語は"0001000001000000"となります．これより命令コードは"0001"，第1オペランドは"000"，第2オペランドは"010"となり，Reg0とReg2の値を加算する準備を開始します．なお，後ほど説明しますが，PROMはアドレスをインデックスとする配列で表すことができ，プログラムの機械語はその初期値の形式で定義します．

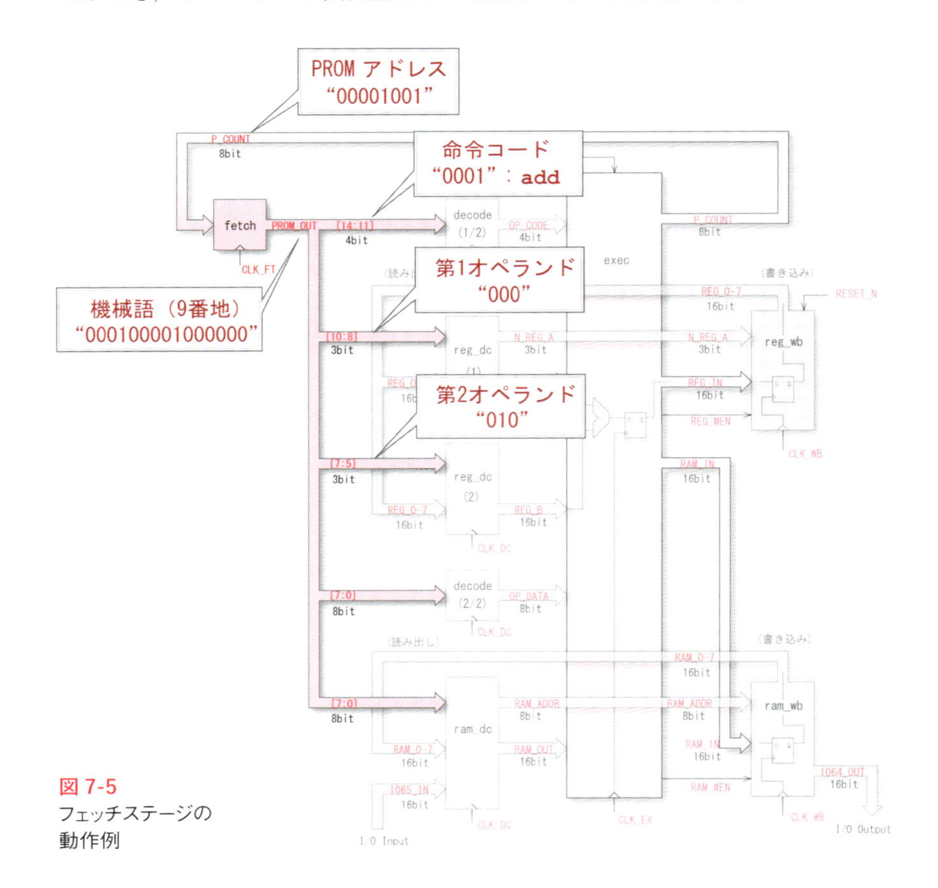

図7-5
フェッチステージの動作例

7.1.6　デコードステージ

図7-6に，デコードステージの動作例を示します．

コンポーネントのdecodeでは，加算（add）の命令コード"0001"が，CLK_DCの立ち上がりで内部のD-FFによりラッチされ，出力に現れます．

一方，コンポーネントのreg_dcは，第1，第2のオペランド用に2つ組み込まれており，いずれも3bitのオペランドにより，8個あるレジスタの1つが選択され，その16bitの値がラッチされて出力に現れます．

この例では，第1オペランドの"000"で指定したReg0の値と，第2オペランド"010"のReg2の値が，次の実行ステージに受け渡されます．

なおライトバックステージでは，加算結果が第1オペランド"000"のReg0に上書きされるため，第1オペランドの"000"も合わせて出力しています．

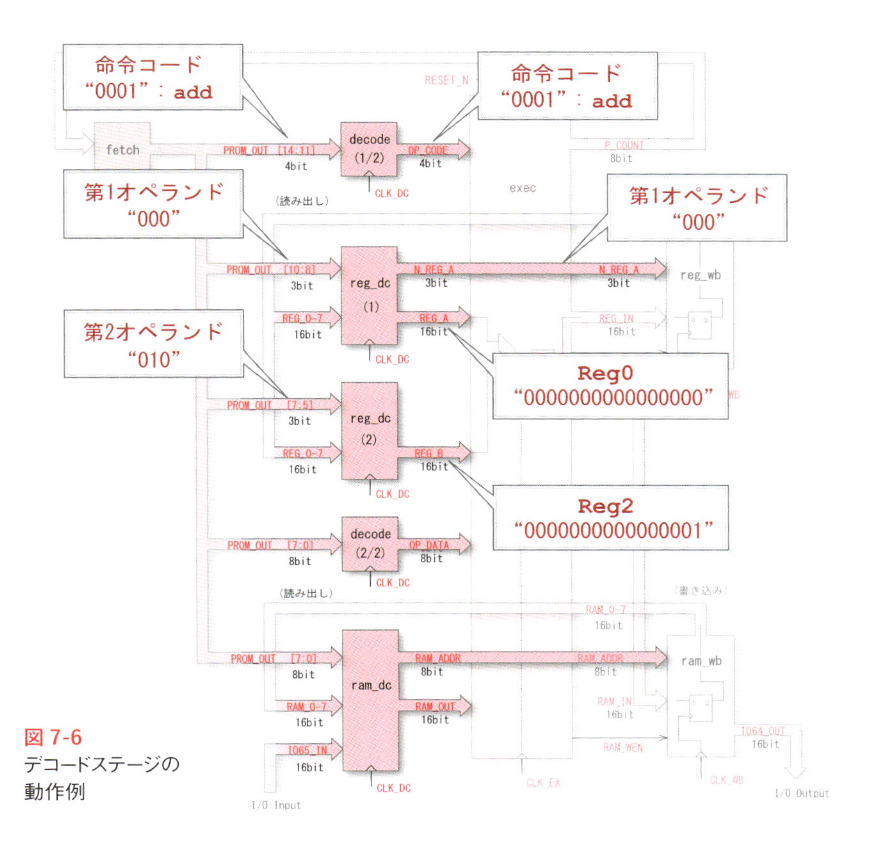

図7-6
デコードステージの動作例

7.1.7　実行ステージ

図7-7に，実行ステージの動作例を示します．

このステージには，このCPUの中で最大となるコンポーネントexecが組み込まれており，命令コードを解析し，指定された演算を内部のALUを用いて実行します．また，プログラムカウンタも内蔵されており，負論理のリセット入力RESET_Nによりその値P_COUNTが0にリセットされた後，クロックCLK_EXの立ち上がりで更新されます．

この図では，2つのオペランドにより指定された2つのレジスタReg0，Reg2の値が，ALUを用いて加算され，その結果（和）は，クロックCLK_EXの立ち上がりでラッチされて，次のライトバックステージに受け渡されます．

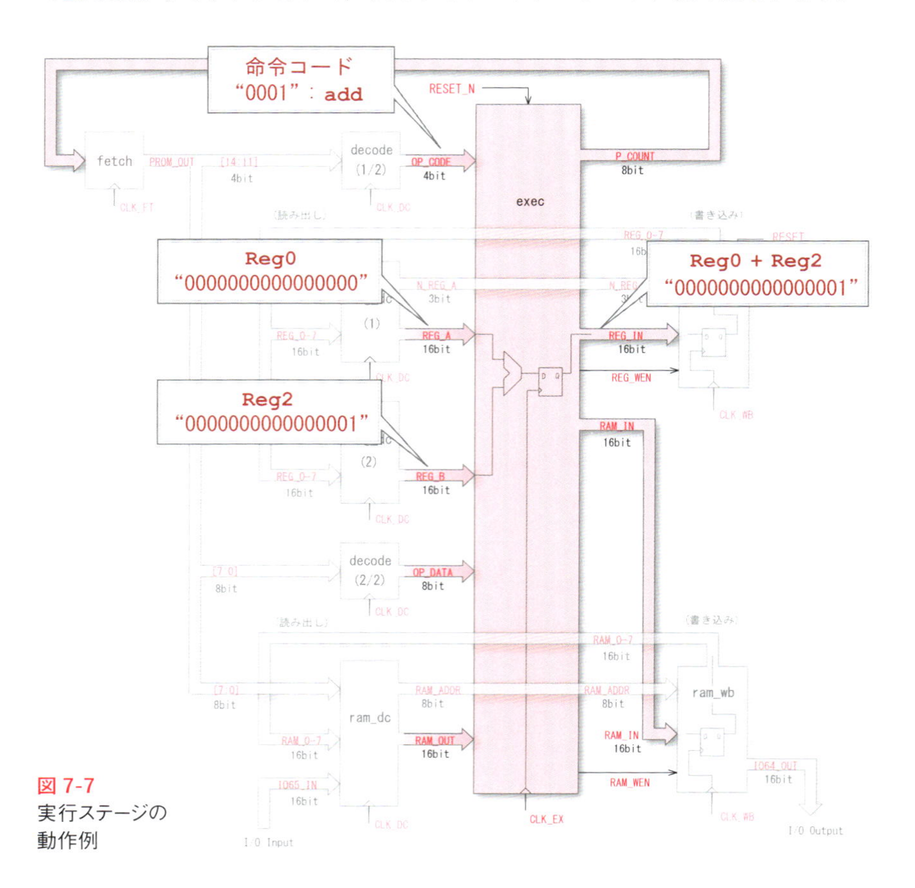

図7-7
実行ステージの動作例

7.1.8 ライトバックステージ

図 7-8 に，ライトバックステージの動作例を示します．

このステージには，reg_wb と ram_wb の 2 つのコンポーネントが組み込まれています．reg_wb にはレジスタ本体を実装しており，図の加算命令の場合，実行ステージの和の値が入力され，クロック CLK_WB の立ち上がりで，第 1 オペランドの Reg0 に上書きされます．なお，この出力はデコードステージの reg_dc の入力に接続されています．一方の ram_wb には，データ用メモリ（RAM）が実装されています．本来は，配列を用いて記述するところではありますが，ここでは簡略化のため，レジスタと同じ構成としています．この場合，メモリサイズが増えると実装が困難になる問題が生じますが，より実用的な配列を用いた記述方法については，第 9 講で説明します．

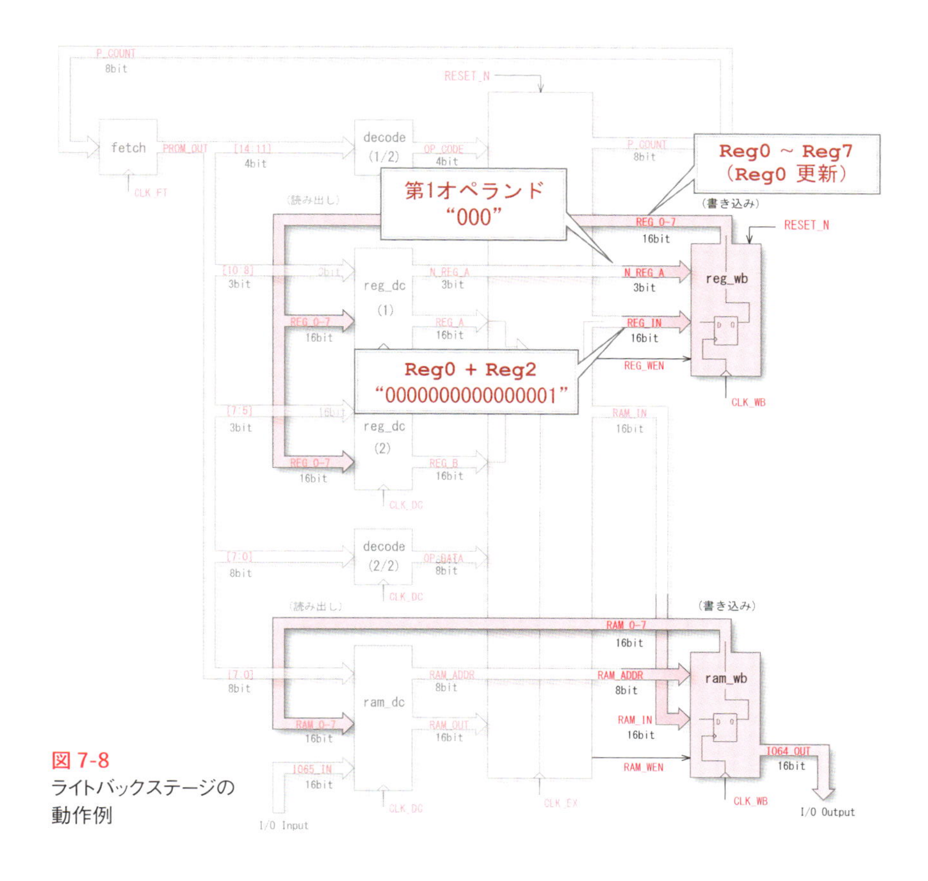

図 7-8
ライトバックステージの動作例

どのような信号名をつけるべきか？

ここでは，信号名の付け方について考えてみましょう．

図7-2に示した全体構成では，コンポーネント回路の入出力を相互に接続する信号名を赤字で表しています．

この信号名は，CPU本体のエンティティ部に記述した入出力信号や，内部で新たに定義した信号の名称であり，この後で示すコンポーネント部品の入出力の名前に必ずしも一致するとは限りません．

配線作業の**ケアレスミス**を未然に防ぐためには，このようなミスマッチを極力排除するのが理想ですが，現実には難しい面があります．なぜ，そのようなミスマッチが避けられないのか，その理由について整理してみましょう．

第1は，部品としての汎用性が優先され，それがどのような場所に何個使用されるか，コンポーネントの設計段階では予想できないことが多いためです．例えば，図7-2のreg_dcのように同じ部品を複数使用する場合は，全体の回路の信号名に統一させること自体不可能です．したがって，部品全体として統一された考え方に基づき，分かりやすい名称を付けるべきでしょう．

2番目は，同図の信号PROM_OUTやRAM_ADDRのように，同じ信号でも全体と部分，送る側と受ける側で，その意味合いが異なってくる場合があることです．

信号名に限らず，設計全般にわたる名称の与え方は，このような作業に関わるエンジニアの経験や技量，個性等により変わりうるもので，きちんとしたセオリーが存在するわけではありません．

しかし，後になってそのイメージがすぐ思い出せるようなわかりやすい名称を選択し，ケアレスミス・勘違いが生じる確率を最小限に抑えることを常に念頭において，作業を進めることが極めて肝要と言えるでしょう．

7.2 ブロック分割と各コンポーネントの仕様

このCPUは，以下に示す5つのブロックと，9個のコンポーネント回路により構成されています．これらはいずれも図4-40のように，組合せ回路の出力をクロックの立ち上がりでラッチして出力する構成になっています．

1. クロック発生用ブロック

このブロックのコンポーネント名はclk_genであり，表7-1に示すように，基本クロックを基に，CPUの各ブロックに供給する4相のクロックを生成します．

表7-1　clk_genコンポーネント

	信号名		内 容
	コンポーネント	回路全体	
入 力	CLK	←	基本クロック
出 力	CLK_FT	←	第1相のフェッチステージ用
	CLK_DC	←	第2相のデコードステージ用
	CLK_EX	←	第3相の実行ステージ用
	CLK_WB	←	第4相のライトバックステージ用

これらのクロックは図7-3のタイムチャートに示すように，互いに重なることがない4相構造になっています．

なお，このコンポーネントと回路全体の信号名は一致しています．

2. フェッチ（fetch）ブロック

フェッチブロックのコンポーネント名はfetchであり，その入出力は表7-2のようになっています．

表7-2　fetchコンポーネント

	信号名		内 容
	コンポーネント	回路全体	
入 力	CLK_FT	←	第1相のフェッチステージ用クロック
	P_COUNT	←	プログラムカウンタの出力（8bit）
出 力	PROM_OUT	←	プログラムメモリ（PROM）の機械語（15bit）

ここでは，プログラムカウンタ（P_COUNT）をアドレスとするプログラムメモリ（PROM）のデータ（15bitの機械語）をフェッチのクロックCLK_FTでラッチし，出力します．
一般に，プログラムメモリ（PROM）の機械語データは，CPUの回路から独立させ，別ファイルで記述するのが基本です．しかしながら，この例では分かり易さを優先させるため，VHDLの中でそれらのデータを記述しています．第9講では，外部ファイルからデータを読み込む方法について紹介します．

3. デコードブロック

デコードブロックは，(a) decode，(b) reg_dc，(c) ram_dc の3つのコンポーネントに分けて記述しています．

(a) decode コンポーネント

decode コンポーネントの入出力は，表7-3のようになっています．

表7-3　decode コンポーネント

	信号名		内 容
	コンポーネント	回路全体	
入 力	CLK_DC	←	第2相のデコードステージのクロック
	PROM_OUT	←	プログラムメモリ（PROM）の機械語（15bit）
出 力	OP_CODE	←	命令コード（4bit）
	OP_DATA	←	データ（アドレス）のオペランド（8bit）

後ほど述べるように，この回路の働きはフェッチの出力をデコードステージのクロックCLK_DCを用いて遅延させることであり，これを省略しそのまま通過させても正常に動作します．

(b) reg_dc コンポーネント

表7-4に，reg_dcコンポーネントの入出力を示します．
この回路では，選択信号のインデックスで指定したレジスタの値

を，クロックCLK_DCの立ち上がりでラッチして出力します．

なお，第1オペランドと第2オペランドの2系統あり，コンポーネントの名称と回路全体の名称が一致しない信号があるので，注意が必要です．

表 7-4　reg_dc コンポーネント

	信号名		内 容
	コンポーネント	回路全体	
入 力	CLK_DC	←	第2相のデコードステージのクロック
	N_REG_IN	PROM_OUT	レジスタA(B)のインデックス（3bit）
	REG_0～REG_7	←	8個のレジスタの出力（16bit）
出 力	N_REG_OUT	N_REG_A(B)	レジスタA(B)のインデックス（3bit）
	REG_OUT	REG_A(B)	N_REG_INで選択されたレジスタの内容（16bit）

(c) ram_dc コンポーネント

ram_dcコンポーネントの入出力を，表7-5に示します．

表 7-5　ram_dc コンポーネント

	信号名		内 容
	コンポーネント	回路全体	
入 力	CLK_DC	←	第2相のデコードステージのクロック
	RAM_AD_IN	PROM_OUT	RAMのアドレス（8bit）
	RAM_0～RAM_7	←	8個のRAMの出力（16bit）
	IO65_IN	←	メモリマップドI/Oの入力データ（16bit）
出 力	RAM_AD_OUT	RAM_ADDR	RAMのアドレス（8bit）
	RAM_OUT	←	アドレスで選択されたRAMのデータ（16bit）

この回路では，アドレスにより指定したRAMやI/Oのデータを，デコードステージのクロックCLK_DCでラッチして出力します．

なお，コンポーネントの名称と回路全体の名称が異なる信号が含まれています．

4. 実行（Execute）ブロック

実行ブロックのexecは，このCPUで最大のコンポーネントであり，その入出力は表7-6のようになっています.

4bitの命令コードの内容に応じて, レジスタ間の演算や, メモリとレジスタ間のデータ転送を実行したり, プログラムカウンタを制御します. 内部にはプログラムカウンタが内蔵されており, リセット入力により0値にクリアされます.

表7-6 execコンポーネント

	信号名		内容
	コンポーネント	回路全体	
入力	CLK_EX	←	第3相の実行ステージのクロック
	RESET_N	←	CPUのリセット信号 (負論理)
	OP_CODE	←	命令コード (4bit)
	REG_A	←	第1オペランドのレジスタRegAのデータ (16bit)
	REG_B	←	第2オペランドのレジスタRegBのデータ (16bit)
	OP_DATA	←	データ (アドレス) のオペランド (8bit)
	RAM_OUT	←	アドレスで選択されたRAMのデータ (16bit)
出力	P_COUNT	←	次のプログラムカウンタ (8bit)
	REG_IN	←	レジスタへ書き込むデータ (16bit)
	RAM_IN	←	RAMへ書き込むデータ (16bit)
	REG_WEN	←	レジスタへの書き込み許可信号
	RAM_WEN	←	RAMへの書き込み許可信号

5. ライトバック (WriteBack) ブロック

ライトバックブロックは, (a) reg_wb, (b) ram_wbの2つのVHDLコンポーネントに分けて記述されています.

(a) reg_wbコンポーネント

reg_wbコンポーネントの入出力を, 表7-7に示します.

この回路には, 8個のレジスタ本体が実装されており, デコードステージの出力である第1オペランドにより指定したレジスタに, 実行ステージの出力データREG_INの値が上書きされます. なお, この上書きを実行する場合にのみ, 書き込み許可信号REG_WENを1(High)に設定します.

表 7-7　reg_wb コンポーネント

	信号名		内 容
	コンポーネント	回路全体	
入 力	CLK_WB	←	第 4 相のライトバックステージのクロック
	RESET_N	←	CPU のリセット信号（負論理）
	N_REG	N_REG_A	レジスタ A のインデックス（3bit）
	REG_IN	←	レジスタへ書き込むデータ（16bit）
	REG_WEN	←	レジスタへの書き込み許可信号
出 力	REG_0～REG_7	←	8 個のレジスタの出力（16bit）

(b) ram_wb コンポーネント

ram_wb コンポーネントの入出力は，表 7-8 のようになっています．

表 7-8　ram_wb コンポーネント

	信号名		内 容
	コンポーネント	回路全体	
入 力	CLK_WB	←	第 4 相のライトバックステージのクロック
	RAM_ADDR	←	RAM のアドレス（3bit）
	RAM_IN	←	RAM へ書き込むデータ（16bit）
	RAM_WEN	←	RAM への書き込み許可信号
出 力	RAM_0～RAM_7	←	8 個の RAM の出力（16bit）
	IO64_OUT	←	メモリマップド I/O の出力データ（16bit）

この回路にはデータメモリ（RAM）本体が実装されており，デコードステージで指定されたアドレスの RAM や I/O に，実行ステージの出力データが上書きされます．なお，この上書きを実行する場合にのみ，書き込み許可信号 RAM_WEN を 1(High) とします．

先ほど述べたように，この例では簡略化のため，RAM の出力データ RAM_0～RAM_7 を並列に記述しています．このような構成では，RAM のサイズが増えたとき，VHDL の記述や配線の量が膨大になり，対応できなくなります．

この問題を回避するため，RAM を配列で表し，そのアドレスを配列のインデックスで指定する方法については，第 9 講で紹介します．

column　4相クロックによる回路の冗長性

図7-2に，本講で設計するCPUの全体構成を示しましたが，実はこの中に**冗長**な回路が含まれており，これを除去しても正常に動作します．ここでは，その点について補足説明します．

図7-3のタイムチャートに示したように，このCPUは**フェッチ**から**ライトバック**まで，位相がシフトした4相のクロックを使用しています．

例えば，クロックCLK_FTの立ち上がりでラッチされたfetch回路の出力PROM_OUTは，次の立ち上がりまでの4クロックの間，その値が保持されます．

デコードステージのdecode回路では，クロックのCLK_DCを用いて上記信号をさらに1クロック遅延させていますが，入力となるPROM_OUTは4クロックの間変化しないので，この回路を省略しexecへ直接接続しても問題は生じません．

それでは，なぜ無駄なdecode回路を挿入したのか？その根拠を示す必要がありますが，特に深い理由はありません．

デコードステージには，他にreg_dcやram_dcという回路があり，レジスタのインデックスやRAMのアドレスから対応するデータを読み出します．これらはクロックCLK_FTの立ち上がりで変化しますが，それらの仕様に統一したまでのことです．気になる場合は除去しても差し支えありません．

なお，最終の第10講で詳細に検討しますが，このCPUをベースに改良を加え，実質的に1命令を1クロックで実行する**パイプライン処理**を導入する場合は，それぞれのステージごとに位相を揃える必要があります．

その場合，このdecode回路は欠かせませんが，さらにライトバックステージに受け渡すレジスタのインデックスやRAMのアドレスの信号に，新たな**遅延回路**を挿入する必要があります．

7.3 CPU エミュレータの VHDL への移植

第3講では，本書の中で設計するCPUの動作を，C言語を用いて模擬する**CPU エミュレータ**を作成しました．

ここでは，それらのソースコードを，ハードウェア記述言語のVHDLに**移植**します．

C言語のソースコードの中で最も複雑で重要な部分は，図3-4の65行～126行であり，プログラムカウンタ（PC）に対応する機械語の命令コードを解読し，それぞれの命令コードごとに定められた演算を実行します．

これらの構造は図7-9の（a）に示すように，switch-case文により表現することができます．

一方CPUの回路では，これらの機能を実行ブロックのexecの中で記述しています．

VHDLの文法にはswitch-case文はないので，同図の（b）に示すように，それに等価なプロセス文のcase-whenを使用しています．

手続き型言語に分類されるCの場合，**順次処理**が基本になるので，ループの先頭でプログラムカウンタ（pc）に1を加算しておき，分岐命令の場合にはそのジャンプ先を上書きすることにより，対応していました．

一方のVHDLでは**同時処理**が基本であり，基本的に上書きはできません．このため，whenのそれぞれについて，個別にプログラムカウンタの変数（PC）を更新しています．

その他，代入文の扱いや信号の定義など，その表現方法は若干異なりますが，基本的には同じような処理をしています．

両者の記述例を対照させることにより，比較的簡単にそれらの相互関係が理解できると思います．

```
void main(void)
{
          ⋮
    pc = 0;
    flag_eq = 0;
    do{
        ir = rom(pc);
        pc++;
        switch(op_code(ir)){
                  ⋮
            case MOV  : reg[nRegA(ir)] = reg[nRegB(ir)];
                        break;
            case ADD  : reg[nRegA(ir)] = reg[nRegA(ir)]
                                     + reg[nRegB(ir)];
                        break;
                  ⋮
            default   : break;
        }
    }while(opcode(ir) != HLT);
}
```

(a)　C言語

```
-- アーキテクチャ（本体）
architecture RTL of exec is
begin
    process(CLK)
    begin
        if(CLK'event and CLK = '1') then
            case OP_CODE is
                when "0000" =>                  -- MOV
                    REG_IN <= REG_B;
                             ⋮
                    PC <= PC + 1;
                when "0001" =>                  -- ADD
                    REG_IN <= REG_A + REG_B;
                             ⋮
                    PC <= PC + 1;
                when others =>
                    null;
            end case;
        end if;
    end process;
    P_COUNT <= PC;
end RTL;
```

(b)　VHDL

図7-9　CPUエミュレータのVHDLへの移植（部分）

7.4 CPU 本体の設計（cpu15）

本節では，いよいよ CPU 本体の設計を開始します．

なお，プロジェクト名は cpu15 とします．

図 7-2 の全体構成で示したように，この CPU は 5 種類の回路ブロック，9 個のコンポーネントから構成されています．それぞれのコンポーネントについて，図中の入出力の信号名を参照しながら，単純に VHDL の記述に置き換えてゆきます．

なお，この図には 4 相クロックを発生させる clk_gen という回路ブロックが省略されているので，これも追加します．

CPU 本体の主要な入力は，基本クロック CLK とリセット信号 RESET_N ですが，それ以外には 16bit の I/O 入力（IO65_IN）と，I/O 出力（IO64_OUT）があります．

なお，fetch のコンポーネントには，先に示した数列の和（1＋2＋…＋10）を計算し，その結果を I/O の IO64_OUT に出力するプログラムを組み込んでいます．詳しくは次講で説明しますが，この I/O 出力にはその状態を目視で確認できるよう，評価ボードの単体 LED に接続することにします．

この CPU 回路が正常に動作すれば，これらの LED に，10 進数の 55 に相当する "0000000000110111" が表示されるはずです．

もちろん，他のプログラムを組み込んでも問題はありませんが，その動作を確認するための手段を別途用意する必要があります．

このようにして作成した CPU の VHDL コードを，図 7-10～7-16 に示します．前半では，本体の architecture 以降で使用する 8 種類のコンポーネント部品を定義し，後半ではこれらの入出力を，図 7-2 の信号名に従って相互に接続しています．なお，コンポーネント部品と回路全体の信号名が異なる場合については，赤字で示しています．

```
1  -- cpu15.vhd
2  library  IEEE;
3  use IEEE.std_logic_1164.all;
4  use IEEE.std_logic_unsigned.all;
5
6  -- 入出力の宣言
7  entity cpu15 is
8     port
9     (
10        CLK      : in std_logic;
11        RESET_N  : in std_logic;
12        IO65_IN  : in std_logic_vector(15 downto 0);
13        IO64_OUT : out std_logic_vector(15 downto 0)
14    );
15 end cpu15;
16
17 -- 回路の記述
18 architecture RTL of cpu15 is
19 -- clk_gen コンポーネントの宣言
20 component  clk_gen
21    port
22    (
23       CLK     : in std_logic;
24       CLK_FT  : out std_logic;
25       CLK_DC  : out std_logic;
26       CLK_EX  : out std_logic;
27       CLK_WB  : out std_logic
28    );
29 end component;
30
31 -- fetch コンポーネントの宣言
32 component  fetch
33    port
34    (
35       CLK_FT   : in std_logic;
36       P_COUNT  : in std_logic_vector(7 downto 0);
37       PROM_OUT : out std_logic_vector(14 downto 0)
38    );
39 end component;
40
41 -- decode コンポーネントの宣言
42 component  decode
43    port
44    (
45       CLK_DC   : in std_logic;
46       PROM_OUT : in std_logic_vector(14 downto 0);
47       OP_CODE  : out std_logic_vector(3 downto 0);
48       OP_DATA  : out std_logic_vector(7 downto 0)
49    );
50 end component;
```

図 7-10　CPU本体のソースコード（1/7）（cpu15.vhd）

紙面版

電脳会議

DENNOUKAIGI

一切無料

今が旬の情報を満載してお送りします！

『電脳会議』は、年6回の不定期刊行情報誌です。A4判・16頁オールカラーで、弊社発行の新刊・近刊書籍・雑誌を紹介しています。この『電脳会議』の特徴は、単なる本の紹介だけでなく、著者と編集者が協力し、その本の重点や狙いをわかりやすく説明していることです。現在200号に迫っている、出版界で評判の情報誌です。

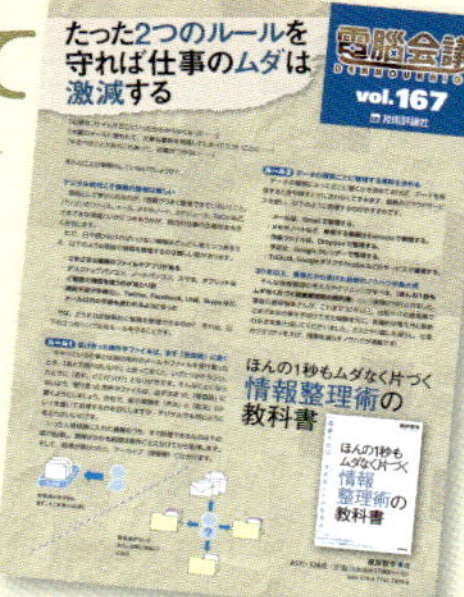

毎号、厳選ブックガイドもついてくる!!

『電脳会議』とは別に、1テーマごとにセレクトした優良図書を紹介するブックカタログ（A4判・4頁オールカラー）が2点同封されます。

ウェブ検索またはブラウザへのアドレス入力の
どちらかをご利用ください。
Google や Yahoo! のウェブサイトにある検索ボックスで、

電脳会議事務局　［検 索］

と検索してください。
または、Internet Explorer などのブラウザで、

https://gihyo.jp/site/inquiry/dennou

と入力してください。

「電脳会議」紙面版の送付は送料含め費用は
一切無料です。
そのため、購読者と電脳会議事務局との間
には、権利&義務関係は一切生じませんので、
予めご了承ください。

技術評論社　電脳会議事務局
〒162-0846　東京都新宿区市谷左内町21-13

```
51      -- reg_dc コンポーネントの宣言
52      component  reg_dc
53          port
54          (
55              CLK_DC     : in std_logic;
56              N_REG_IN   : in std_logic_vector(2 downto 0);
57              REG_0      : in std_logic_vector(15 downto 0);
58              REG_1      : in std_logic_vector(15 downto 0);
59              REG_2      : in std_logic_vector(15 downto 0);
60              REG_3      : in std_logic_vector(15 downto 0);
61              REG_4      : in std_logic_vector(15 downto 0);
62              REG_5      : in std_logic_vector(15 downto 0);
63              REG_6      : in std_logic_vector(15 downto 0);
64              REG_7      : in std_logic_vector(15 downto 0);
65              N_REG_OUT  : out std_logic_vector(2 downto 0);
66              REG_OUT    : out std_logic_vector(15 downto 0)
67          );
68      end component;
69
70      -- ram_dc コンポーネントの宣言
71      component  ram_dc
72          port
73          (
74              CLK_DC       : in std_logic;
75              RAM_AD_IN    : in std_logic_vector(7 downto 0);
76              RAM_0        : in std_logic_vector(15 downto 0);
77              RAM_1        : in std_logic_vector(15 downto 0);
78              RAM_2        : in std_logic_vector(15 downto 0);
79              RAM_3        : in std_logic_vector(15 downto 0);
80              RAM_4        : in std_logic_vector(15 downto 0);
81              RAM_5        : in std_logic_vector(15 downto 0);
82              RAM_6        : in std_logic_vector(15 downto 0);
83              RAM_7        : in std_logic_vector(15 downto 0);
84              IO65_IN      : in std_logic_vector(15 downto 0);
85              RAM_AD_OUT   : out std_logic_vector(7 downto 0);
86              RAM_OUT      : out std_logic_vector(15 downto 0)
87          );
88      end component;
89
90      -- exec コンポーネントの宣言
91      component  exec
92          port
93          (
94              CLK_EX    : in std_logic;
95              RESET_N   : in std_logic;
96              OP_CODE   : in std_logic_vector(3 downto 0);
97              REG_A     : in std_logic_vector(15 downto 0);
98              REG_B     : in std_logic_vector(15 downto 0);
99              OP_DATA   : in std_logic_vector(7 downto 0);
100             RAM_OUT   : in std_logic_vector(15 downto 0);
```

図 7-11　CPU 本体のソースコード（2/7）（cpu15.vhd）

```
101           P_COUNT  : out std_logic_vector(7 downto 0);
102           REG_IN   : out std_logic_vector(15 downto 0);
103           RAM_IN   : out std_logic_vector(15 downto 0);
104           REG_WEN  : out std_logic;
105           RAM_WEN  : out std_logic
106       );
107   end component;
108
109   -- reg_wb コンポーネントの宣言
110   component  reg_wb
111       port
112       (
113           CLK_WB   : in std_logic;
114           RESET_N  : in std_logic;
115           N_REG    : in std_logic_vector(2 downto 0);
116           REG_IN   : in std_logic_vector(15 downto 0);
117           REG_WEN  : in std_logic;
118           REG_0    : out std_logic_vector(15 downto 0);
119           REG_1    : out std_logic_vector(15 downto 0);
120           REG_2    : out std_logic_vector(15 downto 0);
121           REG_3    : out std_logic_vector(15 downto 0);
122           REG_4    : out std_logic_vector(15 downto 0);
123           REG_5    : out std_logic_vector(15 downto 0);
124           REG_6    : out std_logic_vector(15 downto 0);
125           REG_7    : out std_logic_vector(15 downto 0)
126       );
127   end component;
128
129   -- ram_wbコンポーネントの宣言
130   component  ram_wb
131       port
132       (
133           CLK_WB   : in std_logic;
134           RAM_ADDR : in std_logic_vector(7 downto 0);
135           RAM_IN   : in std_logic_vector(15 downto 0);
136           RAM_WEN  : in std_logic;
137           RAM_0    : out std_logic_vector(15 downto 0);
138           RAM_1    : out std_logic_vector(15 downto 0);
139           RAM_2    : out std_logic_vector(15 downto 0);
140           RAM_3    : out std_logic_vector(15 downto 0);
141           RAM_4    : out std_logic_vector(15 downto 0);
142           RAM_5    : out std_logic_vector(15 downto 0);
143           RAM_6    : out std_logic_vector(15 downto 0);
144           RAM_7    : out std_logic_vector(15 downto 0);
145           IO64_OUT : out std_logic_vector(15 downto 0)
146       );
147   end component;
148
149
150
```

図 7-12　CPU 本体のソースコード（3/7）（cpu15.vhd）

```
151  -- 内部信号の定義
152  signal CLK_FT    : std_logic;
153  signal CLK_DC    : std_logic;
154  signal CLK_EX    : std_logic;
155  signal CLK_WB    : std_logic;
156  signal P_COUNT   : std_logic_vector(7 downto 0);
157  signal PROM_OUT  : std_logic_vector(14 downto 0);
158  signal OP_CODE   : std_logic_vector(3 downto 0);
159  signal OP_DATA   : std_logic_vector(7 downto 0);
160  signal N_REG_A   : std_logic_vector(2 downto 0);
161  signal N_REG_B   : std_logic_vector(2 downto 0);
162  signal REG_IN    : std_logic_vector(15 downto 0);
163  signal REG_A     : std_logic_vector(15 downto 0);
164  signal REG_B     : std_logic_vector(15 downto 0);
165  signal REG_WEN   : std_logic;
166  signal REG_0     : std_logic_vector(15 downto 0);
167  signal REG_1     : std_logic_vector(15 downto 0);
168  signal REG_2     : std_logic_vector(15 downto 0);
169  signal REG_3     : std_logic_vector(15 downto 0);
170  signal REG_4     : std_logic_vector(15 downto 0);
171  signal REG_5     : std_logic_vector(15 downto 0);
172  signal REG_6     : std_logic_vector(15 downto 0);
173  signal REG_7     : std_logic_vector(15 downto 0);
174  signal RAM_ADDR  : std_logic_vector(7 downto 0);
175  signal RAM_IN    : std_logic_vector(15 downto 0);
176  signal RAM_OUT   : std_logic_vector(15 downto 0);
177  signal RAM_WEN   : std_logic;
178  signal RAM_0     : std_logic_vector(15 downto 0);
179  signal RAM_1     : std_logic_vector(15 downto 0);
180  signal RAM_2     : std_logic_vector(15 downto 0);
181  signal RAM_3     : std_logic_vector(15 downto 0);
182  signal RAM_4     : std_logic_vector(15 downto 0);
183  signal RAM_5     : std_logic_vector(15 downto 0);
184  signal RAM_6     : std_logic_vector(15 downto 0);
185  signal RAM_7     : std_logic_vector(15 downto 0);
186
187  begin
188
189  -- clk_gen の実体化と入出力の相互接続
190      C1 : clk_gen
191          port map(
192              CLK => CLK,
193              CLK_FT => CLK_FT,
194              CLK_DC => CLK_DC,
195              CLK_EX => CLK_EX,
196              CLK_WB => CLK_WB
197          );
198
199
200
```


図 7-13　CPU本体のソースコード（4/7）（cpu15.vhd）

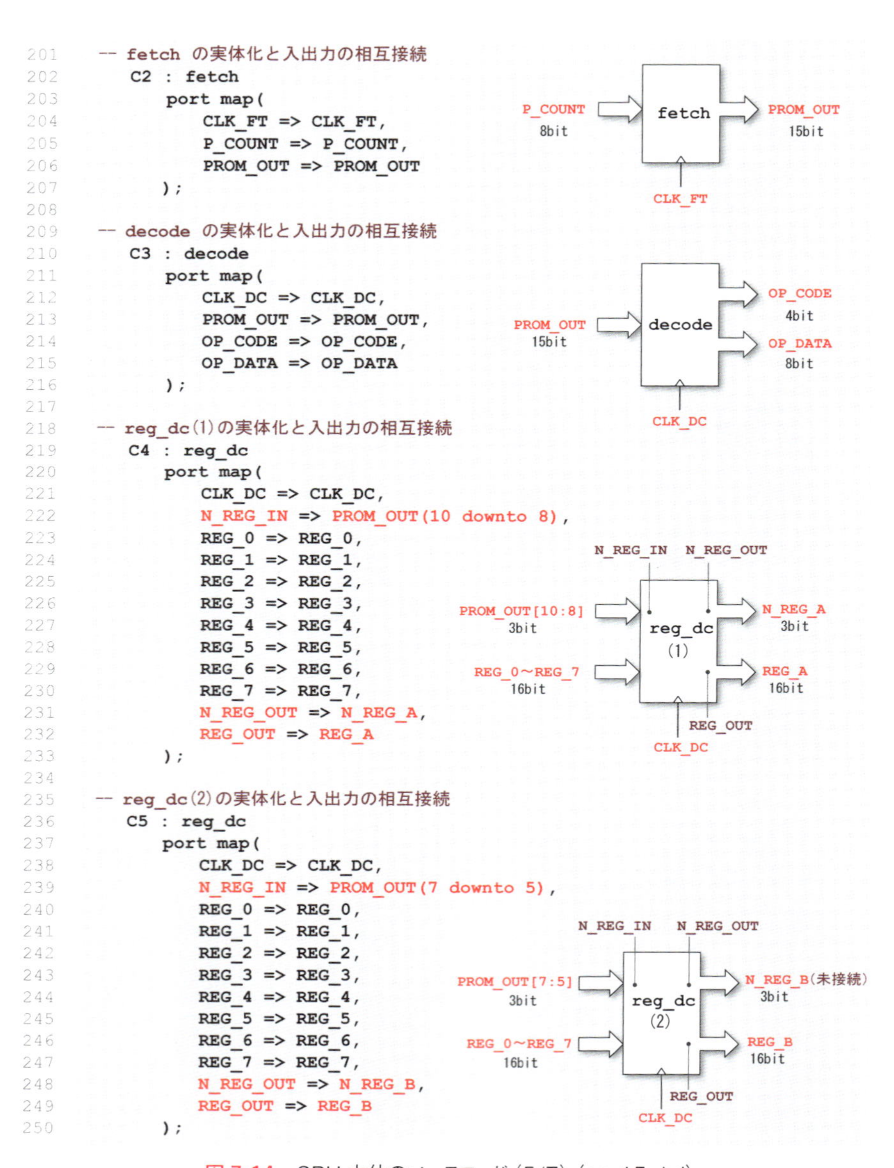

```
201    -- fetch の実体化と入出力の相互接続
202      C2 : fetch
203          port map(
204              CLK_FT => CLK_FT,
205              P_COUNT => P_COUNT,
206              PROM_OUT => PROM_OUT
207          );
208
209    -- decode の実体化と入出力の相互接続
210      C3 : decode
211          port map(
212              CLK_DC => CLK_DC,
213              PROM_OUT => PROM_OUT,
214              OP_CODE => OP_CODE,
215              OP_DATA => OP_DATA
216          );
217
218    -- reg_dc(1)の実体化と入出力の相互接続
219      C4 : reg_dc
220          port map(
221              CLK_DC => CLK_DC,
222              N_REG_IN => PROM_OUT(10 downto 8),
223              REG_0 => REG_0,
224              REG_1 => REG_1,
225              REG_2 => REG_2,
226              REG_3 => REG_3,
227              REG_4 => REG_4,
228              REG_5 => REG_5,
229              REG_6 => REG_6,
230              REG_7 => REG_7,
231              N_REG_OUT => N_REG_A,
232              REG_OUT => REG_A
233          );
234
235    -- reg_dc(2)の実体化と入出力の相互接続
236      C5 : reg_dc
237          port map(
238              CLK_DC => CLK_DC,
239              N_REG_IN => PROM_OUT(7 downto 5),
240              REG_0 => REG_0,
241              REG_1 => REG_1,
242              REG_2 => REG_2,
243              REG_3 => REG_3,
244              REG_4 => REG_4,
245              REG_5 => REG_5,
246              REG_6 => REG_6,
247              REG_7 => REG_7,
248              N_REG_OUT => N_REG_B,
249              REG_OUT => REG_B
250          );
```


図 7-14　CPU本体のソースコード（5/7）（cpu15.vhd）

```
251  -- ram_dc の実体化と入出力の相互接続
252      C6  : ram_dc
253          port map(
254              CLK_DC => CLK_DC,
255              RAM_AD_IN => PROM_OUT(7 downto 0),
256              RAM_0 => RAM_0,
257              RAM_1 => RAM_1,
258              RAM_2 => RAM_2,
259              RAM_3 => RAM_3,
260              RAM_4 => RAM_4,
261              RAM_5 => RAM_5,
262              RAM_6 => RAM_6,
263              RAM_7 => RAM_7,
264              IO65_IN => IO65_IN,
265              RAM_AD_OUT => RAM_ADDR,
266              RAM_OUT => RAM_OUT
267          );
268
269  -- exec の実体化と入出力の相互接続
270      C7  : exec
271          port map(
272              CLK_EX => CLK_EX,
273              RESET_N => RESET_N,
274              OP_CODE => OP_CODE,
275              REG_A => REG_A,
276              REG_B => REG_B,
277              OP_DATA => OP_DATA,
278              RAM_OUT => RAM_OUT,
279              P_COUNT => P_COUNT,
280              REG_IN => REG_IN,
281              RAM_IN => RAM_IN,
282              REG_WEN => REG_WEN,
283              RAM_WEN => RAM_WEN
284          );
285
286  -- reg_wb の実体化と入出力の相互接続
287      C8  : reg_wb
288          port map(
289              CLK_WB => CLK_WB,
290              RESET_N => RESET_N,
291              N_REG => N_REG_A,
292              REG_IN => REG_IN,
293              REG_WEN => REG_WEN,
294              REG_0 => REG_0,
295              REG_1 => REG_1,
296              REG_2 => REG_2,
297              REG_3 => REG_3,
298              REG_4 => REG_4,
299              REG_5 => REG_5,
300              REG_6 => REG_6,
```

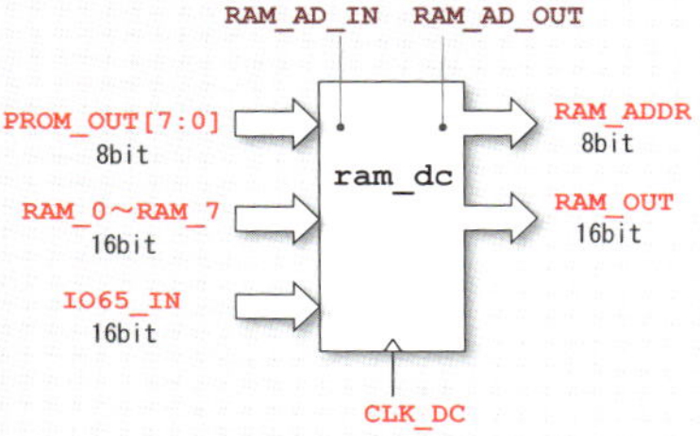

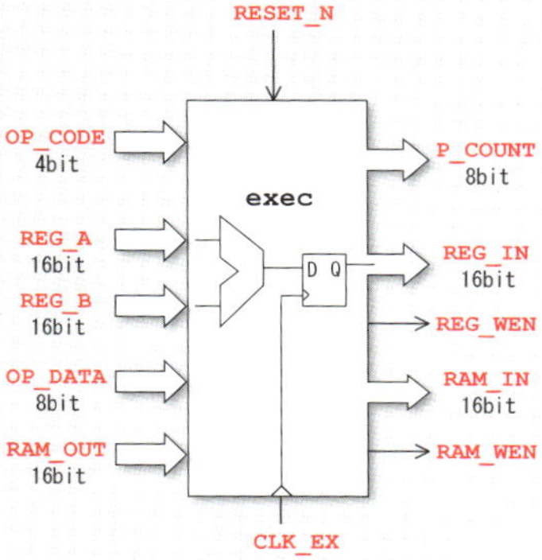

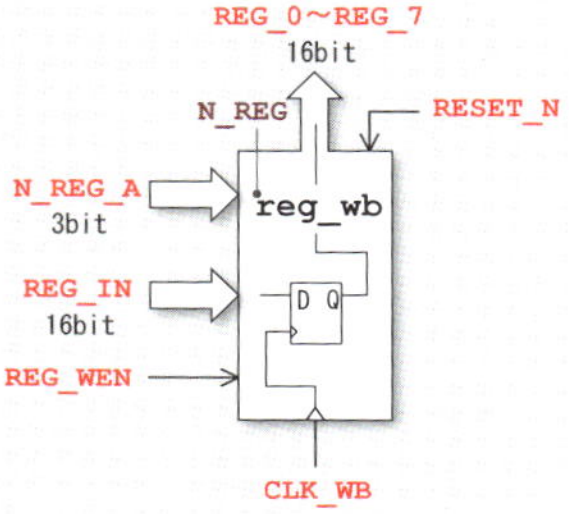

図 7-15　CPU 本体のソースコード（6/7（cpu15.vhd））

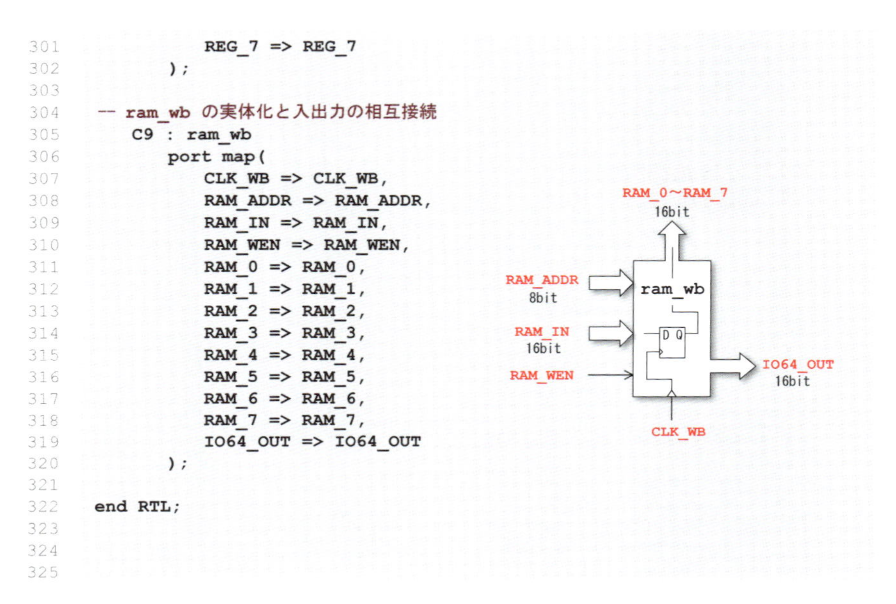

```
301            REG_7 => REG_7
302        );
303
304  -- ram_wb の実体化と入出力の相互接続
305      C9 : ram_wb
306        port map(
307            CLK_WB => CLK_WB,
308            RAM_ADDR => RAM_ADDR,
309            RAM_IN => RAM_IN,
310            RAM_WEN => RAM_WEN,
311            RAM_0 => RAM_0,
312            RAM_1 => RAM_1,
313            RAM_2 => RAM_2,
314            RAM_3 => RAM_3,
315            RAM_4 => RAM_4,
316            RAM_5 => RAM_5,
317            RAM_6 => RAM_6,
318            RAM_7 => RAM_7,
319            IO64_OUT => IO64_OUT
320        );
321
322  end RTL;
323
324
325
```


図7-16　CPU本体のソースコード（7/7）（cpu15.vhd）

以上が，コンポーネント部品を除くCPU本体のソースコードです．

20行～147行で定義した個々のコンポーネントの中身については，この後具体的に示しますが，190行～320行でそれらを実体化し，152行～185行で定義した内部信号等を用いて配線作業を行っています．

ソースコード自体は長くなりますが，その中に難しい内容の記述は含まれておらず，図7-2の全体構成を機械的にVHDLに置き換えたことが分かると思います．

なお，264行ではコンポーネントのram_dcにおいて，I/O入力であるIO65_INの接続関係を記述しています．次の第8講では，これらの入力にスイッチを接続して，プログラム内でその値を活用する応用例を示します．

トップダウン手法かボトムアップ手法か？

本書は，最も簡単なCPUを**トップダウン手法**により設計するという方針の基に書き進めてきました．トップダウンと称する理由は，第3講で制作したC言語によるシミュレータのソースコードを，設計の出発点としているからです．そのため，最下層のゲートレベルの設計は極力回避し，高度な数値計算を含むライブラリを活用する方針にこだわってきました．

しかし現実はそれほど単純ではなく，ときにトップダウンの方針だけでは限界が見えるのも事実です．例えば，FPGA内蔵のメモリ等を組み込むとき，アドレスの与え方や，書き込みを許可する制御信号等について，詳細なタイミングを含む基本的な知識が必要になる場合があります．

このように，トップダウンの方針で，ある壁に突き当ったとき，具体的な回路に関する**ボトムアップ**的な基礎知識や経験がヒントとなり，その間に細い道が繋がって，壁を突き破ることがあります．このため，第4講にアウトラインではありますが，論理回路の基礎的な項目を追加したわけです．

筆者の考えでは，トップダウン的な構想力と，ボトムアップの深く幅広い基礎知識の2つを，高い次元で融合させるのが理想的な姿であると感じています．それが現実のものとなれば，トップダウンのアプローチをとった場合でも，常に複合的な視点で対象を捉えることが可能となり，中間層の回路構成や最下層の具体的な回路の動作イメージが透けて見えてくることでしょう．

7.5 各コンポーネントの設計

本節では，CPU本体で読み込んだ各コンポーネントの設計例を示します．

7.5.1 clk_gen（4相クロックの生成）

コンポーネントclk_genのソースコードを図7-17に示します．

```
-- clk_gen.vhd
library IEEE;
use IEEE.std_logic_1164.all;
use IEEE.std_logic_unsigned.all;

-- 入出力の宣言
entity clk_gen is
    port
    (
        CLK     : in std_logic;
        CLK_FT  : out std_logic;
        CLK_DC  : out std_logic;
        CLK_EX  : out std_logic;
        CLK_WB  : out std_logic
    );
end clk_gen;
-- 回路の記述
architecture RTL of clk_gen is
signal COUNT : std_logic_vector(1 downto 0) := "00";
begin
    process(CLK)
    begin
        if(CLK'event and CLK = '1') then
            case COUNT is
                when "00" =>
                    CLK_FT <= '1';
                    CLK_DC <= '0';
                    CLK_EX <= '0';
                    CLK_WB <= '0';
                when "01" =>
                    CLK_FT <= '0';
                    CLK_DC <= '1';
                    CLK_EX <= '0';
                    CLK_WB <= '0';
                when "10" =>
                    CLK_FT <= '0';
                    CLK_DC <= '0';
                    CLK_EX <= '1';
                    CLK_WB <= '0';
                when "11" =>
                    CLK_FT <= '0';
                    CLK_DC <= '0';
                    CLK_EX <= '0';
                    CLK_WB <= '1';
                when others =>
                    null;
            end case;
            COUNT <= COUNT + 1;
        end if;
    end process;
end RTL;
```

信号のCOUNTを“00”に初期化

フェッチステージ

デコードステージ

実行ステージ

ライトバックステージ

図 7-17　clk_gen コンポーネントのソースコード（clk_gen.vhd）

この回路では，基本クロックCLKを分周して，図7-3のタイムチャートに示した4相のクロックを生成しています．48行でCLKをクロックとする2bitの4進カウンタを構成し，変数COUNTの4つの状態に即して，それぞれのクロックの状態を設定しています．25行～44行の記述から，互いに重なることのない4相クロックになっていることが分かります．

19行の信号COUNTの定義では，初期状態として値"00"を設定しています．この初期化を行わない場合，初期状態が不確定となり，シミュレーション時にエラーメッセージが表示されるので，注意が必要です．

なお，2bitの変数COUNTをstd_logic_vector型で定義したため，0,1以外に，ハイインピーダンス(Z)をはじめとする7つの状態をとり得ます．このため，変数COUNTが"00","01","10","11"以外の状態になることがあり，45行のwhen othersの1行が必要になります．ここで，nullは何もしないことを表しています．

7.5.2 fetch（PROMからの機械語の読み出し）

コンポーネントfetchのソースコードを図7-18に示します．

先に述べたように，この回路では，プログラムカウンタ(P_COUNT)をインデックスとするプログラムメモリ(PROM)を配列MEMで表し，その出力である機械語をフェッチのクロックCLK_FTでラッチし，出力します．

そのため，19行で15bitのWORD型を定義し，21行で16(4bit)の要素数をもつ配列MEMORYを宣言しています．

プログラムの機械語は，配列MEMの初期値として25～40行で設定します．ここでは，最初の16ステップのみを記述しており，それ以外はすべて0に初期化されます．機械語"00…00"に対応するアセンブリ言語はmov Reg0, Reg0ですが，これを実行しても何も変化しないので，No Operation(nop)命令と解釈することができます．なお，配列MEMのインデックスは0～15のinteger型で定義されています．そこで46行では，std_logic_vector型の4bit信号P_COUNTを，型変換関数のconv_integer()を用いて，integer型に変換しています．さらに，この型変換関数を使用するため，4行目でパッケージのstd_logic_unsignedを読み込んでいます．

```
1   -- fetch.vhd
2   library IEEE;
3   use IEEE.std_logic_1164.all;
4   use IEEE.std_logic_unsigned.all;
5
6   -- 入出力の宣言
7   entity fetch is
8       port
9       (
10          CLK_FT   : in std_logic;
11          P_COUNT  : in std_logic_vector(7 downto 0);
12          PROM_OUT : out std_logic_vector(14 downto 0)
13      );
14  end fetch;
15
16  -- 回路の記述
17  architecture RTL of fetch is
18
19  subtype WORD is std_logic_vector(14 downto 0);
20
21  type MEMORY is array (0 to 15) of WORD;
22
23  constant MEM : MEMORY :=
24          (
25          "100100000000000",      -- ldh Reg0, 0
26          "100000000000000",      -- ldl Reg0, 0
27          "100100100000000",      -- ldh Reg1, 0
28          "100000100000001",      -- ldl Reg1, 1
29          "100101000000000",      -- ldh Reg2, 0
30          "100001000000000",      -- ldl Reg2, 0
31          "100101100000000",      -- ldh Reg3, 0
32          "100001100001010",      -- ldl Reg3, 10
33          "000101000100000",      -- add Reg2, Reg1
34          "000100001000000",      -- add Reg0, Reg2
35          "111000001000000",      -- st Reg0, 64(40h)
36          "101001001100000",      -- cmp Reg2, Reg3
37          "101100000001110",      -- je 14(Eh)
38          "110000000001000",      -- jmp 8(8h)
39          "111100000000000",      -- hlt
40          "000000000000000"       -- nop
41          );                        (mov Reg0, Reg0)
42  begin
43      process(CLK_FT)
44      begin
45          if(CLK_FT'event and CLK_FT = '1') then
46              PROM_OUT <= MEM(conv_integer(P_COUNT(3 downto 0)));
47          end if;
48      end process;
49  end RTL;
50
```

注記（図中の吹き出し）：
- 4行目：型変換関数の conv_integer を使用するため
- 19行目：15bit整数の新たな型 WORD の定義
- 21行目：要素数16の配列型の宣言
- 23行目：定数配列 MEM の宣言と初期化
- 25～40行目：1+2+…+10 = 55を計算する機械語とアセンブリ言語
- 40行目：要注意（,は不要）
- 46行目：4bitアドレスに対応する15bitの配列の値を返す
- conv_integer：型変換関数

図 7-18　fetchコンポーネントのソースコード（fetch.vhd）

7.5.3 decode（命令コード等のラッチ）

コンポーネントdecodeのソースコードを図7-19に示します．

この回路では，フェッチからの入力をデコードステージのクロックCLK_DCを用いて，さらに1クロック分遅延させ，4bitの命令コードOP_CODEと，8bitのデータOP_DATAとして実行ステージに渡しています．

```
1   -- decode.vhd
2   library IEEE;
3   use IEEE.std_logic_1164.all;
4
5   -- 入出力の宣言
6   entity decode is
7       port
8       (
9           CLK_DC   : in std_logic;
10          PROM_OUT : in std_logic_vector(14 downto 0);
11          OP_CODE  : out std_logic_vector(3 downto 0);
12          OP_DATA  : out std_logic_vector(7 downto 0)
13      );
14  end decode;
15
16  -- 回路の記述
17  architecture RTL of decode is
18
19  begin
20      process(CLK_DC)
21      begin
22          if(CLK_DC'event and CLK_DC = '1') then
23              OP_CODE <= PROM_OUT(14 downto 11);
24              OP_DATA <= PROM_OUT(7 downto 0);
25          end if;
26      end process;
27  end RTL;
28
```

図7-19 decodeコンポーネントのソースコード（decode.vhd）

7.5.4 reg_dc（レジスタの読み出し）

コンポーネントreg_dcのソースコードを図7-20に示します．

31～41行で，レジスタのインデックスを表す信号N_REG_INの値に応じて，8個あるレジスタの1つを選択し，出力信号REG_OUTに代入しています．

```
1  -- reg_dc.vhd
2  library IEEE;
3  use IEEE.std_logic_1164.all;
4
5  -- 入出力の宣言
6  entity reg_dc is
7      port
8      (
9          CLK_DC     : in std_logic;
10         N_REG_IN   : in std_logic_vector(2 downto 0);
11         REG_0      : in std_logic_vector(15 downto 0);
12         REG_1      : in std_logic_vector(15 downto 0);
13         REG_2      : in std_logic_vector(15 downto 0);
14         REG_3      : in std_logic_vector(15 downto 0);
15         REG_4      : in std_logic_vector(15 downto 0);
16         REG_5      : in std_logic_vector(15 downto 0);
17         REG_6      : in std_logic_vector(15 downto 0);
18         REG_7      : in std_logic_vector(15 downto 0);
19         N_REG_OUT  : out std_logic_vector(2 downto 0);
20         REG_OUT    : out std_logic_vector(15 downto 0)
21     );
22 end reg_dc;
23
24 -- 回路の記述
25 architecture RTL of reg_dc is
26
27 begin
28     process(CLK_DC)
29     begin
30         if(CLK_DC'event and CLK_DC = '1') then
31             case N_REG_IN is
32                 when "000"  => REG_OUT <= REG_0;
33                 when "001"  => REG_OUT <= REG_1;
34                 when "010"  => REG_OUT <= REG_2;
35                 when "011"  => REG_OUT <= REG_3;
36                 when "100"  => REG_OUT <= REG_4;
37                 when "101"  => REG_OUT <= REG_5;
38                 when "110"  => REG_OUT <= REG_6;
39                 when "111"  => REG_OUT <= REG_7;
40                 when others => null;
41             end case;
42
43             N_REG_OUT <= N_REG_IN;
44
45         end if;
46     end process;
47 end RTL;
48
49
50
```

図 7-20 reg_dc コンポーネントのソースコード（reg_dc.vhd）

7.5.5 ram_dc（RAMの読み出し）

図7-21に，RAMのコンポーネントram_dcのソースコードを示します．

この設計では，回路のシンプルさに徹するため，あえてレジスタと同じ構成を採用しています．32～43行で，アドレスの信号RAM_ADDR_INを解析し，8ワードのRAM，あるいはIO65_INに該当する場合はその値を読み出し，出力信号RAM_OUTに代入します．

先に述べたように，std_logic_vector型は，0,1，ハイインピーダンスを含む9つの状態をとり得るため，when othersの一行が必要になります．なお，この行には何もしないnullが指定されているので，該当するアドレスがない場合は，それまでの状態を保持します．例えば，値0を返したい場合は，

RAM_OUT < = (others = > ’0’);

の一文を追加します．

一般にメモリはレジスタと異なり，基本的に2つ以上のアドレスに同時アクセスすることはないので，回路構成を大幅に簡略化することが可能です．さらに，メモリの容量はレジスタに比べ桁外れに大きくなるので，一般には配列を用いて記述します．

フェッチステージのfetchコンポーネントにも，この配列を使用していましたが，読み出し専用のROMのため，その回路構成は比較的単純でした．

しかし，RAMには読み出しと書き込みの2つのモードがあり，図7-2に示したブロック図とは異なり，その出力は1つのアドレスにより選択された16bitの信号に束ねられています．

また配列を用いる場合，その実体はライトバックステージに実装することになりますが，この後の第9講の図9-21に示すように，1つの回路コンポーネントに2つのクロックを入力することになり，すべてのコンポーネントがそれぞれのフェーズのクロックで動作するという基本方針に反することになります．

このため，シンプルさを追求する本講での導入は見送り，より実用的な回路設計を目指す第9講で解説することにします．そこでは，配列を用いてRAM容量を6bitの64ワードに拡張した設計例を紹介します．

```
1   -- ram_dc.vhd
2   library IEEE;
3   use IEEE.std_logic_1164.all;
4
5   -- 入出力の宣言
6   entity ram_dc is
7       port
8       (
9           CLK_DC     : in std_logic;
10          RAM_AD_IN  : in std_logic_vector(7 downto 0);
11          RAM_0      : in std_logic_vector(15 downto 0);
12          RAM_1      : in std_logic_vector(15 downto 0);
13          RAM_2      : in std_logic_vector(15 downto 0);
14          RAM_3      : in std_logic_vector(15 downto 0);
15          RAM_4      : in std_logic_vector(15 downto 0);
16          RAM_5      : in std_logic_vector(15 downto 0);
17          RAM_6      : in std_logic_vector(15 downto 0);
18          RAM_7      : in std_logic_vector(15 downto 0);
19          IO65_IN    : in std_logic_vector(15 downto 0);
20          RAM_AD_OUT : out std_logic_vector(7 downto 0);
21          RAM_OUT    : out std_logic_vector(15 downto 0)
22      );
23  end ram_dc;
24
25  -- 回路の記述
26  architecture RTL of ram_dc is
27
28  begin
29      process(CLK_DC)
30      begin
31          if(CLK_DC'event and CLK_DC = '1') then
32              case RAM_AD_IN is
33                  when "00000000" => RAM_OUT <= RAM_0;
34                  when "00000001" => RAM_OUT <= RAM_1;
35                  when "00000010" => RAM_OUT <= RAM_2;
36                  when "00000011" => RAM_OUT <= RAM_3;
37                  when "00000100" => RAM_OUT <= RAM_4;
38                  when "00000101" => RAM_OUT <= RAM_5;
39                  when "00000110" => RAM_OUT <= RAM_6;
40                  when "00000111" => RAM_OUT <= RAM_7;
41                  when "01000001" => RAM_OUT <= IO65_IN;
42                  when others     => null;
43              end case;
44          end if;
45      end process;
46
47      RAM_AD_OUT <= RAM_AD_IN;
48
49  end RTL;
50
```

図 7-21　ram_dc コンポーネントのソースコード（ram_dc.vhd）

7.5.6 exec（ALU 等を用いた実行）

コンポーネント exec のソースコードを図 7-22～図 7-24 に示します.

このコンポーネントは，この CPU の中で最も重要で最大のコンポーネントであり，図 7-9 で示した手順に沿って，第 3 講で制作した CPU エミュレータを VHDL に変換しています.

36～39 行では，リセット入力 RESET_N により次のプログラムカウンタ PC の値を 0 値にクリアして出力します.

40～128 行で，4bit の命令コード OP_CODE の内容に応じ，レジスタ間の演算や，メモリとレジスタ間のデータ転送，プログラムカウンタの制御等を行っています.

例えば 41～45 行では，MOV 命令を実行するため，第 2 オペランドの REG_B の値を，第 1 オペランドの REG_A に上書きし，レジスタへの書き込みを許可する信号 REG_WEN を 1 に設定しています．この場合，プログラムカウンタを更新するため，現在の値 PC に 1 を加算して出力します.

66～80 行では，シフト命令を実行するため，第 1 オペランドのレジスタ REG_A から，対応する bit 列を抽出し，他に必要なビット値を連結して，ライトバックステージに出力しています.

109～112 行では，ジャンプ命令を実行するため，下位 8bit のオペランドで指定されたアドレス値を，次のプログラムカウンタ PC に直接代入しています.

113～117 行の LD 命令では，指定されたアドレスの RAM の値をレジスタに上書きし，118～122 行の ST 命令では，レジスタの値を指定されたアドレスの RAM に書き込んでいます.

CPU エミュレータの記述例と対照させることにより，比較的簡単にそれらの変換規則が理解できると思います.

```
1   -- exec.vhd
2   library IEEE;
3   use IEEE.std_logic_1164.all;
4   use IEEE.std_logic_unsigned.all;
5
6   -- 入出力の宣言
7   entity exec is
8       port
9       (
10          CLK_EX    : in std_logic;
11          RESET_N   : in std_logic;
12          OP_CODE   : in std_logic_vector(3 downto 0);
13          REG_A     : in std_logic_vector(15 downto 0);
14          REG_B     : in std_logic_vector(15 downto 0);
15          OP_DATA   : in std_logic_vector(7 downto 0);
16          RAM_OUT   : in std_logic_vector(15 downto 0);
17          P_COUNT   : out std_logic_vector(7 downto 0);
18          REG_IN    : out std_logic_vector(15 downto 0);
19          RAM_IN    : out std_logic_vector(15 downto 0);
20          REG_WEN   : out std_logic;
21          RAM_WEN   : out std_logic
22      );
23  end exec;
24
25  -- 回路の記述
26  architecture RTL of exec is
27
28  -- 内部信号の定義
29  signal  PC       : std_logic_vector(7 downto 0) := "00000000";
30  signal  CMP_FLAG : std_logic := '0';
31
32  begin
33      process(CLK_EX)
34      begin
35          if(CLK_EX'event and CLK_EX = '1') then
36              if(RESET_N = '0') then
37                  PC <= "00000000";
38                  CMP_FLAG <= '0';
39              else
40                  case OP_CODE is
41                      when "0000" =>              -- MOV
42                          REG_IN <= REG_B;
43                          REG_WEN <= '1';
44                          RAM_WEN <= '0';
45                          PC <= PC + 1;
46                      when "0001" =>              -- ADD
47                          REG_IN <= REG_A + REG_B;
48                          REG_WEN <= '1';
49                          RAM_WEN <= '0';
50                          PC <= PC + 1;
```

信号のPCを"00000000"に初期化

信号のCMP_FLAGを'0'に初期化

図7-22　execコンポーネントのソースコード（1/3）（exec.vhd）

```
51          when "0010" =>                  -- SUB
52              REG_IN <= REG_A - REG_B;
53              REG_WEN <= '1';
54              RAM_WEN <= '0';
55              PC <= PC + 1;
56          when "0011" =>                  -- AND
57              REG_IN <= REG_A and REG_B;
58              REG_WEN <= '1';
59              RAM_WEN <= '0';
60              PC <= PC + 1;
61          when "0100" =>                  -- OR
62              REG_IN <= REG_A or REG_B;
63              REG_WEN <= '1';
64              RAM_WEN <= '0';
65              PC <= PC + 1;
66          when "0101" =>                  -- SL
67              REG_IN <= REG_A(14 downto 0) & '0';
68              REG_WEN <= '1';
69              RAM_WEN <= '0';
70              PC <= PC + 1;
71          when "0110" =>                  -- SR
72              REG_IN <= '0' & REG_A(15 downto 1);
73              REG_WEN <= '1';
74              RAM_WEN <= '0';
75              PC <= PC + 1;
76          when "0111" =>                  -- SRA
77              REG_IN <= REG_A(15) & REG_A(15 downto 1);
78              REG_WEN <= '1';
79              RAM_WEN <= '0';
80              PC <= PC + 1;
81          when "1000" =>                  -- LDL
82              REG_IN <= REG_A(15 downto 8) & OP_DATA;
83              REG_WEN <= '1';
84              RAM_WEN <= '0';
85              PC <= PC + 1;
86          when "1001" =>                  -- LDH
87              REG_IN <= OP_DATA & REG_A(7 downto 0);
88              REG_WEN <= '1';
89              RAM_WEN <= '0';
90              PC <= PC + 1;
91          when "1010" =>                  -- CMP
92              if(REG_A = REG_B) then
93                  CMP_FLAG <= '1';
94              else
95                  CMP_FLAG <= '0';
96              end if;
97              REG_WEN <= '0';
98              RAM_WEN <= '0';
99              PC <= PC + 1;
100
```

図 7-23　exec コンポーネントのソースコード（2/3）（exec.vhd）

```
101                     when "1011" =>                  -- JE
102                         if(CMP_FLAG = '1') then
103                             PC <= OP_DATA;
104                         else
105                             PC <= PC + 1;
106                         end if;
107                         REG_WEN <= '0';
108                         RAM_WEN <= '0';
109                     when "1100" =>                  -- JMP
110                         REG_WEN <= '0';
111                         RAM_WEN <= '0';
112                         PC <= OP_DATA;
113                     when "1101" =>                  -- LD
114                         REG_IN <= RAM_OUT;
115                         REG_WEN <= '1';
116                         RAM_WEN <= '0';
117                         PC <= PC + 1;
118                     when "1110" =>                  -- ST
119                         RAM_IN <= REG_A;
120                         REG_WEN <= '0';
121                         RAM_WEN <= '1';
122                         PC <= PC + 1;
123                     when "1111" =>                  -- HLT
124                         REG_WEN <= '0';
125                         RAM_WEN <= '0';
126                     when others =>
127                         null;                       -- 何もしない
128                 end case;
129             end if;
130         end if;
131     end process;
132 
133     P_COUNT <= PC;
134 
135 end RTL;
```

図 7-24　exec コンポーネントのソースコード（3/3）（exec.vhd）

7.5.7　reg_wb（レジスタへの書き込み）

コンポーネント reg_wb のソースコードを図 7-25～図 7-26 に示します．

この回路には，8 個のレジスタ本体が実装されており，デコードステージで指定された第 1 オペランドのレジスタに，実行ステージの出力データ REG_IN の値が上書きされます．なお 31～39 行には，リセット入力によりすべてのレジスタの値を 0 にクリアする記述を追加しています．

```
-- reg_wb.vhd
library IEEE;
use IEEE.std_logic_1164.all;

-- 入出力の宣言
entity reg_wb is
    port
    (
        CLK_WB   : in std_logic;
        RESET_N  : in std_logic;
        N_REG    : in std_logic_vector(2 downto 0);
        REG_IN   : in std_logic_vector(15 downto 0);
        REG_WEN  : in std_logic;
        REG_0    : out std_logic_vector(15 downto 0);
        REG_1    : out std_logic_vector(15 downto 0);
        REG_2    : out std_logic_vector(15 downto 0);
        REG_3    : out std_logic_vector(15 downto 0);
        REG_4    : out std_logic_vector(15 downto 0);
        REG_5    : out std_logic_vector(15 downto 0);
        REG_6    : out std_logic_vector(15 downto 0);
        REG_7    : out std_logic_vector(15 downto 0)
    );
end reg_wb;

-- 回路の記述
architecture RTL of reg_wb is
begin
    process(CLK_WB)
    begin
        if(CLK_WB'event and CLK_WB = '1') then
            if(RESET_N = '0') then
                REG_0 <= "0000000000000000";
                REG_1 <= "0000000000000000";
                REG_2 <= "0000000000000000";
                REG_3 <= "0000000000000000";
                REG_4 <= "0000000000000000";
                REG_5 <= "0000000000000000";
                REG_6 <= "0000000000000000";
                REG_7 <= "0000000000000000";
            elsif(REG_WEN = '1') then
                case N_REG is
                    when "000"  => REG_0 <= REG_IN;
                    when "001"  => REG_1 <= REG_IN;
                    when "010"  => REG_2 <= REG_IN;
                    when "011"  => REG_3 <= REG_IN;
                    when "100"  => REG_4 <= REG_IN;
                    when "101"  => REG_5 <= REG_IN;
                    when "110"  => REG_6 <= REG_IN;
                    when "111"  => REG_7 <= REG_IN;
                    when others => null;
```

REG_0 <= (others => '0'); のように記述する方法もある

図 7-25　reg_wb コンポーネントのソースコード（1/2）（reg_wb.vhd）

```
51                  end case;
52              end if;
53          end if;
54      end process;
55  end RTL;
```

図7-26 reg_wbコンポーネントのソースコード（2/2）（reg_wb.vhd）

7.5.8 ram_wb（RAMへの書き込み）

実行ステージの演算結果をRAMに書き込むためのコンポーネントram_wbについて，そのソースコードを図7-27に示します．

以下，その内容を簡単に説明します．

I/O出力の信号I/O64_OUTが新たに追加されてはいますが，基本的には，前節で説明したコンポーネントreg_wbと同様の構成になっています．

31～44行では，RAMやI/Oへの書き込み許可信号RAM_WENが1(H)のとき，指定したアドレスRAM_ADDRのRAMに，実行ステージの出力RAM_INを書き込んでいます．

なおアドレスのRAM_ADDRは，前段の実行ステージではなく，デコードステージの出力になっています．

この回路では，データメモリ（RAM）がFPGA内蔵のSRAMではなく，前節で示したレジスタと同じくALM内のD-FFにより実装されています．

このような構成の場合，メモリサイズが増えるとアドレスデコーダをはじめとする周辺回路が急激に膨れ上がるという問題が発生しますが，これを回避する方法については，第9講で詳しく紹介します．

以上で，コンポーネント部品の設計は完了しました．

前節で示したCPU本体と，すべてのコンポーネントのVHDLファイルを1つのプロジェクト用フォルダ内に集約し，EADツールを用いてプロジェクト登録した後，トップレベルのcpu15.vhdをコンパイルします．

```
1   -- ram_wb.vhd
2   library IEEE;
3   use IEEE.std_logic_1164.all;
4
5   -- 入出力の宣言
6   entity ram_wb is
7       port
8       (
9           CLK_WB   : in std_logic;
10          RAM_ADDR : in std_logic_vector(7 downto 0);
11          RAM_IN   : in std_logic_vector(15 downto 0);
12          RAM_WEN  : in std_logic;
13          RAM_0    : out std_logic_vector(15 downto 0);
14          RAM_1    : out std_logic_vector(15 downto 0);
15          RAM_2    : out std_logic_vector(15 downto 0);
16          RAM_3    : out std_logic_vector(15 downto 0);
17          RAM_4    : out std_logic_vector(15 downto 0);
18          RAM_5    : out std_logic_vector(15 downto 0);
19          RAM_6    : out std_logic_vector(15 downto 0);
20          RAM_7    : out std_logic_vector(15 downto 0);
21          IO64_OUT : out std_logic_vector(15 downto 0)
22      );
23  end ram_wb;
24
25  -- 回路の記述
26  architecture RTL of ram_wb is
27  begin
28      process(CLK_WB)
29      begin
30          if(CLK_WB'event and CLK_WB = '1') then
31              if(RAM_WEN = '1') then
32                  case RAM_ADDR is
33                      when "00000000" => RAM_0 <= RAM_IN;
34                      when "00000001" => RAM_1 <= RAM_IN;
35                      when "00000010" => RAM_2 <= RAM_IN;
36                      when "00000011" => RAM_3 <= RAM_IN;
37                      when "00000100" => RAM_4 <= RAM_IN;
38                      when "00000101" => RAM_5 <= RAM_IN;
39                      when "00000110" => RAM_6 <= RAM_IN;
40                      when "00000111" => RAM_7 <= RAM_IN;
41                      when "01000000" => IO64_OUT <= RAM_IN;
42                      when others     => null;
43                  end case;
44              end if;
45          end if;
46      end process;
47  end RTL;
48
49
50
```

図 7-27　ram_wb コンポーネントのソースコード（ram_wb.vhd）

VHDLのソースコードが誤りなく記述されていれば，エラーなしに正常終了するはずです．なお，警告（warning）については，無視しても差し支えないものと，修正すべきものが混在しているので，個別に対応する必要があります．

コンパイルでエラーメッセージが表示される場合は，どこかに文法上の誤りや回路の不整合が含まれているので，具体的なメッセージ内容を参照しながらデバッグを実施します．

なお，これらのデバッグ作業は決して無駄にはなりません．

EDA開発ツールの操作法に習熟し，設計したCPUの動作をイメージしながら，それらのソースコードを詳細に再チェックする絶好の機会にもなりますので，むしろこれらの作業をポジティブに受け止め，バグ取りの名探偵を目指す気分で取り組まれることをお勧めします．

コンパイルが正常に終了すると，図7-28のようなレポートファイルが生成されます．使用したロジックエレメント（ALM）は194個で，全体の1%を使用したことが分かります．

Flow Summary

<<Filter>>

Flow Status	Successful - Fri Jun 28 18:29:31 2019
Quartus Prime Version	18.1.0 Build 625 09/12/2018 SJ Lite Edition
Revision Name	cpu15
Top-level Entity Name	cpu15
Family	Cyclone V
Device	5CEBA4F23C7
Timing Models	Final
Logic utilization (in ALMs)	194 / 18,480 (1 %)
Total registers	325
Total pins	34 / 224 (15 %)
Total virtual pins	0
Total block memory bits	0 / 3,153,920 (0 %)
Total DSP Blocks	0 / 66 (0 %)
Total HSSI RX PCSs	0
Total HSSI PMA RX Deserializers	0
Total HSSI TX PCSs	0
Total HSSI PMA TX Serializers	0
Total PLLs	0 / 4 (0 %)
Total DLLs	0 / 4 (0 %)

図7-28　CPU設計のレポートファイル（cpu15）

7.6 RTL シミュレーションによる動作検証

前節で作成したCPUのVHDLソースコードをコンパイルし，エラーがなくなるまで**デバッグ**を継続します．文法上の誤りや回路の不整合を取り除けば，これらのエラーメッセージは消えますが，FPGAにダウンロードしたとき，必ずしも正しく動作するという保証はありません．

そこで，本節では潜在するバグを抽出し，どのような条件下でも正常に動作することを検証するため，**テストベンチ**のVHDLを作成し，波形を表示する**RTLシミュレーション**を実施します．なお，RTLはRegister Transfer Levelの略で，ゲートレベルより1段抽象的な記述の階層を指しています．

7.6.1 RTL シミュレーション用テストベンチの作成

テストベンチの作成では，図7-10～図7-16に示したCPUのソースコードの上位に，新たなテストベンチのVHDLを作成し，そこからCPUをコンポーネントとして呼び出す方法もありますが，その入出力信号がクロックとリセット信号，I/Oの入出力となっているため，内部のレジスタ値等を表示することができません．

そこで，今回はCPUのソースコードの最終部に，入力信号の波形を指定する記述を追加することにより，テストベンチのVHDLに修正します．

その例を，図7-29および図7-30に示します．なお，CPUのソースコードが長大になるため，変更を加えていないコードは一部省略しています．

ファイル名をcpu15_sim.vhdとし，エンティティを6,7行，本体のアーキテクチャを10行以降に記述しています．

13行からCPU本体のcomponent群を宣言し，37行以降で内部信号を定義しています．さらに，54行から各コンポーネントを実体化して，その入出力の接続関係を指定しています．また，75～80行では入力となるCLK，83～88行ではリセット信号RESET_Nについて，その波形を記述しています．

```
1  -- cpu15_sim.vhd
2  library IEEE;
3  use IEEE.std_logic_1164.all;
4  use IEEE.std_logic_unsigned.all;
5
6  -- 入出力の宣言
7  entity cpu15_sim is
8  end cpu15_sim;
9
10 -- 回路の記述
11 architecture SIM of cpu15_sim is
12
13 -- コンポーネント clk_gen の宣言
14 component clk_gen
15     port
16     (
17         CLK      : in std_logic;
18         CLK_FT   : out std_logic;
19         CLK_DC   : out std_logic;
20         CLK_EX   : out std_logic;
21         CLK_EX   : out std_logic
22     );
23 end component;
24
25 -- コンポーネント fetch の宣言
26 component fetch
27     port
28     (
29         CLK_FT    : in std_logic;
30         P_COUNT   : out std_logic_vector(7 downto 0);
31         PROM_OUT  : out std_logic_vector(14 downto 0)
32     );
33 end component;
34                      :
35                    (略)
36                      :
37 -- 内部信号の定義
38 signal  CLK       : std_logic;
39 signal  RESET_N   : std_logic;
40 signal  IO65_IN   : std_logic_vector(15 downto 0);
41 signal  IO64_OUT  : std_logic_vector(15 downto 0);
42 signal  CLK_FT    : std_logic;
43 signal  CLK_DC    : std_logic;
44 signal  CLK_EX    : std_logic;
45 signal  CLK_WB    : std_logic;
46 signal  P_COUNT   : std_logic_vector(7 downto 0);
47 signal  PROM_OUT  : std_logic_vector(14 downto 0);
48                      :
49                    (略)
50                      :
```

ファイル名と同じ名前
(内部のport文は不要)

図7-29 設計したCPUのRTLシミュレーション(1/2)(cpu15_sim.vhd)

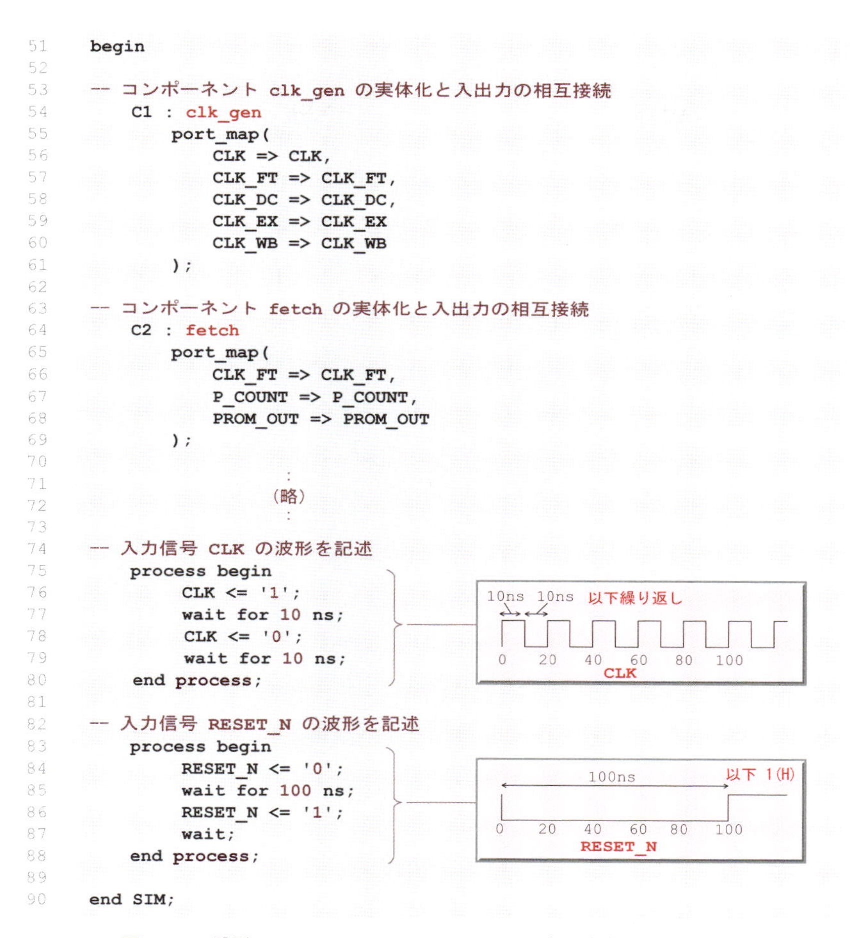

```
51  begin
52
53  -- コンポーネント clk_gen の実体化と入出力の相互接続
54      C1 : clk_gen
55          port_map(
56              CLK => CLK,
57              CLK_FT => CLK_FT,
58              CLK_DC => CLK_DC,
59              CLK_EX => CLK_EX
60              CLK_WB => CLK_WB
61          );
62
63  -- コンポーネント fetch の実体化と入出力の相互接続
64      C2 : fetch
65          port_map(
66              CLK_FT => CLK_FT,
67              P_COUNT => P_COUNT,
68              PROM_OUT => PROM_OUT
69          );
70
71                      :
72                    (略)
73                      :
74  -- 入力信号 CLK の波形を記述
75      process begin
76          CLK <= '1';
77          wait for 10 ns;
78          CLK <= '0';
79          wait for 10 ns;
80      end process;
81
82  -- 入力信号 RESET_N の波形を記述
83      process begin
84          RESET_N <= '0';
85          wait for 100 ns;
86          RESET_N <= '1';
87          wait;
88      end process;
89
90  end SIM;
```


図 7-30　設計した CPU の RTL シミュレーション（2/2）（cpu15_sim.vhd）

次講で使用する FPGA ボードには，50MHz のクロックを発生する回路が組み込まれており，ここではそれに準拠し，周期が 20ns になるよう CLK の波形を生成しています．

図 7-2 の回路図に示したように，リセット信号は実行ステージの exec と，ライトバックステージの reg_wb に入力されています．これらのクロックは CLK_EX と CLK_WB であり，同期クリアの構成となっています．このため，これらのクロックの立ち上がりで，負論理の RESET_N を Low レベルに設

定する必要があり，余裕を見て5周期の100nsの間，0を指定しています．

7.6.2 RTLシミュレーション（テストベンチ）の実行結果

シミュレータのModelSim-Intelを起動してテストベンチを実行し，主要な信号の波形を表示します．図7-31に，開始直後の波形を示します．なお，信号名だけを表示するにはFormatメニュー→Toggle Leaf Namesを選びます．

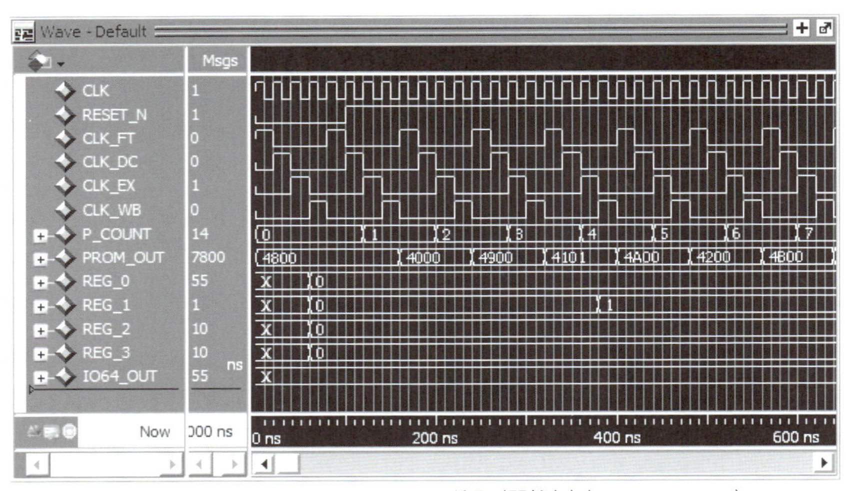

図7-31　CPUのRTLシミュレーション結果（開始部）（cpu15_sim.vhd）

基本クロックCLKが4分周され，位相がシフトした各ステージのクロックが生成されていることが確認できます．

なお，フェッチステージの出力PROM_OUTのみ16進数で，他は10進表示されていることに注意して下さい．もし10進表示，16進表示にそれぞれ切り替えたい場合は，数字の上で右クリックしRadix→Decimal（10進）あるいはHexadecimal（16進）を選びます．

計算に使用したレジスタREG_0～REG_3については，その初期値を与えていないので，開始直後は値が不定のXが表示されていますが，リセットRESET_NがL(0)の期間において，最初のクロックCLK_WBの立ち上がりで，10進の0にクリアされています．

リセットが解除された後，クロック CLK_EX の立ち上がりで，プログラムカウンタ P_COUNT の値に 1 が加算されてゆきます．

たとえば，3 番地の機械語は "4101h" と表示されていますが，2 進数では "100000100000001" となり，アセンブリ言語の [ldl REG1, 1] を表していることが分かります．レジスタの REG_1 は，開始後 380[ns] のクロック CLK_WB の立ち上がりで 10 進数の 1 に更新されており，基本的に図 7-3 のタイムチャート通りに各部の信号が生成されていることが分かります．

次に，終了部の波形を図 7-32 に示します．

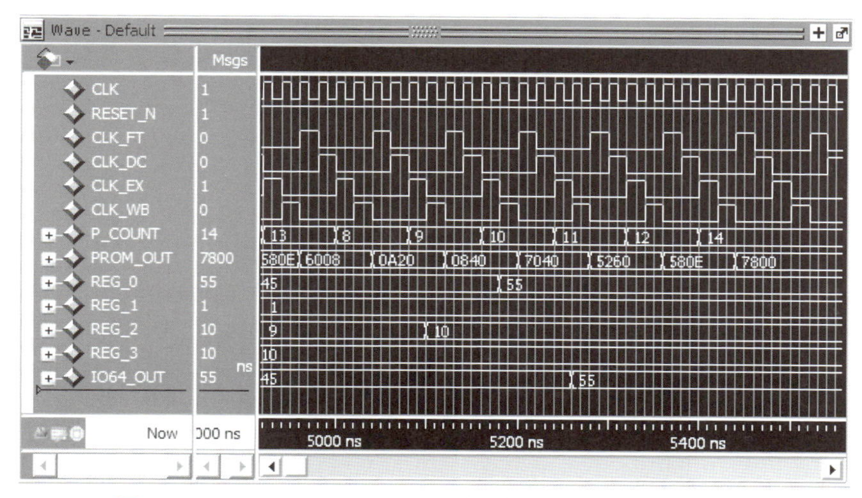

図 7-32　CPU の RTL シミュレーション結果（終了部）（cpu15_sim.vhd）

I/O 出力の IO64_OUT には，1＋2＋⋯＋10＝55 の値が出力されています．

シミュレーションを開始して 5440[ns] 後に，PROM_OUT に hlt 命令の "7800h" が出力され，プログラムカウンタが 14 で停止しています．

ここで図 7-30 より，リセットが解除されるまで 1 ステップ（4 クロック），すなわち 80[ns] の遅れがあるので，実質的に開始後 5360[ns] で hlt 命令に達していることが分かります．

図 2-11 では，開始後 68 ステップ目に hlt 命令を実行することを示しましたが，67×4×20＝5360[ns] となり，設計通りの結果が得られています．

column

設計したCPUの問題点について

本講で示したCPUの設計では，全体構成の単純さとソースコードの分かり易さを優先したため，CPUが本来もつべき機能がなかったり，あるべき姿から乖離(かいり)しているところがあります．

第1は，プログラムの機械語を格納するメモリ（PROM）に関する問題です．

fetchのVHDLの中で，プログラムの機械語を初期設定の形で与えています．すなわち，ハードウェアであるCPU本体の回路と，ソフトウェアである機械語の内容が1つのVHDLの中に記述されています．しかしながら，本来プログラムはハードウェアから独立させるべきです．FPGAに実装する場合，一般的なCPUと同じ手法を用いることはできないので，今回は外部ファイルに機械語を記述し，これをfetchに取り込む手法を紹介します．

第2は，プログラムのデータを格納するメモリ（RAM）に関する問題です．

今回は，メモリのRAMサイズを小さく設定したため，レジスタと同じ構成を採用しました．一般に，レジスタの数は多くても20～30個程度ですが，通常RAMはKB（キロバイト），MB（メガバイト）と桁外れに大きくなります．したがって，コンポーネントのram_dcで用いたように，すべてのアドレスのRAMデータを用意し，これをデコードステージで選択する手法は，その配線量や選択回路の規模が大きくなりすぎ，実用的とは言えません．

後ほど簡単に触れますが，RAMはD-FFで構成されているわけではなく，6個のトランジスタを組合わせた1bitのセルを，行と列の2次元状に配列し，外部の制御回路を用いてその中の1つのアドレスに対応するデータのみを取り出す構成となっています．RAMへのアクセス方法はレジスタと異なり，複数のデータを同時に読み出して使用することがないので，この手法が可能になるのです．

第 9 講では，これらの課題を解決する具体的な手法を示し，これを適用した CPU を再設計します．

第 8 講
FPGA 評価ボード上で CPU を動作させる

ここでは，前講で設計したCPUをFPGA評価ボード（DE0-CV）にダウンロードし，単体LEDに計算結果を表示することにより，その動作を検証します．さらに，ボード上の7セグメントLEDに演算結果を10進数表示するための周辺回路を設計し，クロック周波数を低く設定して，演算の途中経過が目視で確認できる機能や，入力スイッチを用いて演算の条件を変更する機能を追加します．

8.1 CPU 単体の FPGA 評価ボードへの実装

前講で設計したCPUには，1+2+…+10のような数列の和を計算するプログラムを組み込んでいます．この演算結果は，I/Oの64番地に2進数の形式で出力されるので，FPGA評価ボード上のLEDに直接接続して，正常に動作することを検証します．

8.1.1 入出力の設定

このCPUを動作させるためには，図8-1に示すように，クロックとリセット信号を入力する必要があります．

クロックについては，クロックジェネレータ出力のCLOCK_50（50MHz）を使用し，リセット信号は，プッシュボタン型スイッチのKEY0を用いることにします．なお，プッシュボタン型スイッチは，押したとき0，開放したとき1の負論理になるので，RESET_Nとして定義しています．

また，CPUのI/O入力として16bitのIO65_INがあります．これまでのプログラムでは使用していないので無視しても差し支えありませんが，後ほど ld 命令を用いて数値データを取り込む機能を実装するため，その下位 10bit に 10 個あるスライドスイッチの SW9～SW0 を割り当てることにします．なお，上位の 6bit は使用しませんが，コンパイル時に「未接続」という警告が出るのを防止するため，ここでは外部信号を取り込むコネクタ端子の GPIO_0_D5～GPIO_0_D0 に接続します．

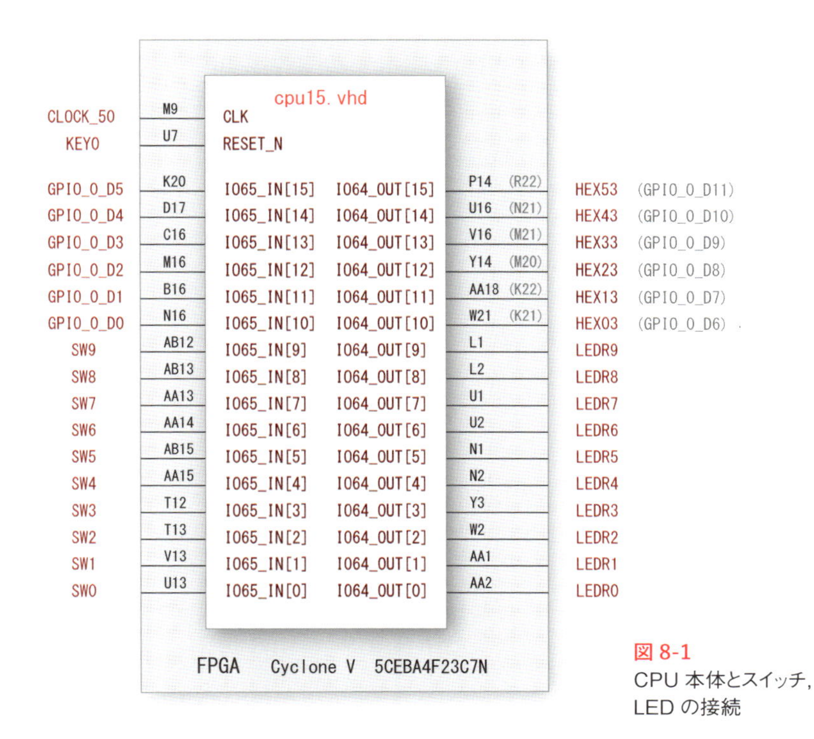

図 8-1
CPU 本体とスイッチ，LED の接続

一方，プログラムの計算結果は 16bit の I/O 出力 IO64_OUT に出力されますが，単体 LED は 10 個しか実装されていません．そこで I/O 出力の下位 10bit を LEDR9～LEDR0 に接続することとし，残る上位の 6bit については，6 個ある 7 セグメント LED の最も下に位置するセグメント HEX53～HEX03 に接続することにします．

この 7 セグメント LED は配線数を減らすため，アノード（陽極）が共通となっています．このため負論理の仕様となり，出力が 0 のときセグメントが点灯し，1のとき消える動作になるので注意が必要です．

なお，本講の後半で，演算結果を10進数に変換して，7セグメントLED上に表示する設計例を紹介しますが，その場合はI/O出力の上位6bitの表示は断念することとします．

8.1.2 入出力ピンの割り当て

表8-1に，CPU本体のVHDLコードに記述した信号名と，FPGAのピン番号，評価ボード上のデバイスに接続する信号名の対応関係を整理します．なお（カッコ付き）の信号については，ピン番号の指定を省略することも可能ですが，デフォルト値として自動的に割り振られた番号が付与されます．その場合，7セグメントLEDの使用していないピンに接続され，不規則なパターンが表示されることがあるので注意が必要です．

表8-1　CPU本体の信号名とFPGAのピン番号対応表

CPU本体の信号名	ピン番号	ボードの信号名	CPU本体の信号名	ピン番号	ボードの信号名
CLK	M9	CLOCK_50	RESET_N	U7	KEY0
IO65_IN[0]	U13	SW0	IO64_OUT[0]	AA2	LEDR0
IO65_IN[1]	V13	SW1	IO64_OUT[1]	AA1	LEDR1
IO65_IN[2]	T13	SW2	IO64_OUT[2]	W2	LEDR2
IO65_IN[3]	T12	SW3	IO64_OUT[3]	Y3	LEDR3
IO65_IN[4]	AA15	SW4	IO64_OUT[4]	N2	LEDR4
IO65_IN[5]	AB15	SW5	IO64_OUT[5]	N1	LEDR5
IO65_IN[6]	AA14	SW6	IO64_OUT[6]	U2	LEDR6
IO65_IN[7]	AA13	SW7	IO64_OUT[7]	U1	LEDR7
IO65_IN[8]	AB13	SW8	IO64_OUT[8]	L2	LEDR8
IO65_IN[9]	AB12	SW9	IO64_OUT[9]	L1	LEDR9
IO65_IN[10]	(N16)	(GPIO_0_D0)	IO64_OUT[10]	W21	HEX03
IO65_IN[11]	(B16)	(GPIO_0_D1)	IO64_OUT[11]	AA18	HEX13
IO65_IN[12]	(M16)	(GPIO_0_D2)	IO64_OUT[12]	Y14	HEX23
IO65_IN[13]	(C16)	(GPIO_0_D3)	IO64_OUT[13]	V16	HEX33
IO65_IN[14]	(D17)	(GPIO_0_D4)	IO64_OUT[14]	U16	HEX43
IO65_IN[15]	(K20)	(GPIO_0_D5)	IO64_OUT[15]	P14	HEX53

CPU本体とFPGA間の接続関係をまとめると，図8-2のようになります．これらの図や表を参照しながら，EDAツールのPin Plannerを用いてピン配置を設定します．

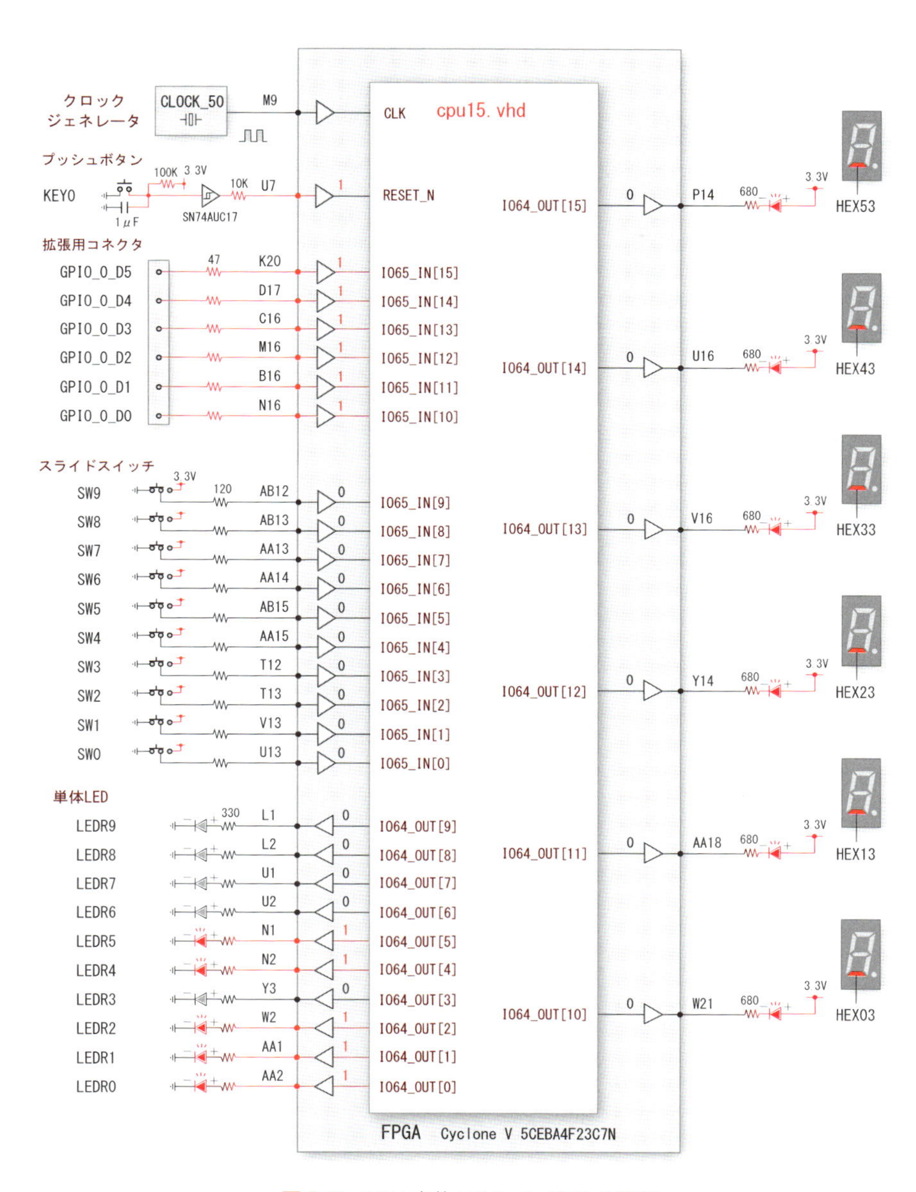

図 8-2　CPU 本体とスイッチ，LED の接続

8.1.3 FPGA 評価ボード上での CPU 単体の実行結果

ピン配置終了後に再コンパイルすると，sof ファイルはそれらを反映したネットリストに更新されます．

このファイルを **USB ブラスタ**というインタフェースを用いて FPGA にダウンロードすると，設計した回路は直ちに実行を開始し，FPGA 評価ボードの表示部は図 8-3 のように変化します．なお，7 セグメント LED は負論理のため，下側の 6 個のセグメントがすべて点灯しています．

これらの LED の状態から，16bit の 2 進数 "0000000000110111" が出力されていることが分かります．これは 10 進数の 55 に相当し，設計した CPU が正常に動作していることが検証されました．

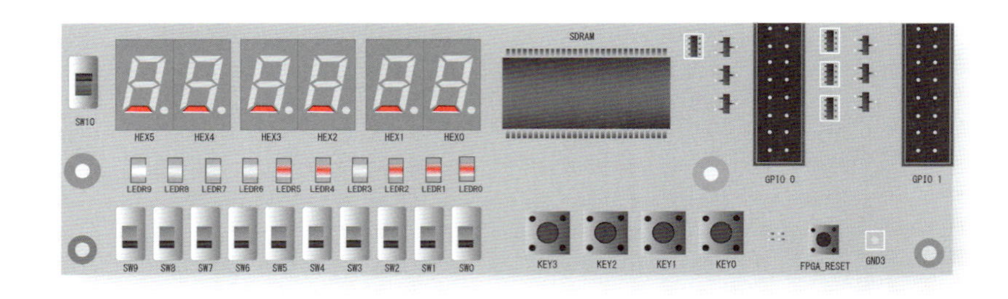

図 8-3　FPGA 評価ボード上での CPU 単体の実行結果（cpu15.vhd）

図 7-31 および図 7-32 のシミュレーション結果にも示されているように，LED には計算の途中経過が表示されるはずですが，リセットスイッチを押しても，表示の内容は何ら変化しないように見えます．

実は，リセットを解除し 5160[ns] 後には最終結果の 55 に到達します．この間約 1/200000[秒] であり，人間の目ではその経過を捉えることはできません．

なお本講の後半では，実質的なクロック周波数を大幅に低下させる機能を追加することにより，計算の途中経過が目視で確認できるよう回路を修正します．

8.2 計算結果を 10 進数で表示する（cpu_dec）

前節では，計算結果の 2 進数を直接単体の LED に表示しました．

一方，今回使用している FPGA 評価ボード上には，7 セグメント LED が 6 個実装されています．これらを活用して，計算結果の 2 進数を 5 桁の 10 進数に変換して表示する機能を追加します．

8.2.1 全体構成（cpu_dec.vhd）

前節で設計した CPU をコンポーネントとして使用し，その I/O 出力に **2 進 -10 進変換回路**と，7 セグメント LED のデコーダを追加します．なお，プロジェクト名は cpu_dec とし，その全体構成を図 8-4 に示します．

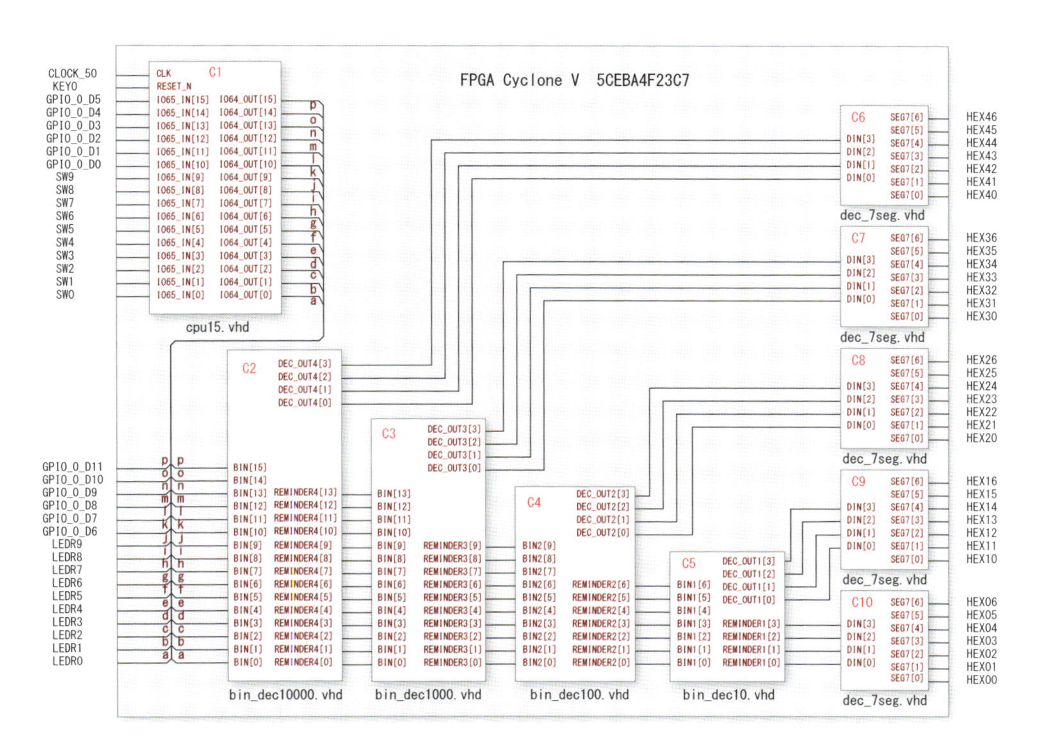

図 8-4　10 進表示機能付き CPU の構成（cpu_dec）

ここでコンポーネントのC1は，前節で動作確認したCPUの本体です．

C2～C5は2進数を10進数に変換する回路であり，C6～C10は10進数の各桁ごとに4bitの**2進化10進符号**を7セグメントLEDの仕様に変換するデコーダ回路です．

8.2.2　2進-10進変換のフローチャート

2進数を10進数に変換する方法はいくつかありますが，ここでは組合せ回路だけで実現できる単純な構成を用いることにします．

なお，CPUの16bit出力IO64_OUTは，0～65535の値を表現できるので，7セグメントLEDを5個使用します．

10進の10000の位である5桁目から開始し，1000の位，100の位，10の位，1の位の順に決定してゆきます．

5桁目を求める基本的な手順を，図8-5のフローチャートに示します．

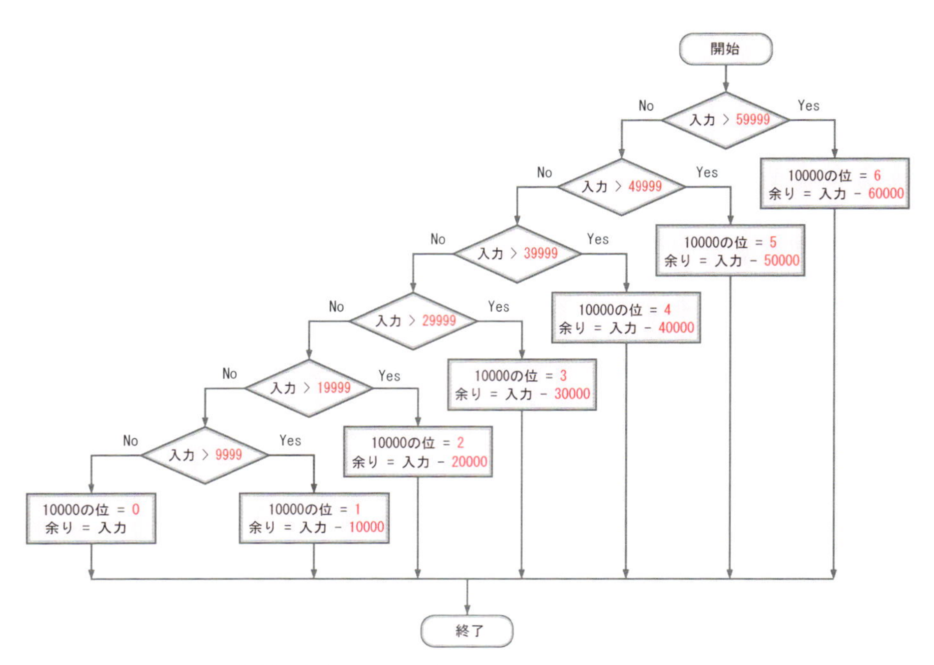

図8-5　2進-10進変換（5桁目）のフローチャート

はじめに，2進数の入力と10進の59999を比較します．入力が60000以上のとき5桁目は6となり，入力から60000を引いた余りを出力します．

もし60000未満の場合は，10進の49999と比較し，50000以上のとき5桁目は5となり，入力から50000を引いた余りを出力します．

同様の処理を次々に施すことにより，5桁目の値（0～6）と，4桁の余り（0～9999）が求められます．

次に，4桁目を求める基本的な手順を，図8-6のフローチャートに示します．

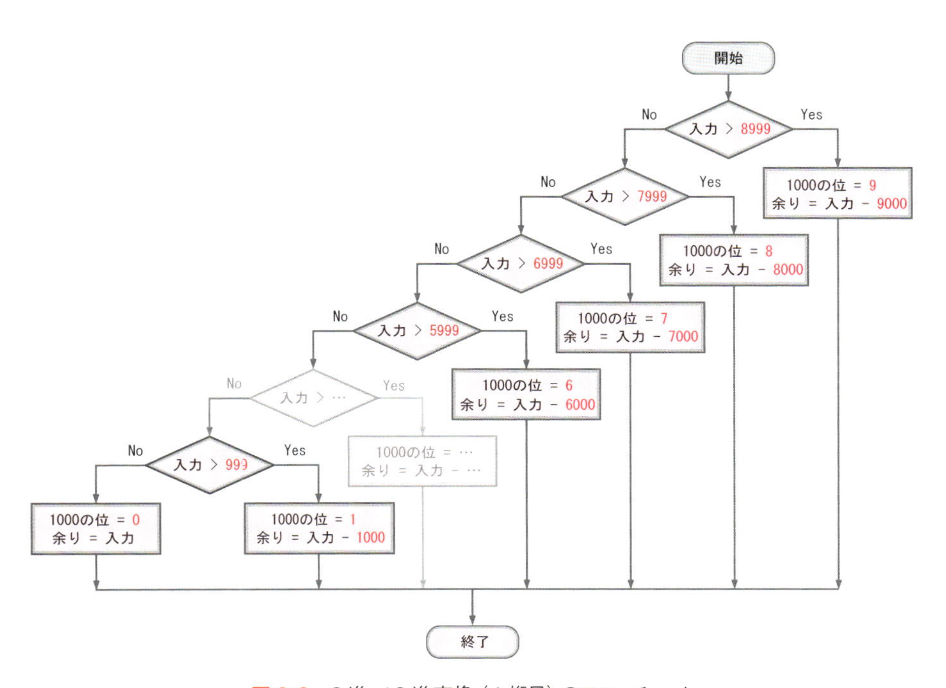

図8-6　2進-10進変換（4桁目）のフローチャート

5桁目と同様に，2進数の入力と10進の8999を比較します．入力が9000以上のとき4桁目は9となり，入力から9000を引いた余りを出力します．もし9000未満の場合は，10進の7999と比較し，8000以上のとき4桁目は8となり，入力から8000を引いた余りを出力します．同様の処理を次々に施すことにより，4 桁目の値（0～9）と，3 桁の余り（0～999）が求められます．

次に，3 桁目となる 10 進の 100 の位を決定する手順を，図 8-7 のフローチャートに示します．同様の手順により，3 桁目の値（0～9）と 2 桁の余り（0～99）が求められます．

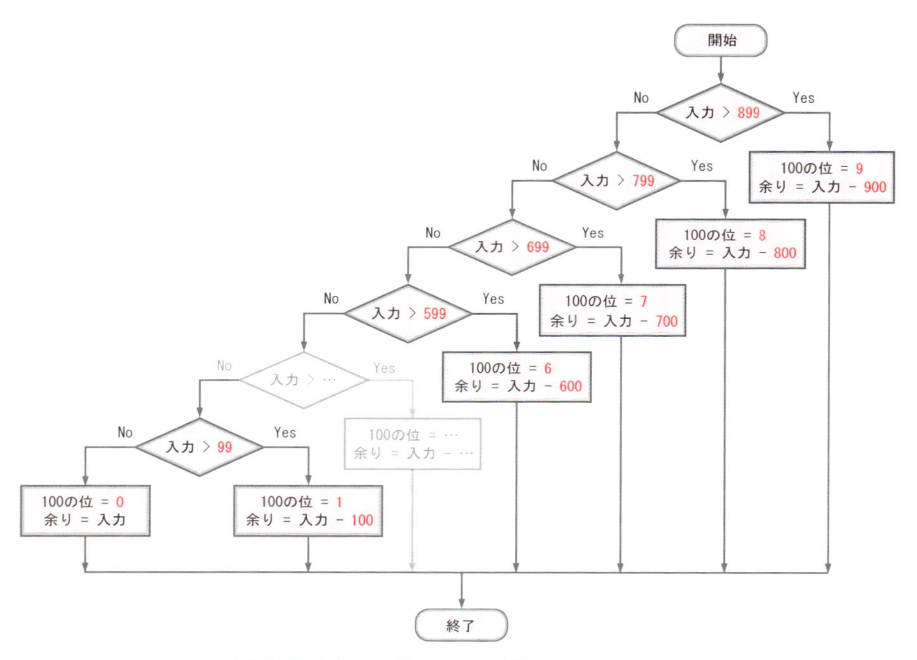

図 8-7　2 進 -10 進変換（3 桁目）のフローチャート

同様にして，2 桁目の値（0～9）と 1 桁の余り（0～9）を求めることにより，10 進数 4 桁の 2 進 -10 進変換は完了します．

このように組合せ回路の判定を縦属接続する構成の場合，その回路規模は大きくなりますが，図 7-28 に示したように，FPGA のロジックエレメント（ALM）には十分な余裕があります．また，遅延時間も大きくなる欠点がありますが，人間の視覚特性を前提とする場合問題にはなり得ません．

8.2.3 2進-10進変換回路のソースコード

前節では，2進-10進変換回路のフローチャートを示しましたが，これらをVHDLのソースコードに置き換えてゆきます．

図8-8に，5桁目の2進-10進変換回路（bin_dec10000.vhd）を示します．この回路は図8-4のC2に相当します．16bitの2進数入力に対し，5桁目の4bitの値と14bitの余りを出力し，この余りは4桁目の入力となります．

図8-9に，4桁目の2進-10進変換回路（bin_dec1000.vhd）を示します．この回路は図8-4のC3に相当し，14bitの2進数入力に対し，4桁目の4bitの値と10bitの余りを出力します．この余りは3桁目の入力となります．

3桁目の変換回路（bin_dec100.vhd）を図8-10に示します．この回路は図8-4のC4に対応し，10bitの2進数入力に対し，3桁目の4bitの値と7bitの余りを出力し，この余りは2桁目の入力となります．

図8-11に，2桁目の変換回路（bin_dec10.vhd）を示します．この回路は図8-4のC5に相当し，7bitの2進数入力に対し，2桁目と1桁目をそれぞれ4bitで出力します．

VHDLの場合，2進数のstd_logic_vector型変数に，10進数の定数を直接代入することができません．このため，10進数をstd_logic_vector型に変換する関数のconv_std_logic_vector()を使用します．

この関数の1番目の引数は入力となる10進数であり，2番目の引数は変換する2進数のbit数を表しています．

なお，この関数を使用するため，VHDLの先頭でライブラリのIEEE.std_logic_arith.allを宣言しています．

```
1  -- bin_dec10000.vhd    2進-10進変換回路 (5桁目)
2  library IEEE;
3  use IEEE.std_logic_1164.all;
4  use IEEE.std_logic_unsigned.all;
5  use IEEE.std_logic_arith.all;
6  -- 入出力の宣言
7  entity bin_dec10000 is
8      port(
9          BIN_IN      : in std_logic_vector(15 downto 0);
10         DEC_OUT4    : out std_logic_vector(3 downto 0);    ── 5桁目の値
11         REMINDER4   : out std_logic_vector(13 downto 0)    ── 余り(4桁以下)
12     );
13 end bin_dec10000;
14 -- 回路の記述
15 architecture RTL of bin_dec10000 is
16 -- 内部信号の定義
17 signal CMP_INT : integer range 0 to 65535;
18 signal REM_INT : integer range 0 to 65535;
19 begin
20     CMP_INT <= conv_integer(BIN_IN); ── IEEE.std_logic_unsigned.all; の宣言が必要
21     process(CMP_INT)
22     begin
23         if(CMP_INT > 59999) then
24             DEC_OUT4 <= "0110";
25             REM_INT <= CMP_INT - 60000;
26         elsif(CMP_INT > 49999) then
27             DEC_OUT4 <= "0101";
28             REM_INT <= CMP_INT - 50000;
29         elsif(CMP_INT > 39999) then
30             DEC_OUT4 <= "0100";
31             REM_INT <= CMP_INT - 40000;
32         elsif(CMP_INT > 29999) then
33             DEC_OUT4 <= "0011";
34             REM_INT <= CMP_INT - 30000;
35         elsif(CMP_INT > 19999) then
36             DEC_OUT4 <= "0010";
37             REM_INT <= CMP_INT - 20000;
38         elsif(CMP_INT > 9999) then
39             DEC_OUT4 <= "0001";
40             REM_INT <= CMP_INT - 10000;
41         else
42             DEC_OUT4 <= "0000";
43             REM_INT <= CMP_INT;
44         end if;
45     end process;
46     REMINDER4 <= conv_std_logic_vector(REM_INT, 14); ── IEEE.std_logic_arith.all; の宣言が必要
47 end RTL;
48
49
50
```

図8-8　2進-10進変換回路(5桁目)(bin_dec10000.vhd)

```
1  -- bin_dec1000.vhd      2進-10進変換回路　（4桁目）
2  library IEEE;
3  use IEEE.std_logic_1164.all;
4  use IEEE.std_logic_unsigned.all;
5  use IEEE.std_logic_arith.all;
6  -- 入出力の宣言
7  entity bin_dec1000 is
8      port(
9          BIN_IN3    : in std_logic_vector(13 downto 0);
10         DEC_OUT3   : out std_logic_vector(3 downto 0);
11         REMINDER3  : out std_logic_vector(9 downto 0)
12     );
13 end bin_dec1000;
14 -- 回路の記述
15 architecture RTL of bin_dec1000 is
16 -- 内部信号の定義
17 signal CMP_INT : integer range 0 to 65535;
18 signal REM_INT : integer range 0 to 65535;
19 begin
20     CMP_INT <= conv_integer(BIN_IN3);
21     process(CMP_INT)
22     begin
23         if(CMP_INT > 8999) then
24             DEC_OUT3 <= "1001";
25             REM_INT <= CMP_INT - 9000;
26         elsif(CMP_INT > 7999) then
27             DEC_OUT3 <= "1000";
28             REM_INT <= CMP_INT - 8000;
29         elsif(CMP_INT > 6999) then
30             DEC_OUT3 <= "0111";
31             REM_INT <= CMP_INT - 7000;
32         elsif(CMP_INT > 5999) then
33             DEC_OUT3 <= "0110";
34             REM_INT <= CMP_INT - 6000;
35         elsif(CMP_INT > 4999) then
36             DEC_OUT3 <= "0101";
37             REM_INT <= CMP_INT - 5000;
38         elsif(CMP_INT > 3999) then
39             DEC_OUT3 <= "0100";
40             REM_INT <= CMP_INT - 4000;
41         elsif(CMP_INT > 2999) then
42             DEC_OUT3 <= "0011";
43             REM_INT <= CMP_INT - 3000;
44         elsif(CMP_INT > 1999) then
45             DEC_OUT3 <= "0010";
46             REM_INT <= CMP_INT - 2000;
47         elsif(CMP_INT > 999) then
48             DEC_OUT3 <= "0001";
49             REM_INT <= CMP_INT - 1000;
50         else
51             DEC_OUT3 <= "0000";
52             REM_INT <= CMP_INT;
53         end if;
54     end process;
55     REMINDER3 <= conv_std_logic_vector(REM_INT, 10);
56 end RTL;
```

4桁目の値（10行目）

余り（3桁以下）（11行目）

IEEE.std_logic_unsigned.all; の宣言が必要（20行目）

IEEE.std_logic_arith.all; の宣言が必要（55行目）

図 8-9　2進-10進変換回路（4桁目）（bin_dec1000.vhd）

```
1   -- bin_dec100.vhd       2進-10進変換回路　(3桁目)
2   library IEEE;
3   use IEEE.std_logic_1164.all;
4   use IEEE.std_logic_unsigned.all;
5   use IEEE.std_logic_arith.all;
6   -- 入出力の宣言
7   entity bin_dec100 is
8       port(
9           BIN_IN2     : in std_logic_vector(9 downto 0);
10          DEC_OUT2    : out std_logic_vector(3 downto 0);   ── 3桁目の値
11          REMINDER2   : out std_logic_vector(6 downto 0)    ── 余り(2桁以下)
12      );
13  end bin_dec100;
14  -- 回路の記述
15  architecture RTL of bin_dec100 is
16  -- 内部信号の定義
17  signal CMP_INT : integer range 0 to 1023;
18  signal REM_INT : integer range 0 to 1023;
19  begin
20      CMP_INT <= conv_integer(BIN_IN2);   ── IEEE.std_logic_unsigned.all; の宣言が必要
21      process(CMP_INT)
22      begin
23          if(CMP_INT > 899) then
24              DEC_OUT2 <= "1001";
25              REM_INT <= CMP_INT - 900;
26          elsif(CMP_INT > 799) then
27              DEC_OUT2 <= "1000";
28              REM_INT <= CMP_INT - 800;
29          elsif(CMP_INT > 699) then
30              DEC_OUT2 <= "0111";
31              REM_INT <= CMP_INT - 700;
32          elsif(CMP_INT > 599) then
33              DEC_OUT2 <= "0110";
34              REM_INT <= CMP_INT - 600;
35          elsif(CMP_INT > 499) then
36              DEC_OUT2 <= "0101";
37              REM_INT <= CMP_INT - 500;
38          elsif(CMP_INT > 399) then
39              DEC_OUT2 <= "0100";
40              REM_INT <= CMP_INT - 400;
41          elsif(CMP_INT > 299) then
42              DEC_OUT2 <= "0011";
43              REM_INT <= CMP_INT - 300;
44          elsif(CMP_INT > 199) then
45              DEC_OUT2 <= "0010";
46              REM_INT <= CMP_INT - 200;
47          elsif(CMP_INT > 99) then
48              DEC_OUT2 <= "0001";
49              REM_INT <= CMP_INT - 100;
50          else
51              DEC_OUT2 <= "0000";
52              REM_INT <= CMP_INT;
53          end if;
54      end process;
55      REMINDER2 <= conv_std_logic_vector(REM_INT, 7);   ── IEEE.std_logic_arith.all; の宣言が必要
56  end RTL;
```

図8-10　2進-10進変換回路（3桁目）(bin_dec100.vhd)

```
1   -- bin_dec10.vhd        2進-10進変換回路（2桁目）
2   library IEEE;
3   use IEEE.std_logic_1164.all;
4   use IEEE.std_logic_unsigned.all;
5   use IEEE.std_logic_arith.all;
6   -- 入出力の宣言
7   entity bin_dec10 is
8       port(
9           BIN_IN1     : in std_logic_vector(6 downto 0);
10          DEC_OUT1    : out std_logic_vector(3 downto 0);  ── 2桁目の値
11          REMINDER1   : out std_logic_vector(3 downto 0)   ── 余り（1桁目）
12      );
13  end bin_dec10;
14  -- 回路の記述
15  architecture RTL of bin_dec10 is
16  -- 内部信号の定義
17  signal CMP_INT : integer range 0 to 127;
18  signal REM_INT : integer range 0 to 127;
19  begin
20      CMP_INT <= conv_integer(BIN_IN1);  ── IEEE.std_logic_unsigned.all; の宣言が必要
21      process(CMP_INT)
22      begin
23          if(CMP_INT > 89) then
24              DEC_OUT1 <= "1001";
25              REM_INT <= CMP_INT - 90;
26          elsif(CMP_INT > 79) then
27              DEC_OUT1 <= "1000";
28              REM_INT <= CMP_INT - 80;
29          elsif(CMP_INT > 69) then
30              DEC_OUT1 <= "0111";
31              REM_INT <= CMP_INT - 70;
32          elsif(CMP_INT > 59) then
33              DEC_OUT1 <= "0110";
34              REM_INT <= CMP_INT - 60;
35          elsif(CMP_INT > 49) then
36              DEC_OUT1 <= "0101";
37              REM_INT <= CMP_INT - 50;
38          elsif(CMP_INT > 39) then
39              DEC_OUT1 <= "0100";
40              REM_INT <= CMP_INT - 40;
41          elsif(CMP_INT > 29) then
42              DEC_OUT1 <= "0011";
43              REM_INT <= CMP_INT - 30;
44          elsif(CMP_INT > 19) then
45              DEC_OUT1 <= "0010";
46              REM_INT <= CMP_INT - 20;
47          elsif(CMP_INT > 9) then
48              DEC_OUT1 <= "0001";
49              REM_INT <= CMP_INT - 10;
50          else
51              DEC_OUT1 <= "0000";
52              REM_INT <= CMP_INT;
53          end if;
54      end process;
55      REMINDER1 <= conv_std_logic_vector(REM_INT, 4);  ── IEEE.std_logic_arith.all; の宣言が必要
56  end RTL;
```

図8-11　2進-10進変換回路（2桁目）（bin_dec10.vhd）

8.2.4　10 進表示機能を付加した CPU のソースコード

10 進表示機能を付加した CPU 本体の VHDL ソースコードを，図 8-12～図 8-14 に示します．

図 8-4 の全体構成に基づいて，前節で設計した 2 進 -10 進変換の回路を，それぞれコンポーネントとして組み込み，それらを内部信号等で相互に接続しています．

また，7 セグメント LED のデコーダとして，第 5 講の図 5-1 に示した回路（dec_7seg.vhd）を各桁ごとに 5 つ使用しています．なお，7 セグメント LED は出力が 0 のとき点灯する負論理となっています．

ここで，87 行では入力信号 IO65_IN の 16～11bit 目が強制的に 0 になるようマスキング処理し，コンポーネントの cpu15 に入力しています．

信号の IO65_IN は，それぞれ拡張用の外部信号コネクタの GPIO_0_D5～GPIO_0_D0 に接続していますが，その先に何も接続しないオープンの状態では，0(L) ではなく 1(H) のレベルになります．

したがって，例えばスライドスイッチをすべて 0(L) 側に設定したとしても，読み込んだ値は "1111110000000000" となり 0 にはなりません．このため，"0000001111111111" との論理積（AND）をとり，CPU 本体に渡しています．

また，149 行では 16bit の演算結果を I/O の IO64_OUT に出力しています．これらをすべて評価ボード上の LED に表示したいところですが，7 セグメント LED は既に 10 進表示に使用しています．そこで，下位 10bit のみ単体 LED に接続し，残る上位 6bit は外部接続コネクタの GPIO_0_D11～GPIO_0_D6 に接続しています．

```
1  -- cpu_dec.vhd
2  library IEEE;
3  use IEEE.std_logic_1164.all;
4
5  -- 入出力の宣言
6  entity cpu_dec is
7      port(
8          CLK       : in std_logic;
9          RESET_N   : in std_logic;
10         IO65_IN   : in std_logic_vector(15 downto 0);
11         IO64_OUT  : out std_logic_vector(15 downto 0);
12         HEX4      : out std_logic_vector(6 downto 0);
13         HEX3      : out std_logic_vector(6 downto 0);
14         HEX2      : out std_logic_vector(6 downto 0);
15         HEX1      : out std_logic_vector(6 downto 0);
16         HEX0      : out std_logic_vector(6 downto 0)
17     );
18 end cpu_dec;
19 -- 回路の記述
20 architecture RTL of cpu_dec is
21 -- CPU（本体）の宣言
22     component cpu15
23         port(
24             CLK       : in std_logic;
25             RESET_N   : in std_logic;
26             IO65_IN   : in std_logic_vector(15 downto 0);
27             IO64_OUT  : out std_logic_vector(15 downto 0)
28         );
29     end component;
30
31 -- 2進-10進変換回路（5桁目）の宣言
32     component bin_dec10000
33         port(
34             BIN_IN     : in std_logic_vector(15 downto 0);
35             DEC_OUT4   : out std_logic_vector(3 downto 0);
36             REMINDER4  : out std_logic_vector(13 downto 0)
37         );
38     end component;
39 -- 2進-10進変換回路（4桁目）の宣言
40     component bin_dec1000
41         port(
42             BIN_IN3    : in std_logic_vector(13 downto 0);
43             DEC_OUT3   : out std_logic_vector(3 downto 0);
44             REMINDER3  : out std_logic_vector(9 downto 0)
45         );
46     end component;
47 -- 2進-10進変換回路（3桁目）の宣言
48     component bin_dec100
49         port(
50             BIN_IN2    : in std_logic_vector(9 downto 0);
```

図 8-12　10進表示機能付きCPUのソースコード（1/3）（cpu_dec.vhd）

```
51                  DEC_OUT2  : out std_logic_vector(3 downto 0);
52                  REMINDER2 : out std_logic_vector(6 downto 0)
53             );
54        end component;
55   -- 2進-10進変換回路 (2桁目)の宣言
56        component bin_dec10
57             port(
58                  BIN_IN1   : in std_logic_vector(6 downto 0);
59                  DEC_OUT1  : out std_logic_vector(3 downto 0);
60                  REMINDER1 : out std_logic_vector(3 downto 0)
61             );
62        end component;
63   -- 7セグメントLED用デコーダ回路の宣言
64        component dec_7seg
65             port(
66                  DIN   : in std_logic_vector(3 downto 0);
67                  SEG7  : out std_logic_vector(6 downto 0)
68             );
69        end component;
70   -- 内部信号の定義
71   signal  IO64_OUT_TP : std_logic_vector(15 downto 0);
72   signal  DEC_OUT4    : std_logic_vector(3 downto 0);
73   signal  DEC_OUT3    : std_logic_vector(3 downto 0);
74   signal  DEC_OUT2    : std_logic_vector(3 downto 0);
75   signal  DEC_OUT1    : std_logic_vector(3 downto 0);
76   signal  DEC_OUT0    : std_logic_vector(3 downto 0);
77   signal  REMINDER4   : std_logic_vector(13 downto 0);
78   signal  REMINDER3   : std_logic_vector(9 downto 0);
79   signal  REMINDER2   : std_logic_vector(6 downto 0);
80
81   begin
82   -- CPU (本体)の実体化と入出力の相互接続
83        C1 : cpu15
84             port map(
85                  CLK => CLK,
86                  RESET_N => RESET_N,
87                  IO65_IN => IO65_IN and "0000001111111111",
88                  IO64_OUT => IO64_OUT_TP
89             );
90   -- 2進-10進変換回路 (4桁目) の実体化と入出力の相互接続
91        C2 : bin_dec10000
92             port map(
93                  BIN_IN => IO64_OUT_TP,
94                  DEC_OUT4 => DEC_OUT4,
95                  REMINDER4 => REMINDER4
96             );
97   -- 2進-10進変換回路 (3桁目) の実体化と入出力の相互接続
98        C3 : bin_dec1000
99             port map(
100                 BIN_IN3 => REMINDER4,
101                 DEC_OUT3 => DEC_OUT3,
102                 REMINDER3 => REMINDER3
103            );
```

何も接続しない入力は1(H)になるため，IO65_INの16～11 bitを0(L)にする

図8-13 10進表示機能付きCPUのソースコード(2/3)(cpu_dec.vhd)

```
104 -- 2進-10進変換回路（3桁目）の実体化と入出力の相互接続
105       C4 : bin_dec100
106            port map(
107                 BIN_IN2 => REMINDER3,
108                 DEC_OUT2 => DEC_OUT2,
109                 REMINDER2 => REMINDER2
110            );
111 -- 2進-10進変換回路（2桁目）の実体化と入出力の相互接続
112       C5 : bin_dec10
113            port map(
114                 BIN_IN1 => REMINDER2,
115                 DEC_OUT1 => DEC_OUT1,
116                 REMINDER1 => DEC_OUT0
117            );
118 -- 7セグメントLED用デコーダ（5桁目）の実体化と入出力の相互接続
119       C6 : dec_7seg
120            port map(
121                 DIN => DEC_OUT4,
122                 SEG7 => HEX4
123            );
124 -- 7セグメントLED用デコーダ（4桁目）の実体化と入出力の相互接続
125       C7 : dec_7seg
126            port map(
127                 DIN => DEC_OUT3,
128                 SEG7 => HEX3
129            );
130 -- 7セグメントLED用デコーダ（3桁目）の実体化と入出力の相互接続
131       C8 : dec_7seg
132            port map(
133                 DIN => DEC_OUT2,
134                 SEG7 => HEX2
135            );
136 -- 7セグメントLED用デコーダ（2桁目）の実体化と入出力の相互接続
137       C9 : dec_7seg
138            port map(
139                 DIN => DEC_OUT1,
140                 SEG7 => HEX1
141            );
142 -- 7セグメントLED用デコーダ（1桁目）の実体化と入出力の相互接続
143       C10 : dec_7seg
144            port map(
145                 DIN => DEC_OUT0,
146                 SEG7 => HEX0
147            );
148 -- 計算結果の出力
149       IO64_OUT <= IO64_OUT_TP;
150 end RTL;
```

図 8-14　10 進表示機能付き CPU のソースコード (3/3) (cpu_dec.vhd)

8.2.5　入出力ピンの割り当て

10 進表示機能を付加した CPU 本体の VHDL コードに記述した信号名と，FPGA のピン番号，評価ボード上のデバイスに接続する信号名の対応関係を表8-2に整理します.

表8-2　10進表示機能付きCPUの信号名とFPGAのピン番号対応表

CPU信号名	ピン番号	ボード信号名	CPU信号名	ピン番号	ボード信号名
CLK	M9	CLOCK_50	HEX0[0]	U21	HEX00
RESET_N	U7	KEY0	HEX0[1]	V21	HEX01
IO65_IN[0]	U13	SW0	HEX0[2]	W22	HEX02
IO65_IN[1]	V13	SW1	HEX0[3]	W21	HEX03
IO65_IN[2]	T13	SW2	HEX0[4]	Y22	HEX04
IO65_IN[3]	T12	SW3	HEX0[5]	Y21	HEX05
IO65_IN[4]	AA15	SW4	HEX0[6]	AA22	HEX06
IO65_IN[5]	AB15	SW5	HEX1[0]	AA20	HEX10
IO65_IN[6]	AA14	SW6	HEX1[1]	AB20	HEX11
IO65_IN[7]	AA13	SW7	HEX1[2]	AA19	HEX12
IO65_IN[8]	AB13	SW8	HEX1[3]	AA18	HEX13
IO65_IN[9]	AB12	SW9	HEX1[4]	AB18	HEX14
IO65_IN[10]	(N16)	(GPIO_0_D0)	HEX1[5]	AA17	HEX15
IO65_IN[11]	(B16)	(GPIO_0_D1)	HEX1[6]	U22	HEX16
IO65_IN[12]	(M16)	(GPIO_0_D2)	HEX2[0]	Y19	HEX20
IO65_IN[13]	(C16)	(GPIO_0_D3)	HEX2[1]	AB17	HEX21
IO65_IN[14]	(D17)	(GPIO_0_D4)	HEX2[2]	AA10	HEX22
IO65_IN[15]	(K20)	(GPIO_0_D5)	HEX2[3]	Y14	HEX23
IO64_OUT[0]	AA2	LEDR0	HEX2[4]	V14	HEX24
IO64_OUT[1]	AA1	LEDR1	HEX2[5]	AB22	HEX25
IO64_OUT[2]	W2	LEDR2	HEX2[6]	AB21	HEX26
IO64_OUT[3]	Y3	LEDR3	HEX3[0]	Y16	HEX30
IO64_OUT[4]	N2	LEDR4	HEX3[1]	W16	HEX31
IO64_OUT[5]	N1	LEDR5	HEX3[2]	Y17	HEX32
IO64_OUT[6]	U2	LEDR6	HEX3[3]	V16	HEX33
IO64_OUT[7]	U1	LEDR7	HEX3[4]	U17	HEX34
IO64_OUT[8]	L2	LEDR8	HEX3[5]	V18	HEX35
IO64_OUT[9]	L1	LEDR9	HEX3[6]	V19	HEX36
IO64_OUT[10]	(K21)	(GPIO_0_D6)	HEX4[0]	U20	HEX40
IO64_OUT[11]	(K22)	(GPIO_0_D7)	HEX4[1]	Y20	HEX41
IO64_OUT[12]	(M20)	(GPIO_0_D8)	HEX4[2]	V20	HEX42
IO64_OUT[13]	(M21)	(GPIO_0_D9)	HEX4[3]	U16	HEX43
IO64_OUT[14]	(N21)	(GPIO_0_D10)	HEX4[4]	U15	HEX44
IO64_OUT[15]	(R22)	(GPIO_0_D11)	HEX4[5]	Y15	HEX45
			HEX4[6]	P9	HEX46

8.2.6 FPGA 評価ボードへの実装

10 進表示機能付き CPU と FPGA 間の接続関係を，図 8-15 に示します．

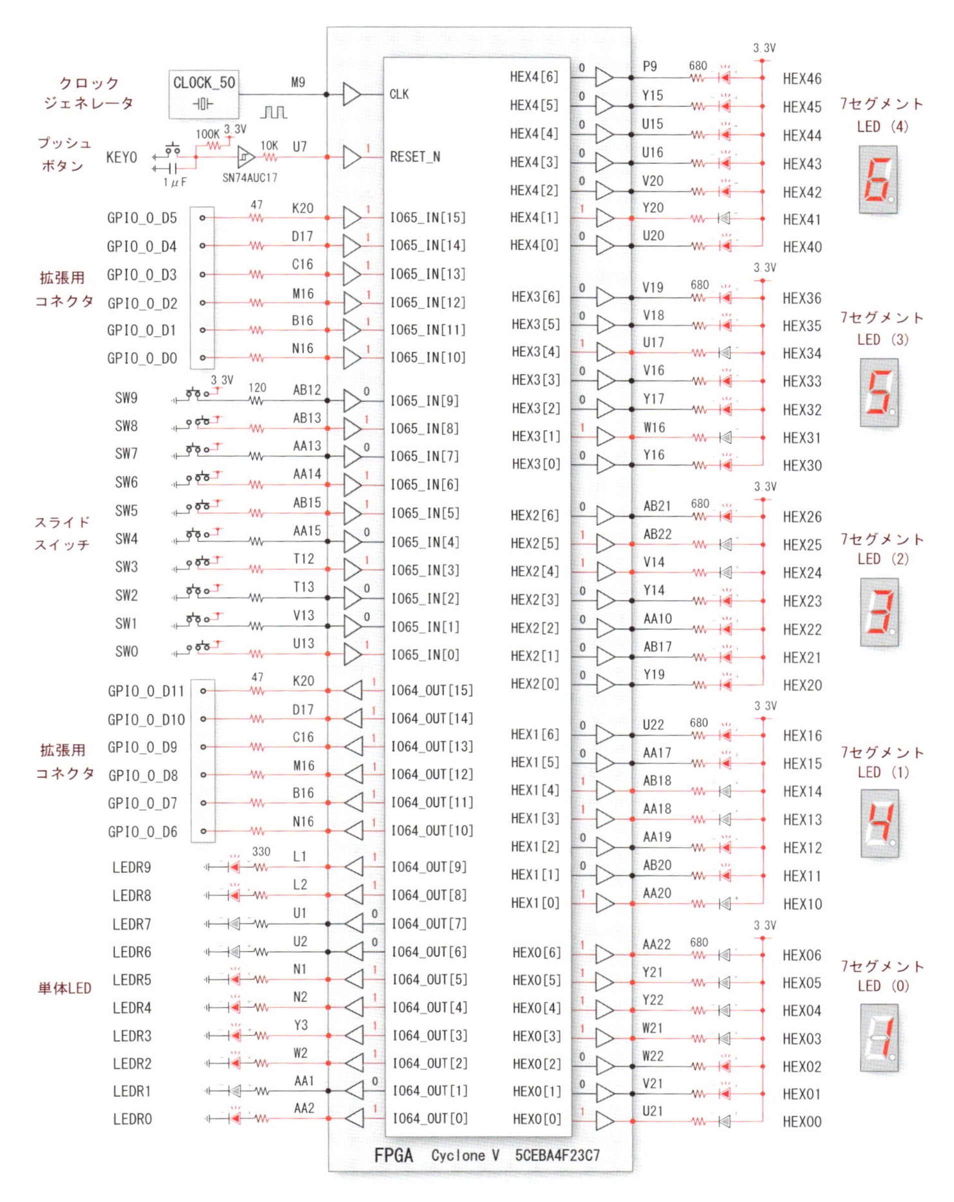

図 8-15　10 進表示機能のある CPU とスイッチ，LED の接続

$1+2+\cdots+n$ の値について

CPUの設計では，$1+2+\cdots+10$ を計算するプログラムを用いています．ここで，整数 n までの総和を求めると，次の表8-3のようになります．

表8-3　$1+2+\cdots+n$ の数値例

n（上限値）		$1+2+\cdots+n$		
10進	16進	10進	2進	16進
1	1	1	1	1
2	2	3	11	3
3	3	6	110	6
4	4	10	1010	A
5	5	15	1111	F
6	6	21	1 0101	15
7	7	28	1 1100	1C
8	8	36	10 0100	24
9	9	45	10 1101	2D
10	A	55	11 0111	37
20	14	210	1101 0010	D2
30	1E	465	1 1101 0001	1D1
40	28	820	11 0011 0100	334
50	32	1275	100 1111 1011	4FB
60	3C	1830	111 0010 0110	726
70	46	2485	1001 1011 0101	9B5
80	50	3240	1100 1010 1000	CA8
90	5A	4095	1111 1111 1111	FFF
100	64	5050	1 0011 1011 1010	13BA
110	6E	6105	1 0111 1101 1001	17D9
120	78	7260	1 1100 0101 1100	1C5C
130	82	8515	10 0001 0100 0011	2143
140	8C	9870	10 0110 1000 1110	268E
150	96	11325	10 1100 0011 1101	2C3D
200	C8	20100	100 1110 1000 0100	4E84
250	F6	31375	111 1010 1000 1111	7A8F
300	12C	45150	1011 0000 0101 1110	B05E
350	15E	61425	1110 1111 1111 0001	EFF1
361	169	65341	1111 1111 0011 1101	FF3D

この表の計算には，以下の関係式を用いています．

$$\sum_{i=1}^{n} i = \frac{n(n+1)}{2}$$

ここで図 8-16 に示すように，fetch ソースコードの 31,32 行にある ldh Reg3, 0 と ldl Reg3, 10 の数値を書き替えることにより，任意の n までの総和を求めるプログラムに変更することができます．

```
23  constant MEM : MOMORY :=
24          (
25          "100100000000000",      -- ldh Reg0, 0
26          "100000000000000",      -- ldl Reg0, 0
27          "100100100000000",      -- ldh Reg1, 0
28          "100000100000001",      -- ldl Reg1, 1
29          "100101000000000",      -- ldh Reg2, 0
30          "100001000000000",      -- ldl Reg2, 0
31          "100101100000001",      -- ldh Reg3, 1h
32          "100001101101001",      -- ldl Reg3, 69h
33          "000101000100000",      -- add Reg2, Reg1
34          "000100001000000",      -- add Reg0, Reg2
35          "111000001000000",      -- st Reg0, 64(40h)
36          "101001001100000",      -- cmp Reg2, Reg3
37          "101100000001110",      -- je 14(Eh)
38          "110000000001000",      -- jmp 8(8h)
39          "111100000000000",      -- hlt
40          "000000000000000"       -- nop
41          );
```

1+2+…+361 = 65341
を計算する機械語
とアセンブリ言語

図 8-16　1＋2＋…＋361 を計算するプログラム（fetch.vhd 改）

表 8-3 より，16bit で表せる 65535 以下の 10 進数を表示するためには，整数 n が 361（16 進で 169h）以下である必要があり，それを超えるとオーバーフローが 17bit 目に発生し，正しい結果が表示されない点に注意が必要です．

8.2.7 実行結果

図 8-17 に，1+2+…+10 を計算するプログラムを実行した結果を示します．10 進数の 55 と，対応する 2 進数 "0000000000110111" の下位 10bit が表示されていることが分かります．

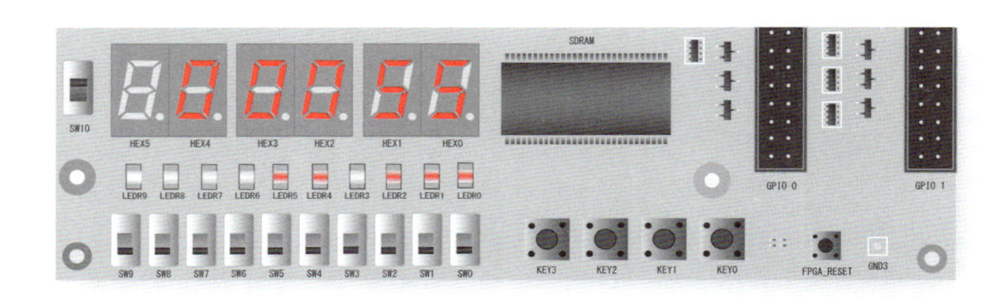

図 8-17　10 進表示機能付き CPU の実行結果（cpu_dec）

図 8-18 に，1+2+…+361 を計算するプログラム（図 8-16）を実行した結果を示します．10 進数の 65341 と，対応する 2 進数 "1111111100111101" の下位 10bit が表示されています．

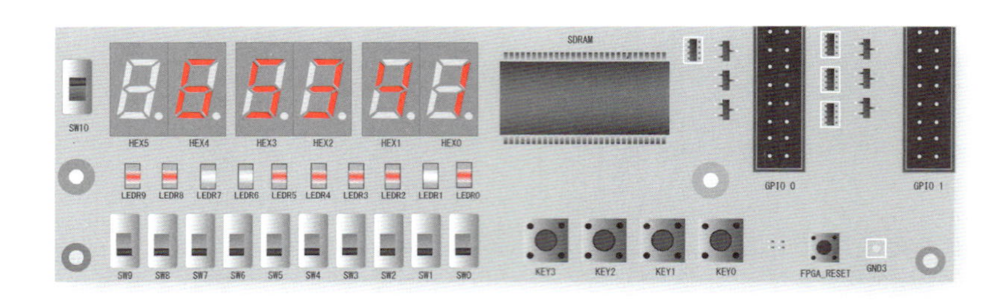

図 8-18　10 進表示機能付き CPU の実行結果（2）（cpu_dec 改）

8.3 計算の経過を 10 進数で表示する（cpu15_dec_slow）

FPGA 評価ボードに実装された50MHz のクロックを用いた場合，数 μs 程度の極めて短い時間内に計算が完了するため，その経過を目視で確認することはできません．そこで，CPU の実効的なクロック周波数を低くするため，50MHz のクロックを分周するカウンタ回路を新たに設計し，前節の回路に実装します．なお，プロジェクト名は cpu15_dec_slow とします．

8.3.1 低速動作用バイナリカウンタの設計

21bit のバイナリカウンタを用いて，評価ボードの 50MHz のクロックを $\frac{1}{2^{21}}$ に分周することにより，極めて低い周波数のクロックを生成します．

そのカウンタのソースコード（clk_down.vhd）を，図 8-19 に示します．

```
1   -- clk_down.vhd        低速動作用バイナリカウンタ
2   library IEEE;
3   use IEEE.std_logic_1164.all;
4   use IEEE.std_logic_unsigned.all;
5
6   -- 入出力の宣言
7   entity clk_down is
8       port
9       (
10          CLK_IN  : in std_logic;
11          CLK_OUT : out std_logic
12      );
13  end clk_down;
14
15  -- 回路の記述
16  architecture RTL of clk_down is
17  signal COUNT : std_logic_vector(20 downto 0);
18  begin
19      process(CLK_IN)
20      begin
21          if(CLK_IN'event and CLK_IN = '1') then
22              COUNT <= COUNT + 1;
23          end if;
24      end process;
25      CLK_OUT <= COUNT(20);
26  end RTL;
```

図 8-19 低速動作用バイナリカウンタのソースコード（clk_down.vhd）

低速動作時の計算速度を推定する！

ここで，設計した低速動作用カウンタを用いたときの計算速度を推定してみましょう．

50MHzのクロックの周期 T は，$1 / 50\text{MHz} = 20 \times 10^{-9}$ [s] = 20[ns] と求められます．

図7-18のfetchのソースコードに示したように，33行のadd Reg2, Reg1から38行のjmp 8までの1ループ（6ステップ）の間に，I/O出力命令のst Reg0, 64を1回実行しています．

これより表示の間隔は，計算の1ループの周期で決まり，1ステップが4クロックで構成されていることから，

$20 \times 10^{-9} \times 2^{21} \times 6 \times 4 = 1.007$[s]

となり，ほぼ1秒ごとに新たな値が表示されることが分かります．

8.3.2 計算経過を表示する低速動作CPUのソースコード

先に設計した低速動作用カウンタ（clk_down.vhd）と，図8-12～図8-14に示した10進表示機能のあるCPU（cpu_dec.vhd）をコンポーネント化して，計算の経過を目視で確認できる回路に修正します．

その回路構成を図8-20に，VHDLのソースコード（cpu_dec_slow.vhd）を，図8-21および図8-22に示します．

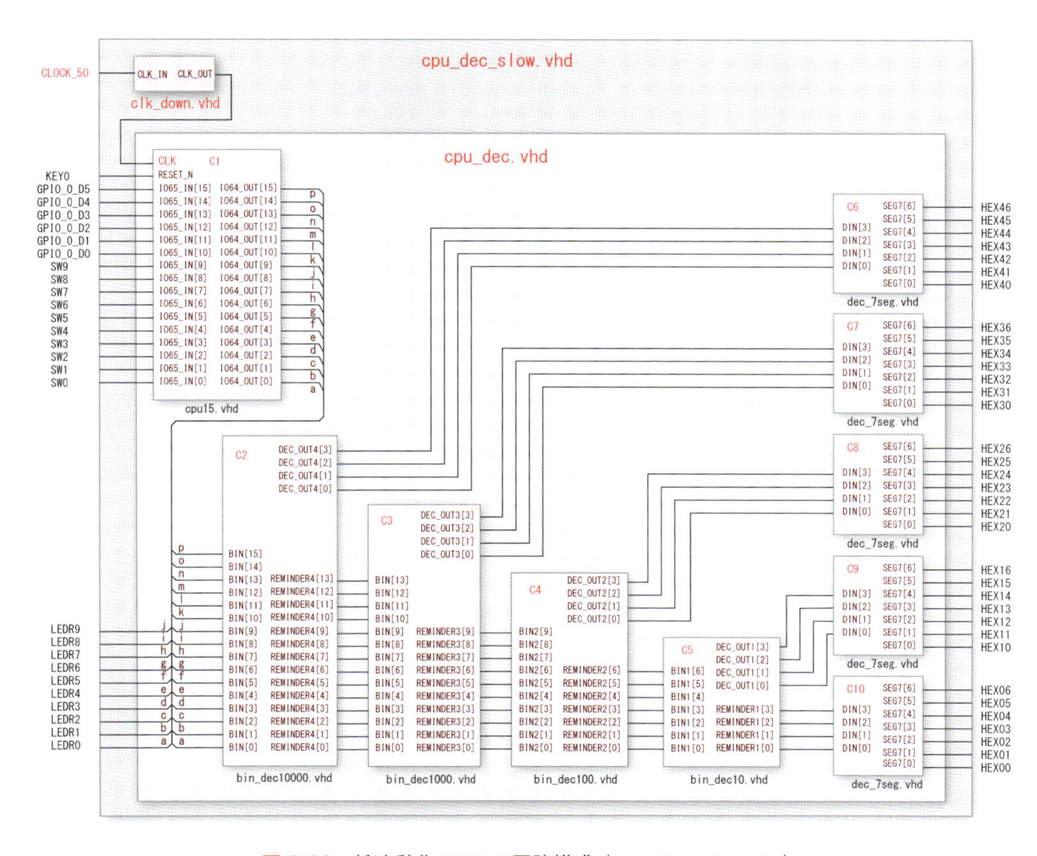

図8-20　低速動作CPUの回路構成（cpu_dec_slow.vhd）

```
1  -- cpu_dec_slow.vhd       低速動作CPU（10進表示機能付き）
2  library IEEE;
3  use IEEE.std_logic_1164.all;
4
5  -- 入出力の宣言
6  entity cpu_dec_slow is
7      port
8      (
9          CLK       : in std_logic;
10         RESET_N   : in std_logic;
11         IO65_IN   : in std_logic_vector(15 downto 0);
12         IO64_OUT  : out std_logic_vector(15 downto 0);
13         HEX4      : out std_logic_vector(6 downto 0);
14         HEX3      : out std_logic_vector(6 downto 0);
15         HEX2      : out std_logic_vector(6 downto 0);
16         HEX1      : out std_logic_vector(6 downto 0);
17         HEX0      : out std_logic_vector(6 downto 0)
18     );
19 end cpu_dec_slow;
20
21 -- 回路の記述
22 architecture RTL of cpu_dec_slow is
23 -- clk_downの宣言
24 component clk_down
25     port(
26         CLK_IN    : in std_logic;
27         CLK_OUT   : out std_logic
28     );
29 end component;
30 -- CPU（cpu_dec）の宣言
31 component cpu_dec
32     port(
33         CLK       : in std_logic;
34         RESET_N   : in std_logic;
35         IO65_IN   : in std_logic_vector(15 downto 0);
36         IO64_OUT  : out std_logic_vector(15 downto 0);
37         HEX4      : out std_logic_vector(6 downto 0);
38         HEX3      : out std_logic_vector(6 downto 0);
39         HEX2      : out std_logic_vector(6 downto 0);
40         HEX1      : out std_logic_vector(6 downto 0);
41         HEX0      : out std_logic_vector(6 downto 0)
42     );
43 end component;
44 -- 内部変数の定義
45 signal CLK_SLOW     : std_logic;
46 -- clk_down の実体化と入出力の相互接続
47 begin
48     C1 : clk_down
49         port map(
50             CLK_IN => CLK,
```

CLK(50MHz)を分周し約1秒間隔で経過表示するためのカウンタ回路（24～29行）

10進表示機能付きCPU（本体）（31～43行）

図8-21 低速動作CPUのVHDLソースコード（1/2）（cpu_dec_slow.vhd）

```
51              CLK_OUT => CLK_SLOW
52          );
53  -- cpu_dec の実体化と入出力の相互接続
54      C2 : cpu_dec
55          port map(
56              CLK => CLK_SLOW,
57              RESET_N => RESET_N,
58              IO65_IN => IO65_IN,
59              IO64_OUT => IO64_OUT,
60              HEX4 => HEX4,
61              HEX3 => HEX3,
62              HEX2 => HEX2,
63              HEX1 => HEX1,
64              HEX0 => HEX0
65          );
66  end RTL;
```

図8-22　低速動作CPUのVHDLソースコード（2/2）（cpu_dec_slow.vhd）

VHDLの本体と，その中で使用するすべてのコンポーネントを1つのフォルダ（cpu_dec_slow）に集約して，コンパイルします．

なお，コンポーネントの内部で呼び出す下層のコンポーネントもすべてフォルダ内に集約し，プロジェクト登録する必要があります．

8.3.3　実行結果

設計した低速動作CPUの実行例を，図8-23に示します．

リセットボタンKEY0を押し，開放すると1秒後に"00001"，2秒後に"00003"と表示され，10秒後に"00055"と表示されて停止します．

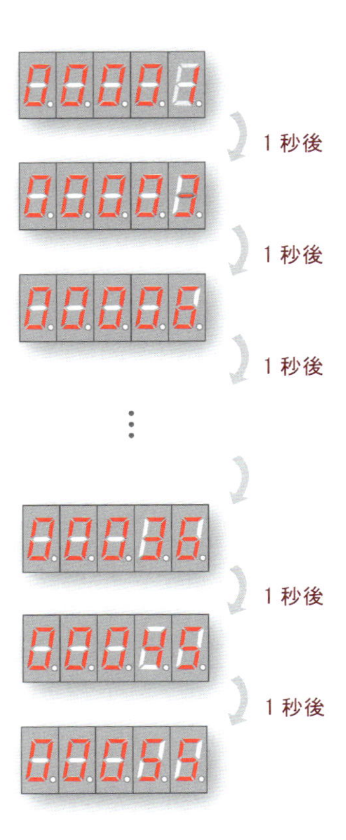

図 8-23　計算経過を表示する CPU の実行結果（cpu_dec_slow）

なお，図 8-16 のようにプログラムを修正した場合，動作開始後，1 秒おきにその時点までの累積値を表示し，約 361 秒後に "65341" を表示して停止します．

8.4 計算の上限値を入力スイッチで指定する

これまでに示した数列の和を求めるプログラムでは，その上限の値 n をソースコードの中で記述していました．

一方，第2講で設計したCPUの命令セットには，メモリ（I/O）からデータを読み込むld命令が含まれていましたが，これまでのプログラムでは使用していませんでした．

本節では，このI/O入力のld命令を活用し，スライドスイッチを操作して設定した数値を，数列の上限値nとして指定するよう，プログラムに修正を加えます．

8.4.1 プログラムの修正（cpu_dec_slow改）

数列の和を求める従来のプログラム（fetch.vhd）に，図8-24のように修正を加えます．赤字で示した部分が修正した箇所です．

31行では，I/O入力の65番地から16bitのデータを読み込み，レジスタのReg3に保存する命令に改めます．

なお，その次にあったReg3の上位8bitに0を書き込む命令ldh Reg3, 0は除去しています．このため，その後のadd命令以降がすべて1つ上に繰り上がり，36行，37行の命令のジャンプ先アドレスが，1つ少なくなっている点に注意が必要です．

さらに，4bitのアドレスで指定する配列MEMの最後（40行）に，39行と同じnop命令を追加しています．

以上の内容を新たなファイル（fetch_input.vhd）として，プロジェクトのフォルダ内に保存し，プロジェクトのファイルとして登録します．

なお，CPU本体のVHDLにおいて，図7-10のコンポーネントの定義と，図7-14のコンポーネントの接続（実体化）の記述も変更する必要があることは言うまでもありません．

```
1  -- fetch_input.vhd    スイッチによる上限値の入力機能
2  library IEEE;
3  use IEEE.std_logic_1164.all;
4  use IEEE.std_logic_unsigned.all;
5
6  -- 入出力の宣言
7  entity fetch_input is
8      port
9      (
10         CLK_FT   : in std_logic;
11         P_COUNT  : in std_logic_vector(7 downto 0);
12         PROM_OUT : out std_logic_vector(14 downto 0)
13     );
14  end fetch_input;
15
16 -- 回路の記述
17 architecture RTL of fetch_input is
18
19 subtype WORD is std_logic_vector(14 downto 0);
20
21 type MEMORY is array (0 to 15) of WORD;
22
23 constant MEM : MOMORY :=
24         (
25         "100100000000000",      -- ldh Reg0, 0
26         "100000000000000",      -- ldl Reg0, 0
27         "100100100000000",      -- ldh Reg1, 0
28         "100000100000001",      -- ldl Reg1, 1
29         "100101000000000",      -- ldh Reg2, 0
30         "100001000000000",      -- ldl Reg2, 0
31         "110101101000001",      -- ld Reg3, 65
32         "000101000100000",      -- add Reg2, Reg1
33         "000100001000000",      -- add Reg0, Reg2
34         "111000001000000",      -- st Reg0, 64
35         "101001001100000",      -- cmp Reg2, Reg3
36         "101100000001101",      -- je 13(Dh)
37         "110000000000111",      -- jmp 7(7h)
38         "111100000000000",      -- hlt
39         "000000000000000",      -- nop (mov Reg0, Reg0)
40         "000000000000000"       -- nop (mov Reg0, Reg0)
41         );
42 begin
43     process(CLK_FT)
44     begin
45         if(CLK_FT'event and CLK_FT = '1') then
46             PROM_OUT <= MEM(conv_integer(P_COUNT(3 downto 0)));
47         end if;
48     end process;
49 end RTL;
50
```

[修正箇所]
加算の上限をI/0入力のスイッチで指定

要注意（,は不要）

図8-24　スイッチによる上限値の入力（fetch_input.vhd）

8.4.2 実行結果

FPGAのピン配置もすべて完了しているので，プログラムの修正後，コンパイルして実行します．

図8-25のように，入力値として$10_{(10)}$すなわち2進の"0000001010"をSW9～SW0に設定して，リセットのKEY0を押すと，1秒ごとに表示が1,3,6のように更新され，約10秒後に00055が表示されて停止します．

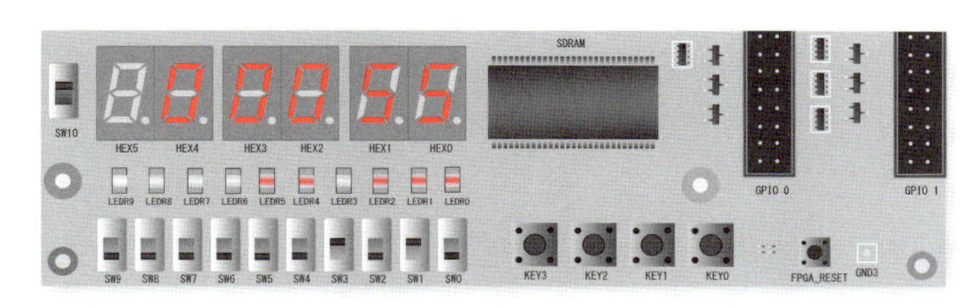

図8-25　$10_{(10)}$を入力したときのCPUの実行結果（cpu_dec_slow改）

また図8-26のように，入力値として$361_{(10)}$すなわち2進の"0101101001"をSW9～SW0に設定して，リセットのKEY0を押すと，1秒ごとに表示が更新され，約361秒後に65341が表示されて停止します．なお，単体のLEDにはその2進数"1111111100111101"の下位10bitが表示されます．

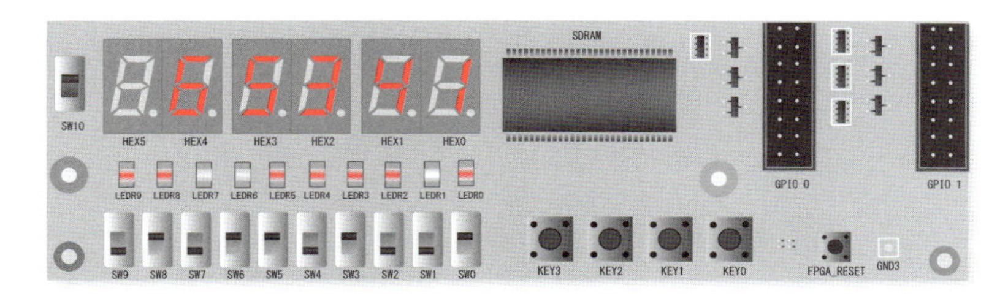

図8-26　$361_{(10)}$を入力したときのCPUの実行結果（cpu_dec_slow改）

これらのスイッチに，10進の361を超える値を設定した場合，16bitのレジスタReg0の累積値にオーバーフローが発生し，正しい値が得られないので注意が必要です．

第II部

より実用的なCPUを目指して！

第 9 講
プログラムを独立化し メモリを実装する

本講では，より実用的なCPUを目指して，第I部で設計したCPUに改良を加えます．

9.1 第I部で設計したCPUの問題点

第7講の最後のコラムで触れたように，第I部で設計したCPUには，以下のような問題点があります．

1. ROMの記述法（回路とプログラムが一体化）
2. RAMの記述法（メモリサイズの制限）
3. RAMの構成法（専用メモリが未使用）

以下，その具体的な内容と対処法について整理しましょう．

9.1.1 ROM（プログラム）の記述について

- 現状

  プログラムの機械語を，fetchコンポーネントのソースコード中に，定数型配列の初期値の形で記述しており，回路（ハードウェア）とプログラム（ソフトウェア）が明確に分離されていません．また，図9-1の設計レポートに示されているように，ROM（プログラム）本体が，FPGAのロジックエレメント（ALM）で構成されており，内蔵されているメモリブロックが有効に活用されていません．

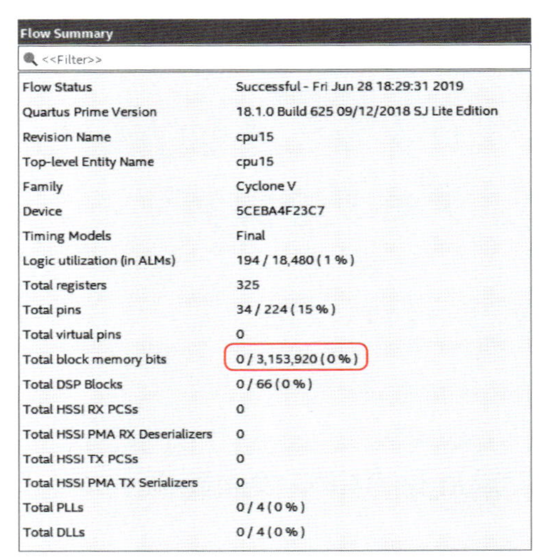
Flow Summary

<<Filter>>

Flow Status	Successful - Fri Jun 28 18:29:31 2019
Quartus Prime Version	18.1.0 Build 625 09/12/2018 SJ Lite Edition
Revision Name	cpu15
Top-level Entity Name	cpu15
Family	Cyclone V
Device	5CEBA4F23C7
Timing Models	Final
Logic utilization (in ALMs)	194 / 18,480 (1 %)
Total registers	325
Total pins	34 / 224 (15 %)
Total virtual pins	0
Total block memory bits	0 / 3,153,920 (0 %)
Total DSP Blocks	0 / 66 (0 %)
Total HSSI RX PCSs	0
Total HSSI PMA RX Deserializers	0
Total HSSI TX PCSs	0
Total HSSI PMA TX Serializers	0
Total PLLs	0 / 4 (0 %)
Total DLLs	0 / 4 (0 %)

図 9-1　第Ⅰ部で設計した CPU の設計レポート（cpu15）

- 問題点

  一般の CPU では，回路構成（ハードウェア）とプログラム（ソフトウェア）は，明確に分離されています．

  これに対し，本書の前半で設計した CPU の場合，最終的な機械語が VHDL のコード中に埋め込まれています．

  例えば，将来独自に C 言語等を用いてクロスアセンブラを開発し，より高度なプログラミング環境を構築する場合，最終的な機械語を VHDL のコード中に埋め込む作業が必要になります．このようなインタフェースでは，プログラムを修正するたびに回路系も再コンパイルする必要があり，必ずしも望ましい形態とは言えません．

- 対処法

  FPGA の EDA 開発ツールの中で提供されているライブラリを積極的に活用します．今回は，Quartus Prime の IP Catalog（ライブラリ）として用意されている ROM メモリブロックを組み込みます．

  これにより，ROM の初期値を別ファイルとして記述することが可能になり，FPGA のメモリブロックを利用することにより，ロジックエレメントを有効に活用することができます.

その具体的な手法については，本講の9.2で紹介します.

9.1.2 RAMの記述方法について

- 現状

RAMに関連するコンポーネントには，読み出し側のram_dc.vhdと，書き込み側のram_wb.vhdがあります．2つに分かれているのは，すべてのコンポーネントが，組合せ回路の出力をそのフェーズのクロックで波形整形して出力するという基本方針を遵守(じゅんしゅ)したためです.

- 問題点

上で述べたように，読み出しと書き込みの処理がそれぞれ別のコンポーネントで記述されているため，その間を接続するすべての配線をport文で指定する必要があります．これまでの設計では8個の信号名を記述していましたが，これを例えば256に拡張するとき，その信号名を延々と書き連ねることは，推奨できるものではありません．このため，第I部の設計ではRAMの数を8ワードに制限したわけです.

- 対処法

第2講で示した加減算等の演算命令から明らかなように，レジスタの場合，オペランドで指定した2つのレジスタの値を同時に読み出す回路構成が欠かせません.

これに対し，メモリについては，レジスタとメモリ間でデータ転送するロード命令とストア命令しかなく，2つのアドレスのメモリ内容を同時にアクセスすることはありません．このため，アドレスをインデックスとする配列の形で表すことが可能になります.

なお，配列の実体は1つしかないので，2つのコンポーネントに分けて記述することはできません．そこで本講の9.3ではこれらを統合し，読み出し用のCLK_DCと，書き込み用のCLK_WBの2つのクロックを入力とする単体のコンポーネントを新たに設計します.

9.1.3 RAMの構成法について

- 現状とその問題点

 詳しくは本講9.4の第1次設計の評価で述べますが，配列を用いてRAMを記述してもロジックエレメント（ALM）に割り当てられることがあり，FPGAに内蔵されているメモリブロックに実装されるとは限りません．

- 対処法

 限られた資源であるロジックエレメント（ALM）を有効活用するため，RAMの機能を切り離し，FPGAのメモリブロックに実装します．

 そのためにはROMと同じように，Quartus PrimeのIP Catalogにライブラリとして用意されているRAMメモリブロックを組み込みます．その具体的な方法については，本講の後半で紹介します．

プログラムの実行手順

小規模の**組み込みシステム**に，しばしば**1チップマイコン**が用いられます．これらの内部には，フラッシュメモリを代表とする**不揮発メモリ**が内蔵されており，専用のツールを用いて，プログラム（機械語）を書き込むことができます．CPUのハードウェアは，電源投入後に指定された番地から自動的に実行を開始するため，実行するプログラムをその先頭番地から順に書き込んでおきます．

一方，**パソコン**のように，OSが実装されている高度なシステムでは，起動後，指定された番地（例えば16進のFFFF0h）から実行を開始します．このアドレスには**マザーボード**上の不揮発メモリが割り当てられており，**システムBIOS**が起動されます．その後マザーボード上の様々なリソース（コントローラ等）の状態を確認し，初期化等の作業を行った後**ブートローダ**によりOSが書き込まれたハードディスク等を探索して，制御を委ねます．

ここで使用する**FPGA評価ボード**DE0-CVの場合，FPGA本体に不揮発メモリはないので，FPGA内の結線情報はUSBケーブル等を用いてパソコンからダウンロードします．なお，電源投入時に基板上のEEPROMからFPGA内の結線情報を自動的に読み込み，設計した回路が構築された後，実行を開始する単体動作モードも用意されています．

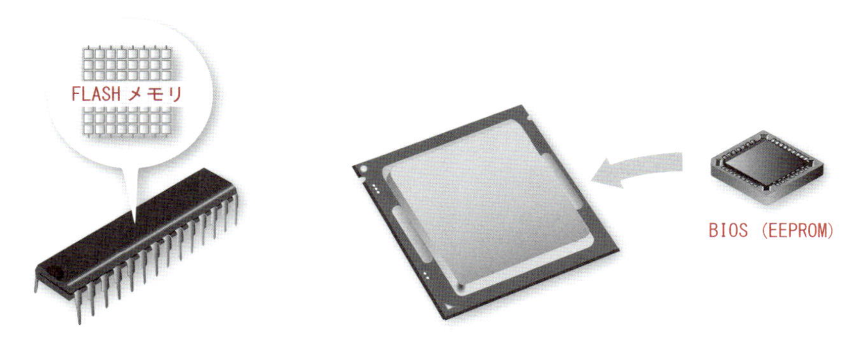

図9-2　プログラムの実行手順

9.2 ROM メモリブロックの設計

本節では，EDA ツールの Quartus Prime に組み込まれているライブラリを用いて，ROM メモリブロックの VHDL を自動生成する手法について解説します．さらに，設計した ROM の機能を確認する RTL シミュレーションを実施し，タイミング・シミュレーションにより，動作速度のマージン等を検証します．

9.2.1 ROM メモリブロックの初期データ

ROM メモリブロックを自動生成するためには，その初期データを記述した **mif ファイル**（Memory Initialization File）を用意する必要があります．ここでは，図 8-24 に示したプログラムを例に，その mif ファイルを生成する手法について説明します．

mif ファイルを生成する手法には，以下の 2 つがあります．

(a) Quartus Prime に組み込まれているメモリ専用エディタを用いる．
(b) 一般的なエディタを用いて，Text を直接編集する．

はじめに，(a) の専用エディタによる mif ファイルの生成法について説明します．

1. メニューの File から New を選択します．
2. New という名称のダイヤログが開くので，Memory Files の中から Memory Initialization File (mif) を選択し，OK をクリックします．
3. メモリサイズを指定するダイヤログが開くので，Number of words を 256 に，Word size を 15 に設定して OK をクリックします．
4. ROM の初期値を入力するテーブルが表示されるので，メニューの View から Cells Per Row を 8 に，Address Radix と Memory Radix を Hexadecimal（16 進）に設定します．

5. 各セルの値を図 9-3 のように 16 進数で入力します．
6. 入力終了後，File メニューの Save からファイル名を例えば rom_init.mif のように入力し，保存をクリックします．なお，プロジェクトを生成するか否かを選択するダイヤログが開くので，No を選択します．

Addr	+0	+1	+2	+3	+4	+5	+6	+7	ASCII
000	4800	4000	4900	4101	4A00	4200	6B41	0A20	....
008	0840	7040	5260	580D	6007	7800	0000	0000	....
010	0000	0000	0000	0000	0000	0000	0000	0000	....
018	0000	0000	0000	0000	0000	0000	0000	0000	....
020	0000	0000	0000	0000	0000	0000	0000	0000	....
028	0000	0000	0000	0000	0000	0000	0000	0000	....
030	0000	0000	0000	0000	0000	0000	0000	0000	....
038	0000	0000	0000	0000	0000	0000	0000	0000	....
040	0000	0000	0000	0000	0000	0000	0000	0000	....

図 9-3　メモリ専用エディタによる mif ファイルの編集（rom_init.mif）

次に，一般のエディタを用いて mif ファイルを生成する (b) の手法について説明します．

上記 mif ファイルを通常のエディタで開くと，図 9-4 のような画面が表示されます．1～6 行は，自動生成されるコメントです．なお，この図には，自動生成される機械語の各行の右側に，対応するアセンブリ言語のコメントを示していますが，これは後から書き加えたもので，元のファイルにはありません．

Quartus Prime のエディタで表示する場合は，メニュー File の Open を起動し，Open File のダイヤログで上記 mif ファイルを指定します．ここで，右下にあるボタンが Auto の場合，図 9-3 に示したテーブルが表示されるので，プルダウンメニューから Text を選択しておきます．

```
1   -- Copyright (C) 2018 Intel Corporation. All rights reserved.
2   -- Your use of Intel Corporation's design tools, logic functions
3   --          (略)
4   -- agreement for further details.
5
6   -- Quartus Prime generated Memory Initialization File (.mif)
7
8   WIDTH=15;
9   DEPTH=256;
10
11  ADDRESS_RADIX=HEX;
12  DATA_RADIX=HEX;
13
14  CONTENT BEGIN
15      000  :   4800;          -- ldh Reg0, 0
16      001  :   4000;          -- ldl Reg0, 0
17      002  :   4900;          -- ldh Reg1, 0
18      003  :   4101;          -- ldl Reg1, 1
19      004  :   4A00;          -- ldh Reg2, 0
20      005  :   4200;          -- ldl Reg2, 0
21      006  :   6B41;          -- ld Reg3, 65(41h)
22      007  :   0A20;          -- add Reg2, Reg1
23      008  :   0840;          -- add Reg0, Reg2
24      009  :   7040;          -- st Reg0, 64(40h)
25      00A  :   5260;          -- cmp Reg2, Reg3
26      00B  :   580D;          -- je 13(Dh)
27      00C  :   6007;          -- jmp 7(7h)
28      00D  :   7800;          -- hlt
29      [00E..0FF]  :   0000;   -- nop
30  END;
```

図 9-4　ROM メモリブロックの mif ファイル（rom_init.mif）

この mif ファイルは vhd ファイルから独立しているので，C 言語等を用いて独自にクロスアセンブラを開発することにより，効率的に生成することも可能です．

また，第 3 講の CPU エミュレータで示した簡易アセンブラの結果を 16 進数に変換し，テキスト形式のファイルに出力することにより，mif ファイルを自動生成することも可能です．その場合，当然のことですが，コメント行を出力する必要はありません．

9.2.2 ROM メモリブロックの自動生成

Quartus Prime（Lite Edition）の IP Catalog に登録されているライブラリを用いて，ROM メモリブロックの VHDL ソースコードを自動生成する方法について解説します．なお前節で作成した初期値のmifファイルは，あらかじめプロジェクトのフォルダに転送しておきます．

1. メニューのToolsからIP Catalogを起動します．
2. 画面右側にIP Catalogのウィンドウが開くので，その中の項目Libraryの下にあるBasic Functionsをダブルクリックします．
3. その下のOn Chip MemoryからROM: 1-PORTをダブルクリックすると，Save IP Variationのダイヤログが開くので，はじめに使用言語のVHDLを選択し，IP variation file nameの右側にある"..."のボタンをクリックします．
4. Save IP variation fileのダイヤログが新たに開くので，設計するプロジェクトのフォルダを探索し，その下のファイル名の欄に，ROMのコンポーネント名（例えばfetch_rom.vhd）を入力して保存し，OKをクリックします．
5. 図9-5に示す画面が表示されるので，事前に作成したmifファイルの仕様に合わせてbit幅（15）とword長（256）を入力します．なお，クロックはデフォルトのSingle Clockとし，Nextをクリックします．
6. 図9-6の画面が表示されるので，'q' output portのチェックマークをはずします．左上の回路図のクロックが入力側のみに変更されたことを確認し，Nextをクリックします．
7. 図9-7の画面が表示されるので，ROMの初期値を記述したmifファイルを指定します．はじめにBrowse...のボタンをクリックし，ファイルの種類をAll Files(*)としてmifファイルを探索し，例えばrom_init.mifをオープンした後，Finishをクリックします．
8. 最後にSummaryのダイヤログが表示されるので，VHDL component declaration fileにチェックマークが入っていることを確認し，Finishをクリックします．

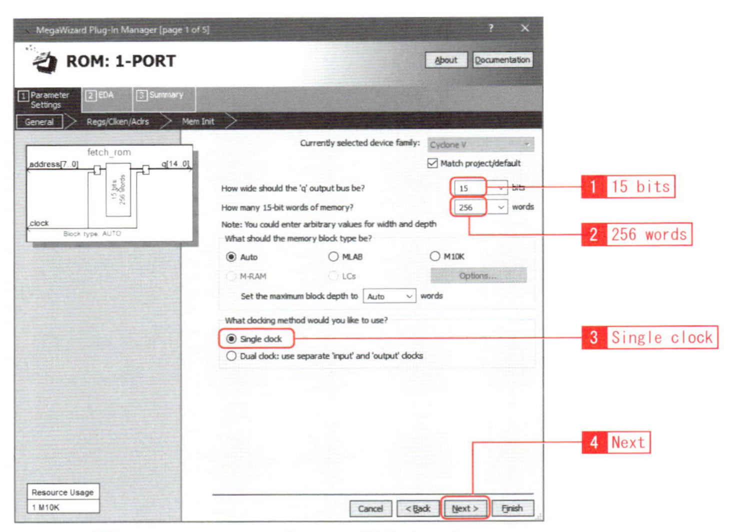

図 9-5　ROMメモリブロックの設定（1/3）

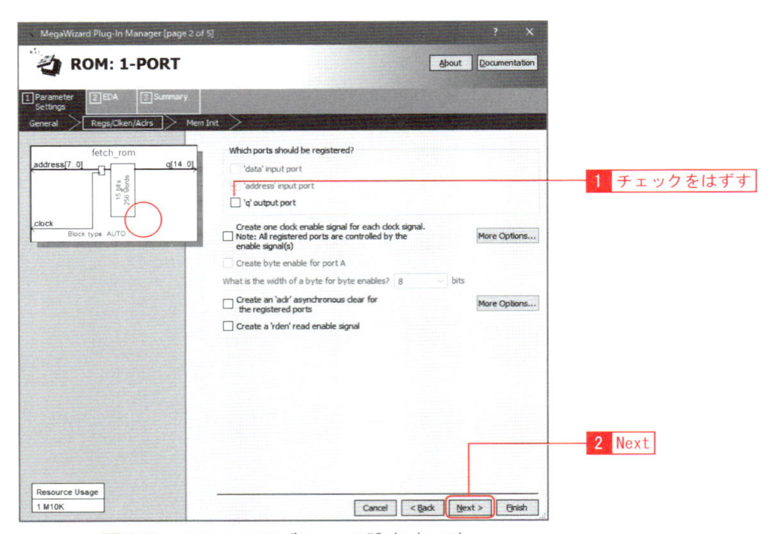

図 9-6　ROMメモリブロックの設定（2/3）

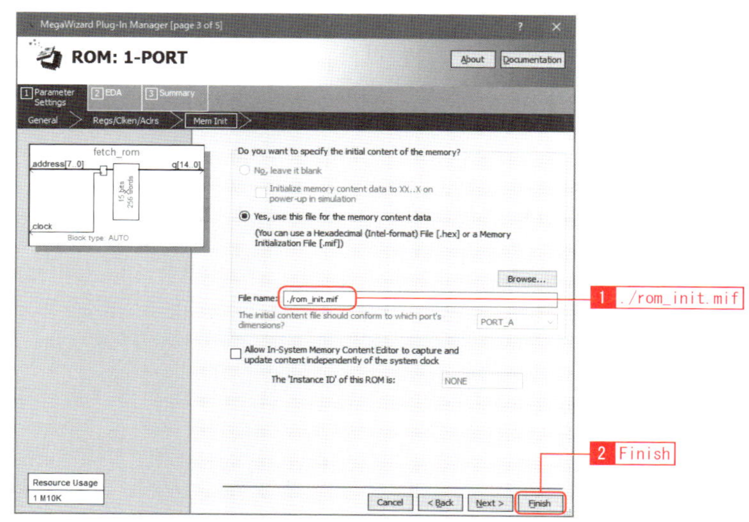

図 9-7　ROM メモリブロックの設定（3/3）

9.2.3　ROM メモリブロックの記述例

IP Catalog の Wizard により，図 9-8 および図 9-9 に示すような ROM メモリブロックの VHDL ソースコードが自動生成されます．

27～28 行でライブラリ本体を宣言し，46～62 行でそこに登録されている altsyncram という RAM のコンポーネントを定義しています．

実は，この FPGA には ROM メモリブロックに相当する固有の回路はなく，RAM メモリブロックを初期化し，その後書き込みを禁止することにより，ROM として動作させています．

47～62 行はそのパラメータ設定部ですが，51 行で RAM を初期化するファイルとして，rom_init.mif を指定し，56 行でこの RAM を ROM として動作させるモードに設定しています．

```
1   -- megafunction wizard: %ROM: 1-PORT%     (ROMメモリブロック)
2   -- GENERATION: STANDARD
3   -- VERSION: WM1.0
4   -- MODULE: altsyncram
5
6   -- ============================================================
7   -- File Name: fetch_rom.vhd
8   -- Megafunction Name(s):
9   --                  altsyncram
10  --
11  -- Simulation Library Files(s):
12  --                  altera_mf
13  -- ============================================================
14  -- ************************************************************
15  -- THIS IS A WIZARD-GENERATED FILE. DO NOT EDIT THIS FILE!
16  --
17  -- 18.1.0 Build 625 09/12/2018 SJ Lite Edition
18  -- ************************************************************
19
20  -- Copyright (C) 2018 Intel Corporation. All rights reserved.
21  --          (略)
22  -- agreement for further details.
23
24  LIBRARY ieee;
25  USE ieee.std_logic_1164.all;
26
27  LIBRARY altera_mf;
28  USE altera_mf.altera_mf_components.all;
29
30  ENTITY fetch_rom IS
31      PORT
32      (
33          address    : IN STD_LOGIC_VECTOR (7 DOWNTO 0);
34          clock      : IN STD_LOGIC := '1';
35          q          : OUT STD_LOGIC_VECTOR (14 DOWNTO 0)
36      );
37  END fetch_rom;
38
39  ARCHITECTURE SYN OF fetch_rom IS
40
41      SIGNAL sub_wire0 : STD_LOGIC_VECTOR (14 DOWNTO 0);
42
43  BEGIN
44      q    <= sub_wire0(14 DOWNTO 0);
45
46      altsyncram_component : altsyncram
47      GENERIC MAP (
48          address_aclr_a => "NONE",
49          clock_enable_input_a => "BYPASS",
50          clock_enable_output_a => "BYPASS",
```

図 9-8 自動生成された ROM メモリブロックのソースコード (1/2)
(fetch_rom.vhd)

```
51            init_file => "rom_init.mif",
52            intended_device_family => "Cyclone V",
53            lpm_hint => "ENABLE_RUNTIME_MOD=NO",
54            lpm_type => "altsyncram",
55            numwords_a => 256,
56            operation_mode => "ROM",
57            outdata_aclr_a => "NONE",
58            outdata_reg_a => "UNREGISTERED",
59            widthad_a => 8,
60            width_a => 15,
61            width_byteena_a => 1
62        )
63        PORT MAP (
64            address_a => address,
65            clock0 => clock,
66            q_a => sub_wire0
67        );
68
69    END SYN;
70
71    -- ============================================================
72    -- CNX file retrieval info
73    -- ============================================================
74    -- Retrieval info: PRIVATE: ADDRESSSTALL_A NUMERIC "0"
75    --        （略）
76    -- Retrieval info: LIB_FILE: altera_mf
```

図9-9 自動生成されたROMメモリブロックのソースコード（2/2）
（fetch_rom.vhd）

9.2.4 ROMメモリブロックのRTLシミュレーション

第I部で設計したCPUのすべてのコンポーネントは，図5-18に示すように，入力信号の組合せ回路の出力をD-FF入力に接続し，クロックの立ち上がりで波形整形して出力する構成となっていました．

一方，本講で導入するROMメモリブロックは，図9-5および図9-6の左上の回路図のように，入力となるアドレスをD-FFで一旦波形整形し，その出力をROMのアドレスとして使用する構成になっています．

このような回路構成の場合，クロックの立ち上がりからの応答時間が累積され，出力の遅延時間が増大する可能性があります．このため，FPGA評価ボードDE0-CVのクロック（50MHz）で正常に動作することを事前に確認する必要があります．

```
1  -- fetch_rom_sim.vhd        ROMメモリブロックのRTLシミュレーション
2  library IEEE;
3  use IEEE.std_logic_1164.all;
4  use IEEE.std_logic_unsigned.all;
5
6  -- 入出力の宣言
7  entity fetch_rom_sim is
8  end fetch_rom_sim;
9
10 -- 回路の記述
11 architecture SIM of fetch_rom_sim is
12
13 -- コンポーネント fetch_rom の宣言
14 component fetch_rom
15     port (
16         address : in std_logic_vector(7 downto 0);
17         clock   : in std_logic;
18         q       : out std_logic_vector(14 downto 0)
19     );
20 end component;
21
22 -- 内部信号の定義
23 signal ADDRESS  : std_logic_vector(7 downto 0);
24 signal CLK      : std_logic;
25 signal Q        : std_logic_vector(14 downto 0);
26
27 begin
28 -- コンポーネント fetch_rom の実体化と入出力の相互接続
29     C1 : fetch_rom port map(
30             address => ADDRESS,
31             clock => CLK,
32             q => Q
33         );
34 -- 入力信号 CLK の波形を記述
35     process begin
36         CLK <= '0';
37         wait for 10 ns;
38         CLK <= '1';
39         wait for 10 ns;
40     end process;
41 -- 入力信号 ADDRESS の波形を記述
42     process begin
43         ADDRESS <= "00000000";
44         for I in 0 to 15 loop
45            wait for 20 ns;
46            ADDRESS <= ADDRESS + 1;
47         end loop;
48         wait;
49      end process;
50 end SIM;
```

図 9-10　自動生成された ROM メモリブロックの RTL シミュレーション（fetch_rom_sim.vhd）

最終的には，レイアウト後の回路の遅延を考慮した**タイミング・シミュレーション**を実施する必要がありますが，本項ではその準備として，遅延のない ROM としての機能を確認する **RTL シミュレーション**を実施します．

図 9-10 に，**ROM メモリブロック**単体の RTL シミュレーションの事例を示します．

ModelSim を用いた RTL シミュレーションの結果を，次の図 9-11 に示します．

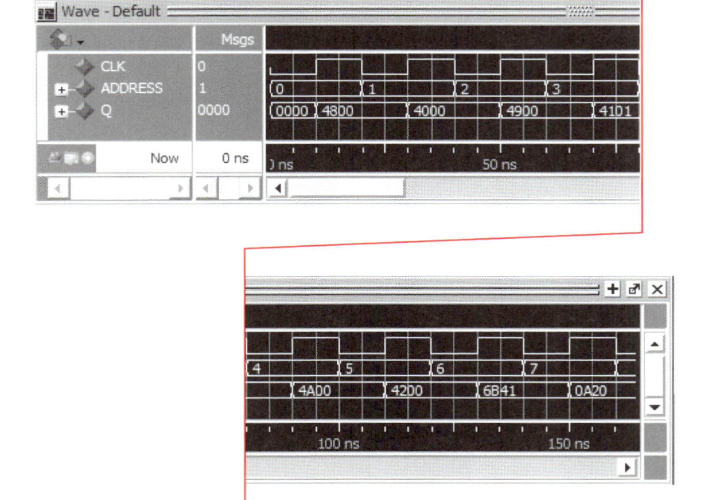

図 9-11　自動生成された ROM メモリブロックの RTL シミュレーション結果（fetch_rom_sim.vhd）

この RTL シミュレーションでは遅延は考慮していないので，クロックの立ち上がり直後に，入力したアドレスに対応する ROM の内容が遅延なしで出力されています．

なお，この ROM の内容は，図 9-4 に示したファイル（rom_init.mif）で初期化されており，Msgs の欄で右クリック操作することにより，読み出した出力 Q を 16 進数で表示しています．0 番地は "4800h"，1 番地は "4000h" となっており，正しく動作していることが分かります．

D-FFのセットアップ・ホールド時間

一般的な導体を用いたとき，電気信号は光速の60～75%で伝播すると言われていますが，FPGA内部の配線の浮遊容量とトランジスタスイッチのオン抵抗の組合せは，一種のローパスフィルタのように波形の急激な変化を抑制するため，伝播による実質的な**遅延時間**は大幅に増えることになります．

例えばD-FFのクロックの場合，大本(おおもと)は共通で一致していても，配線のレイアウトはそれぞれ異なるため，末端のクロック入力部で必ずしも同時に変化するとは限りません．

ここで図9-12に示すように，送り側と受け側のD-FFの働きを，それぞれ「号令」，「判定」，「切替」を担当する3人の連携プレイに例えることができます．例えば，組合せ回路の遅延時間が極端に増えると，受け側の入力信号が確定する前に次の号令が発せられ，誤った判定をする場合があります．

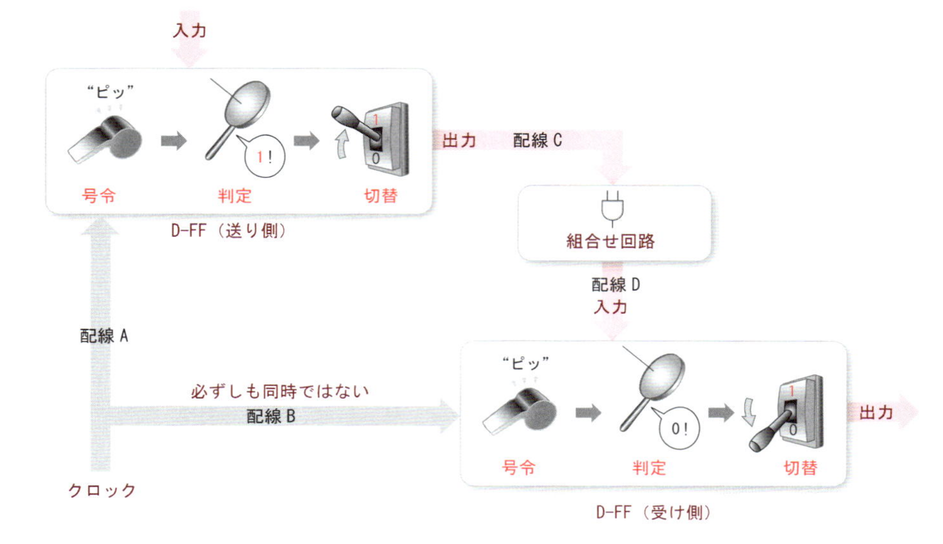

図9-12　D-FFの入出力信号とクロックのタイミング関係

また，組合せ回路の遅延が少ない場合であっても，受け側のクロックの遅延時間が大きくなると，同様の誤判定が発生する可能性があります．

D-FF を用いた順序回路では，

(1) 号令が出る前にその入力値が確定しており，
(2) その判定が完了するまで入力値は変化しない（保持される），

という 2 条件を完全に満たす必要があります．

ここで，受け側の D-FF に注目して，そのタイミング関係を整理すると，図 9-13 のようになります．

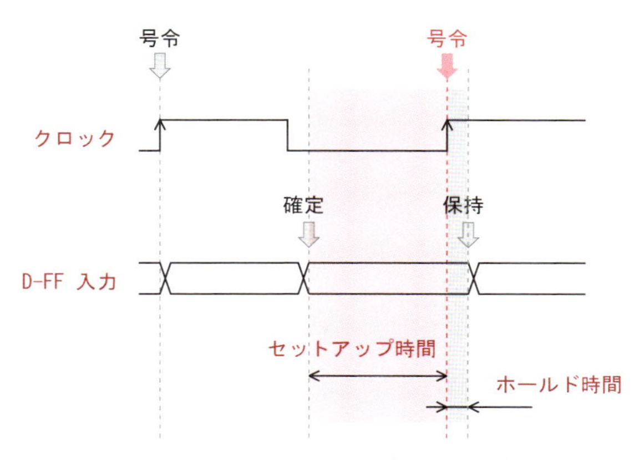

図 9-13　D-FF のセットアップ・ホールド時間

送り側の D-FF の出力は，組合せ回路を経由して受け側 D-FF の入力に接続していますが，受け側の入力が確定した後，そのクロックが立ち上がるまでを**セットアップ時間**，クロックが立ち上がった後，入力値が保持されるべき期間を**ホールド時間**と呼びます．D-FF 本来の動作を保証するための重要なパラメータとして，これらの最小値が D-FF ごとに定められています．

タイミング・シミュレーションの重要な目標の 1 つは，これらの時間的な条件が確実に満たされることを検証することにあります．そのためには，

(1) 送り側D-FFのクロックが立ち上がる時間,
(2) 送り側の入力値がラッチされ，出力側に現れるまでの時間,
(3) 送り側の出力値が組合せ回路を経由して，受け側の入力に到達するまでの時間,
(4) 受け側のクロックが立ち上がる時間,

を正確に推定する作業が必要になります.

9.2.5 ROMメモリブロックのタイミング・シミュレーション

RTLシミュレーションにより，ROMメモリブロックが論理的に正しい動作をすることが確認できましたが，次のステップとして実際の遅延時間を検証する必要があります.

この遅延時間を評価する方法はいくつかありますが，ここではQuartus Primeに組み込まれているTimeQuest Timing Analyzerを使用します.

このソフトウェアには，高度な機能が数多く実装されていますが，ここでは順序回路のセットアップ時間を評価する機能を使用します.

先の図9-13に示したように，セットアップ時間は，対象とするD-FFの入力信号Dが確定してから，そのクロックCLKが立ち上がるまでの時間的な余裕を指します.

すなわち，送り側であるROMメモリブロック単体では計測できず，ROMメモリブロックの出力に新たにD-FFの入力を接続して評価する必要があります.

このため，次の図9-14に示すように，ROMメモリブロックの出力にD-FFを接続した回路を新規作成します．このVHDLについて，新たなプロジェクト（例えばfetch_rom_timequest）を作成し，Quartus Primeを用いてコンパイルします.

```
1   -- fetch_rom_timequest.vhd       (ROMメモリブロックのタイミング・
2   library IEEE;                              シミュレーション)
3   use IEEE.std_logic_1164.all;
4   use IEEE.std_logic_unsigned.all;
5
6   -- 入出力の宣言
7   entity fetch_rom_timequest is
8       port (
9           ADDR   : in std_logic_vector(7 downto 0);
10          CLK    : in std_logic;
11          Q2     : out std_logic_vector(14 downto 0)
12      );
13  end fetch_rom_timequest;
14
15  -- 回路の記述
16  architecture RTL of fetch_rom_timequest is
17
18  -- コンポーネント fetch_rom の宣言
19  component fetch_rom
20      port (
21          address : in std_logic_vector(7 downto 0);
22          clock   : in std_logic;
23          q       : out std_logic_vector(14 downto 0)
24      );
25  end component;
26
27  -- 内部信号の定義
28  signal Q           : std_logic_vector(14 downto 0);
29
30  begin
31  -- コンポーネント fetch_rom の実体化と入出力の相互接続
32      C1 : fetch_rom port map(
33               address => ADDR,
34               clock => CLK,
35               q => Q
36           );
37
38  -- 受け側 D-FF の記述
39      process (CLK)
40      begin
41          if(CLK'event and CLK = '1') then
42              Q2 <= Q;
43          end if;
44      end process;
45
46  end RTL;
```

追加したD-FF回路

図 9-14　ROMメモリブロックのタイミング・シミュレーション
(fetch_rom_timequest.vhd)

ここでは，コンパイル済みのROMメモリブロックのプロジェクトを対象に，TimeQuest Timing Analyzerを用い，そのタイミング解析を行います．

このソフトウェアの機能は多岐にわたるので，セットアップ時間を評価するための使用法を中心に，その概要を説明します．詳細については，別途インターネット上からマニュアル等を入手して参照して下さい．

1. Quartus PrimeのToolsメニューからTiming Analyzerを起動します．
2. Netlistメニューから，Create Timing Netlistを起動して，Create Timing Netlistダイヤログのpost-fit（配置配線後）を選択します．使用するFPGAはCyclone Vシリーズの5CEBA4F23C7Nであり，末尾の7はそのグレードを表しているので，Specify Speed Gradeにチェックマークを入れ，FPGAのSpeed gradeを7に設定してOKをクリックします．
3. FileメニューからNew SDC Fileを起動するとTextエディタが開くので，そのEditメニュー→Insert Constraint→Create Clockのように選択します．なお，SDCはSynopsys Design Constraintsの略で，タイミング解析における標準的なフォーマットとされています．
4. Create Clockのダイヤログが開くので，Clock nameの欄にCLKと入力し，その周期（Period）を例えば20[ns]に設定します．さらに，Targetsの欄を埋めるため，その右の"..."のボタンをクリックすると，Name Finderのダイヤログが開くので，Listのボタンを押して，左のボックスに信号名を表示します．それらの中から信号のCLKを選択して，ボタンの'>'により右側のボックスに表示し，OKボタンにより復帰します．Targets欄に[get_ports{CLK}]と表示されることを確認し，Insertをクリックして復帰します．
   以上の操作により，SDCファイルにコマンド形式のテキストが自動的に挿入されるので，FileメニューのSaveによりファイル保存します．

5. 画面中央左の Task ペインから Read SDC File を実行し，引き続き Update Timing Netlist を実行します．Reports の Slack の下にある Report Setup Summary をダブルクリックすると，Report ペインに Summary (Setup) という項目が生成されるので，それをクリックします．
6. 画面右上の View ペインに，Clock 名と Slack（余裕）の値が表形式で表示されるので，Slack の値にカーソルを当て，右クリックから Report Timing を選択します．
7. Report Timing ダイヤログが表示されるので，Detail level を Full path とし，下のボタン Report Timing をクリックします．時間余裕等の詳細が表示されるので，その中から Waveform を選択し，図 9-15 のセットアップの波形（Waveform）を表示します．

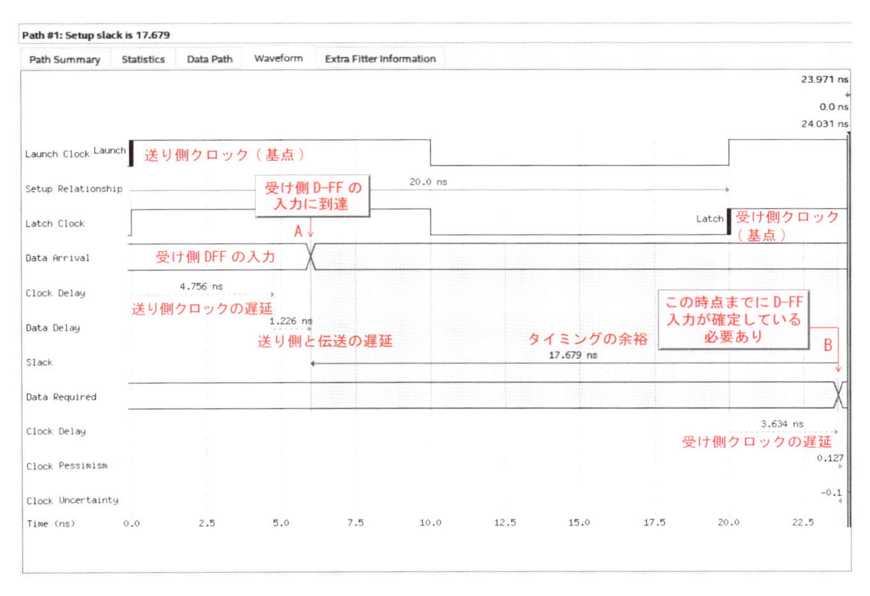

図 9-15　ROM メモリブロックのタイミング・シミュレーション結果（fetch_rom_timequest.vhd）

以下，図9-15のシミュレーション結果について，補足します．

- 最も上のLaunch Clockは，入力に近い送り側のROMに供給されるクロックです．その下のLatch Clockは，出力に近い受け側のクロックであり，図9-14に示した回路の場合，ROMのデータを入力とするD-FFのクロックになります．なお，これらのクロックはいずれもFPGAの入力端子CLKにおける波形を表しており，遅延時間は含まれていません．
- Data Arrivalは，受け側D-FFの入力Dの変化を表しています．入力に接続するROM回路のクロックは，回路構成や配線のレイアウトにより，Launch Clockの立ち上がりを基点として4.756[ns]の遅延が生じます．このROM回路が応答し，その出力が受け側D-FFの入力Dに到達するのに，さらに1.226[ns]を要します．これらの遅延時間は累積され，図のA点でD-FFの入力が確定します．
- 一方のData Requiredは，受け側のD-FFが正常にデータをラッチするのに必要な，最短のタイミング条件を表しています．このD-FFのクロックは，FPGA内部の配線等により，Latch Clockの立ち上がりを基点に3.634[ns]の遅延が生じます．これに遅延推定誤差の最大値0.127[ns]を加算し，D-FFのセットアップ時間0.1[ns]を差し引いた図のB点において，入力Dが確定している必要があります．
- A点がB点の左側にあるときこの回路は正常に動作し，その時間差17.679[ns]が，対象とする信号Q2[1]のセットアップ時間に関するSlack（余裕）になります．
- この図では，最も余裕が小さい信号Q2[1]の波形（Waveform）を示していますが，他の信号の波形を同様に表示することも可能です．さらに，図のStatisticやData Pathのボタンをクリックすることにより，遅延時間の内訳など詳細な情報を表示する機能も実装されています．

これまでは，セットアップ時間を求める手順について説明してきましたが，Reportの項目でReport Hold Summaryを選択することにより，ホールド時間の余裕0.816[ns]を求めることができます．

なおこれらの数値は，FPGA内部のレイアウトにも依存するため，厳密には入出力ピンを設定し，回路全体をコンパイルした後に，シミュレーションを実施する必要があります．

ROMメモリブロックのポイントをまとめると，以下のようになります．ROMのアドレスが確定後，最初のクロックの立ち上がりから，約6[ns]後にはROMの内容が出力されます．なお，この遅延時間は入力端子におけるクロックを基点としており，実際の遅延はさらに少なく，1.2[ns]程度と予想されます．

9.3 配列表現を用いたRAMの設計

本節では，配列表現を用いてRAMコンポーネントを再設計します．

9.3.1 配列表現を用いたRAMの動作

9.1.2で述べたように，配列の実体は1つしかないので，RAMの読み出しと書き込みの処理を，1つのコンポーネント内にまとめて記述します．

RAMのアドレスPROM_OUTは配列のインデックスに対応し，図9-16のタイムチャートに示すように，クロックCLK_FTの立ち上がりで確定します．RAMの読み出し処理は直ちに開始され，その内容はデコードフェーズのクロックCLK_DCの立ち上がりで，RAM_OUTに出力されます．

一方RAMへ書き込むRAM_INの値は，実行フェーズCLK_EXの立ち上がりで確定するので，書き込み処理はその次のCLK_WBの立ち上がりで実行されます．

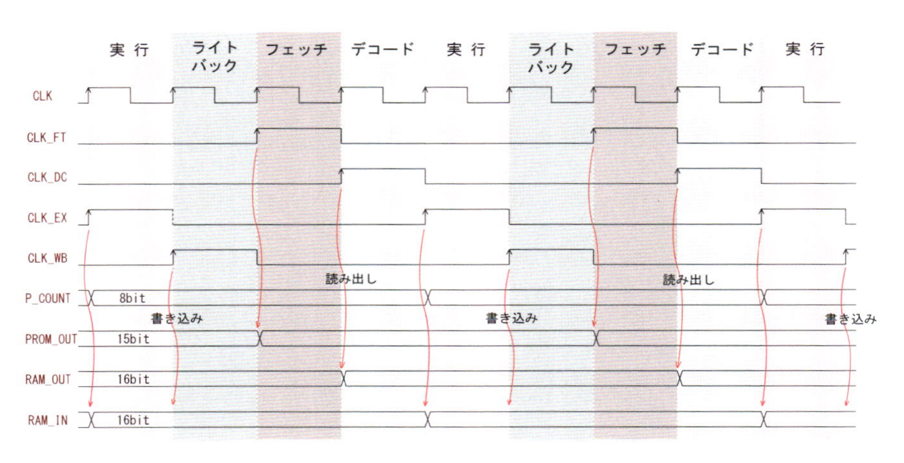

図9-16　配列表現を用いたRAMのタイムチャート

配列表現を用いたRAMのVHDLコードの例（ram_dc_wb.vhd）を，図9-17に示します．

```
1   -- ram_dc_wb.vhd        (配列を用いたRAMコンポーネント)
2   library IEEE;
3   use IEEE.std_logic_1164.all;
4   use IEEE.std_logic_unsigned.all;
5
6   -- 入出力の宣言
7   entity ram_dc_wb is
8       port(
9           CLK_DC    : in std_logic;
10          CLK_WB    : in std_logic;
11          RAM_ADDR  : in std_logic_vector(7 downto 0);
12          RAM_IN    : in std_logic_vector(15 downto 0);
13          IO65_IN   : in std_logic_vector(15 downto 0);
14          RAM_WEN   : in std_logic;
15          RAM_OUT   : out std_logic_vector(15 downto 0);
16          IO64_OUT  : out std_logic_vector(15 downto 0)
17      );
18  end ram_dc_wb;
19
20  -- 回路の記述
21  architecture RTL of ram_dc_wb is
22  -- 内部信号の定義
23  subtype RAM_WORD is std_logic_vector(15 downto 0);        }
24  type RAM_ARRAY_TYPE is array (0 to 63) of RAM_WORD;       } ── 配列の定義
25  signal RAM_ARRAY : RAM_ARRAY_TYPE;                         }
26  signal ADDR_INT  : integer range 0 to 255;
27
28  begin
29      ADDR_INT <= conv_integer(RAM_ADDR);
30  -- 配列 RAM_ARRAY の読み出し処理
31      process(CLK_DC)
32      begin
33          if(CLK_DC'event and CLK_DC = '1') then
34              if(ADDR_INT < 64) then
35                  RAM_OUT <= RAM_ARRAY(ADDR_INT);    ──── 配列の読み出し
36              elsif(ADDR_INT = 65) then
37                  RAM_OUT <= IO65_IN;
38              end if;
39          end if;
40      end process;
41  -- 配列 RAM_ARRAY の書き込み処理
42      process(CLK_WB)
43      begin
44          if(CLK_WB'event and CLK_WB = '1') then
45              if(RAM_WEN = '1') then
46                  if(ADDR_INT < 64) then
47                      RAM_ARRAY(ADDR_INT) <= RAM_IN;    ──── 配列への書き込み
48                  elsif(ADDR_INT = 64) then
49                      IO64_OUT <= RAM_IN;
50                  end if;
51              end if;
52          end if;
53      end process;
54  end RTL;
```

図 9-17　配列表現を用いたRAMのソースコード（ram_dc_wb.vhd）

以下，簡単にソースコードの内容について補足します．

9行で読み出し用のクロックCLK_DCを，10行で書き込み用のクロックCLK_WBを宣言しています．

23行目では16bitのRAM_WORD型を，24行では16bit×64ワードの配列の型を宣言し，その実体を25行で定義しています．29行ではRAMのアドレスを整数型に変換し，ADDR_INTに代入しています．

31～40行の1番目のプロセス文では，RAM（もしくはI/O）の内容を読み出しています．CLK_DCの立ち上がりでアドレスを判定し，63以下のときRAM（配列）の値をRAM_OUTに出力します．36～38行ではアドレスが65のときI/Oと判定し，入力信号のIO65_INを取り込んでいます．

また，42～53行の2番目のプロセス文では，RAM（配列）への書き込みを行っており，CLK_WBの立ち上がりでRAM_INの値をインデックスがADDR_INTの配列に書き込みます．また48～50行はI/O出力で，アドレスが64のときRAMではなくI/OのIO64_OUTへ出力しています．

9.3.2　配列表現を用いたRAMのRTLシミュレーション

配列表現を用いて記述したRAMのソースコードが正常に動作することを検証するため，簡単な**RTLシミュレーション**用のテストベンチを作成します．そのソースコードを図9-18，および図9-19に示します．

13～24行で，図9-17のRAMコンポーネントを宣言し，36～45行で実体化してその入出力信号を指定しています．なお，26～33行では内部信号を定義しています．

実際のFPGAの場合，電源投入時にレジスタ類はすべて0にリセットされますが，RTLシミュレーションでは，カウンタ等の初期値を定義しないと，開始直後の値が不定となり，それ以降の波形が表示できない場合があります．このため，26～31行等で初期値を":="により指定しています．

2種類のクロックCLK_DC，CLK_WBは図9-16のように変化し，1周期の40nsごとにアドレスを更新しています．前半の640nsで，10進の2,4,6,8,7,5,3のようなランダムな数値をRAM本体に順番に書き込み，後半でそれらの値を読み出すことにより，正常に動作するか否かを検証します．

```
1   -- ram_dc_wb_sim.vhd        （配列を用いたRAMのRTLシミュレーション）
2   library IEEE;
3   use IEEE.std_logic_1164.all;
4   use IEEE.std_logic_unsigned.all;
5
6   -- 入出力の宣言
7   entity ram_dc_wb_sim is
8   end ram_dc_wb_sim;
9
10  -- 回路の記述
11  architecture SIM of ram_dc_wb_sim is
12  -- コンポーネント ram_dc_wb の宣言
13  componemt ram_dc_wb
14       port (
15           CLK_DC   : in std_logic;
16           CLK_WB   : in std_logic;
17           RAM_ADDR : in std_logic_vector(7 downto 0);
18           RAM_IN   : in std_logic_vector(15 downto 0);
19           IO65_IN  : in std_logic_vector(15 downto 0);
20           RAM_WEN  : in std_logic;
21           RAM_OUT  : out std_logic_vector(15 downto 0);
22           IO64_OUT : out std_logic_vector(15 downto 0)
23       );
24  end component;
25  -- 内部信号の定義
26  signal CLK_DC   : std_logic := '0';
27  signal CLK_WB   : std_logic := '0';
28  signal RAM_ADDR : std_logic_vector(7 downto 0)  := (others => '0');
29  signal RAM_IN   : std_logic_vector(15 downto 0)  := (others => '0');
30  signal IO65_IN  : std_logic_vector(15 downto 0)  := (others => '0');
31  signal RAM_WEN  : std_logic := '1';
32  signal RAM_OUT  : std_logic_vector(15 downto 0);
33  signal IO64_OUT : std_logic_vector(15 downto 0);
34  begin
35  -- コンポーネント ram_dc_wb の実体化と入出力の相互接続
36      C1 : ram_dc_wb port map(
37           CLK_DC => CLK_DC,
38           CLK_WB => CLK_WB,
39           RAM_ADDR => RAM_ADDR,
40           RAM_IN => RAM_IN,
41           IO65_IN => IO65_IN,
42           RAM_WEN => RAM_WEN,
43           RAM_OUT => RAM_OUT,
44           IO64_OUT => IO64_OUT
45      );
46  -- 入力信号 CLK_DC の波形を記述
47      process begin
48           CLK_DC <= '0';
49           wait for 10 ns;
50           CLK_DC <= '1';
```

図 9-18　配列表現を用いたRAMのRTLシミュレーション（1/2）
（ram_dc_wb_sim.vhd）

```
51            wait for 10 ns;
52            CLK_DC <= '0';
53            wait for 20 ns;
54        end process;
55    -- 入力信号 CLK_WB の波形を記述
56        process begin
57            CLK_WB <= '0';
58            wait for 30 ns;
59            CLK_WB <= '1';
60            wait for 10 ns;
61        end process;
62    -- 入力信号 RAM_ADDR の波形を記述
63        process begin
64            for I in 0 to 1 loop
65                RAM_ADDR <= (others => '0');
66                for J in 0 to 15 loop
67                    wait for 40 ns;
68                    RAM_ADDR <= RAM_ADDR + 1;
69                end loop;
70            end loop;
71        end process;
72    -- 入力信号 RAM_IN の波形を記述
73        process begin
74            RAM_IN <= "0000000000000010";
75            wait for 40 ns;
76            RAM_IN <= "0000000000000100";
77            wait for 40 ns;
78            RAM_IN <= "0000000000000110";
79            wait for 40 ns;
80            RAM_IN <= "0000000000001000";
81            wait for 40 ns;
82            RAM_IN <= "0000000000000111";
83            wait for 40 ns;
84            RAM_IN <= "0000000000000101";
85            wait for 40 ns;
86            RAM_IN <= "0000000000000011";
87            wait for 40 ns;
88        end process;
89    -- 入力信号 RAM_WEN の波形を記述
90        process begin
91            RAM_WEN <= '1';
92            wait for 640 ns;
93            RAM_WEN <= '0';
94            wait;
95        end process;
96
97    end SIM;
98
99
100
```

図 9-19 配列表現を用いた RAM の RTL シミュレーション (2/2)
(ram_dc_wb_sim.vhd)

Quartus PrimeのToolsメニューから，Run Simulation ToolのRTL Simulationを選択し，ModelSimを起動します．

ModelSimによるRTLシミュレーションの結果を，図9-20に示します．

なお，信号の内容を10進数で表現するため，該当する信号の右にあるMsgsの欄を右クリックし，Radixの内容をDecimal（10進）に変更しています．

前半の16クロックでは，40[ns]毎にRAMのアドレスに1が加算され，クロックCLK_WBの立ち上がりで2,4,6,8,7,5,3という値を順次書き込んでいます．

後半の17クロック以降では，クロックCLK_DCの立ち上がりで，それらの値が正常に読み出されていることが分かります．

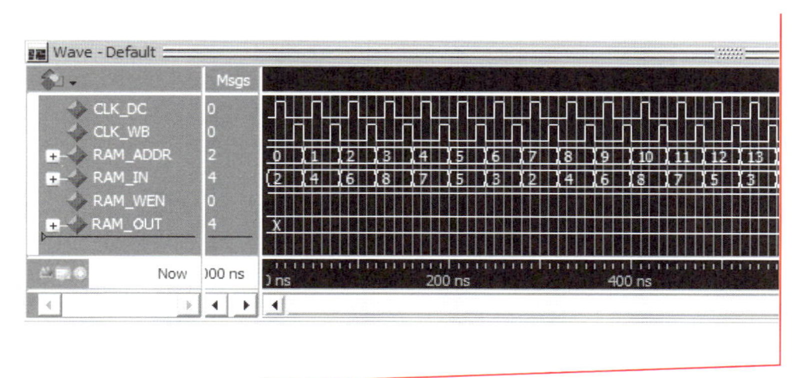

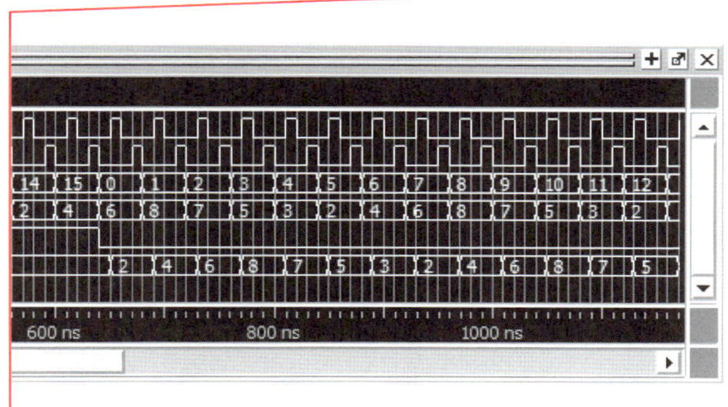

図9-20　配列表現を用いたRAMのRTLシミュレーション結果（ram_dc_wb_sim.vhd）

9.4 第1修正版CPUの設計（cpu15_rom_ram）

本節では，9.2および9.3で検討した内容を基に，ROMメモリブロックと配列表現のRAMを組み込んだ第1修正版のCPUを設計し，FPGA評価ボードにダウンロードして，正常に動作することを確認します．

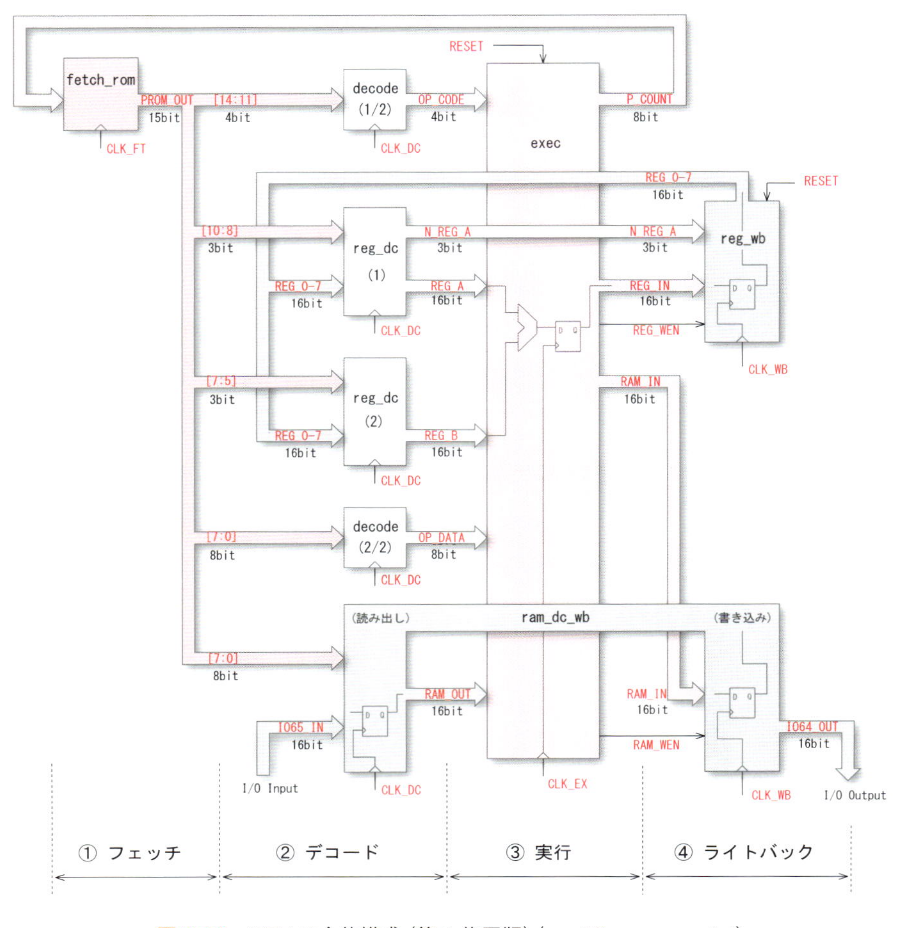

図 9-21　CPUの全体構成（第1修正版）（cpu15_rom_ram.vhd）

9.4.1 全体構成（cpu15_rom_ram.vhd）

第1修正版CPUの全体構成を，図9-21に示します．

第7講で設計したCPUをベースに修正を加えたコンポーネントは，図の上部のfetch_rom.vhdと，下部のram_dc_wb.vhdの2つです．

前者は，図9-8および図9-9に示したように，ライブラリのROMメモリブロックの仕様から，アドレスをクロックのCLK_FTでラッチし，その内容をPROM_OUTに出力します．

また，後者はRAMを配列で表現するため，従来のRAMに関連する2つのコンポーネントを一体化し，クロックのCLK_DCでRAMの内容を読み出し，クロックのCLK_WBでexecの出力をRAMに書き込んでいます．

修正したコンポーネントの対応関係を表9-1に示します．

表9-1　CPUを構成するコンポーネント（cpu15_rom_ram.vhd）

第7講で設計したCPU	第1修正版CPU
clk_gen	←
fetch	fetch_rom
decode	←
reg_dc（第1オペランド）	←
reg_dc（第2オペランド）	←
ram_dc	ram_dc_wb（共通）
exec	←
reg_wb	←
ram_wb	ram_dc_wb（共通）

9.4.2 第1修正版CPUの全体設計

修正したコンポーネントのソースコードについては，既に図9-8，図9-9および図9-17に示したので，これらを統合するCPU本体を再設計します．

図9-22～図9-27に，そのソースコード（cpu15_rom_ram.vhd）を示します．

赤色で示した行が修正を加えた部分であり，新たなコンポーネントを定義し，それらを実体化して入出力信号の接続方法を指定しています．

先の設計例と同様，コンパイル終了後，メニューからPin Plannerを起動して，表8-1に示すピン配置を行います．

なお，計算結果は16bitの出力信号IO64_OUTに現れます．

その下位10bitについては，単体のLEDに表示されますが，残る上位6bitは，7セグメントLEDの下側セグメントに接続されています．

第7講で示したように，この7セグメントLEDは負論理となっているので，図9-27の266行で選択的に反転することにより，正論理としています．

なお，プログラムには図9-4に示した機械語を実装しており，1からスライドスイッチで指定した整数nまでの総和，すなわち$1+2+\cdots+n$を求め，その値をLED群に2進数表示します．

CPUが正常に動作すれば，スライドスイッチの状態に応じ，表8-3に示す2進数が表示されます．なお，スイッチ入力が10進の$361_{(10)}$，16進の"169h"を超えると，16bitのレジスタがオーバフローを起こし，正しい結果は得られないので注意が必要です．

```
1   -- cpu15_rom_ram.vhd          ROMおよび配列によるRAMを用いたCPU本体
2   library  IEEE;
3   use IEEE.std_logic_1164.all;
4   use IEEE.std_logic_unsigned.all;
5
6   -- 入出力の宣言
7   entity cpu15_rom_ram is
8       port(
9           CLK       : in std_logic;
10          RESET_N   : in std_logic;
11          IO65_IN   : in std_logic_vector(15 downto 0);
12          IO64_OUT  : out std_logic_vector(15 downto 0)
13      );
14  end cpu15_rom_ram;
15
16  -- 回路の記述
17  architecture RTL of cpu15_rom_ram is
18
19  -- clk_gen コンポーネントの宣言
20  component  clk_gen
21      port(
22          CLK     : in std_logic;
23          CLK_FT  : out std_logic;
24          CLK_DC  : out std_logic;
25          CLK_EX  : out std_logic;
26          CLK_WB  : out std_logic
27      );
28  end component;
29
30  -- fetch_rom コンポーネントの宣言
31  component  fetch_rom
32      port(
33          address   : in std_logic_vector(7 downto 0);
34          clock     : in std_logic;
35          q         : out std_logic_vector(14 downto 0)
36      );
37  end component;
38
39  -- decode コンポーネントの宣言
40  component  decode
41      port(
42          CLK_DC   : in std_logic;
43          PROM_OUT : in std_logic_vector(14 downto 0);
44          OP_CODE  : out std_logic_vector(3 downto 0);
45          OP_DATA  : out std_logic_vector(7 downto 0)
46      );
47  end component;
48
49
50
```

図 9-22　第 1 修正版 CPU のソースコード (1/6)
(cpu15_rom_ram.vhd)

```
51  -- reg_dc コンポーネントの宣言
52  component  reg_dc
53     port(
54        CLK_DC    : in std_logic;
55        N_REG_IN  : in std_logic_vector(2 downto 0);
56        REG_0     : in std_logic_vector(15 downto 0);
57        REG_1     : in std_logic_vector(15 downto 0);
58        REG_2     : in std_logic_vector(15 downto 0);
59        REG_3     : in std_logic_vector(15 downto 0);
60        REG_4     : in std_logic_vector(15 downto 0);
61        REG_5     : in std_logic_vector(15 downto 0);
62        REG_6     : in std_logic_vector(15 downto 0);
63        REG_7     : in std_logic_vector(15 downto 0);
64        N_REG_OUT : out std_logic_vector(2 downto 0);
65        REG_OUT   : out std_logic_vector(15 downto 0)
66     );
67  end component;
68
69  -- exec コンポーネントの宣言
70  component  exec
71     port(
72        CLK_EX   : in std_logic;
73        RESET_N  : in std_logic;
74        OP_CODE  : in std_logic_vector(3 downto 0);
75        REG_A    : in std_logic_vector(15 downto 0);
76        REG_B    : in std_logic_vector(15 downto 0);
77        OP_DATA  : in std_logic_vector(7 downto 0);
78        RAM_OUT  : in std_logic_vector(15 downto 0);
79        P_COUNT  : out std_logic_vector(7 downto 0);
80        REG_IN   : out std_logic_vector(15 downto 0);
81        RAM_IN   : out std_logic_vector(15 downto 0);
82        REG_WEN  : out std_logic;
83        RAM_WEN  : out std_logic
84     );
85  end component;
86
87  -- reg_wb コンポーネントの宣言
88  component  reg_wb
89     port(
90        CLK_WB   : in std_logic;
91        RESET_N  : in std_logic;
92        N_REG    : in std_logic_vector(2 downto 0);
93        REG_IN   : in std_logic_vector(15 downto 0);
94        REG_WEN  : in std_logic;
95        REG_0    : out std_logic_vector(15 downto 0);
96        REG_1    : out std_logic_vector(15 downto 0);
97        REG_2    : out std_logic_vector(15 downto 0);
98        REG_3    : out std_logic_vector(15 downto 0);
99        REG_4    : out std_logic_vector(15 downto 0);
100       REG_5    : out std_logic_vector(15 downto 0);
```

図 9-23　第1修正版 CPU のソースコード（2/6）
（cpu15_rom_ram.vhd）

```
101          REG_6     : out std_logic_vector(15 downto 0);
102          REG_7     : out std_logic_vector(15 downto 0)
103      );
104  end component;
105
106  -- ram_dc_wb コンポーネントの宣言
107  component  ram_dc_wb
108      port(
109          CLK_DC    : in std_logic;
110          CLK_WB    : in std_logic;
111          RAM_ADDR  : in std_logic_vector(7 downto 0);
112          RAM_IN    : in std_logic_vector(15 downto 0);
113          IO65_IN   : in std_logic_vector(15 downto 0);
114          RAM_WEN   : in std_logic;
115          RAM_OUT   : out std_logic_vector(15 downto 0);
116          IO64_OUT  : out std_logic_vector(15 downto 0)
117      );
118  end component;
119
120  -- 内部信号の定義
121  signal CLK_FT         : std_logic;
122  signal CLK_DC         : std_logic;
123  signal CLK_EX         : std_logic;
124  signal CLK_WB         : std_logic;
125  signal P_COUNT        : std_logic_vector(7 downto 0);
126  signal PROM_OUT       : std_logic_vector(14 downto 0);
127  signal OP_CODE        : std_logic_vector(3 downto 0);
128  signal OP_DATA        : std_logic_vector(7 downto 0);
129  signal N_REG_A        : std_logic_vector(2 downto 0);
130  signal N_REG_B        : std_logic_vector(2 downto 0);
131  signal REG_IN         : std_logic_vector(15 downto 0);
132  signal REG_A          : std_logic_vector(15 downto 0);
133  signal REG_B          : std_logic_vector(15 downto 0);
134  signal REG_WEN        : std_logic;
135  signal REG_0          : std_logic_vector(15 downto 0);
136  signal REG_1          : std_logic_vector(15 downto 0);
137  signal REG_2          : std_logic_vector(15 downto 0);
138  signal REG_3          : std_logic_vector(15 downto 0);
139  signal REG_4          : std_logic_vector(15 downto 0);
140  signal REG_5          : std_logic_vector(15 downto 0);
141  signal REG_6          : std_logic_vector(15 downto 0);
142  signal REG_7          : std_logic_vector(15 downto 0);
143  signal RAM_IN         : std_logic_vector(15 downto 0);
144  signal RAM_OUT        : std_logic_vector(15 downto 0);
145  signal RAM_WEN        : std_logic;
146  signal IO64_OUT_TMP   : std_logic_vector(15 downto 0);
147
148
149
150
```

図 9-24　第 1 修正版 CPU のソースコード（3/6）
（cpu15_rom_ram.vhd）

```
151  begin
152
153  -- clk_gen コンポーネントの実体化と入出力の相互接続
154      C1 : clk_gen
155          port map(
156              CLK => CLK,
157              CLK_FT => CLK_FT,
158              CLK_DC => CLK_DC,
159              CLK_EX => CLK_EX,
160              CLK_WB => CLK_WB
161          );
162
163  -- fetch_rom コンポーネントの実体化と入出力の相互接続
164      C2 : fetch_rom
165          port map(
166              address => P_COUNT,
167              clock => CLK_FT,
168              q => PROM_OUT
169          );
170
171  -- decode コンポーネントの実体化と入出力の相互接続
172      C3 : decode
173          port map(
174              CLK_DC => CLK_DC,
175              PROM_OUT => PROM_OUT,
176              OP_CODE => OP_CODE,
177              OP_DATA => OP_DATA
178          );
179
180  -- reg_dc コンポーネント(1)の実体化と入出力の相互接続
181      C4 : reg_dc
182          port map(
183              CLK_DC => CLK_DC,
184              N_REG_IN => PROM_OUT(10 downto 8),
185              REG_0 => REG_0,
186              REG_1 => REG_1,
187              REG_2 => REG_2,
188              REG_3 => REG_3,
189              REG_4 => REG_4,
190              REG_5 => REG_5,
191              REG_6 => REG_6,
192              REG_7 => REG_7,
193              N_REG_OUT => N_REG_A,
194              REG_OUT => REG_A
195          );
196
197
198
199
200
```

図 9-25 第1修正版 CPU のソースコード (4/6)
(cpu15_rom_ram.vhd)

```
201  -- reg_dc コンポーネント(2)の実体化と入出力の相互接続
202      C5 : reg_dc
203          port map(
204              CLK_DC => CLK_DC,
205              N_REG_IN => PROM_OUT(7 downto 5),
206              REG_0 => REG_0,
207              REG_1 => REG_1,
208              REG_2 => REG_2,
209              REG_3 => REG_3,
210              REG_4 => REG_4,
211              REG_5 => REG_5,
212              REG_6 => REG_6,
213              REG_7 => REG_7,
214              N_REG_OUT => N_REG_B,
215              REG_OUT => REG_B
216          );
217
218  -- exec コンポーネントの実体化と入出力の相互接続
219      C6 : exec
220          port map(
221              CLK_EX => CLK_EX,
222              RESET_N => RESET_N,
223              OP_CODE => OP_CODE,
224              REG_A => REG_A,
225              REG_B => REG_B,
226              OP_DATA => OP_DATA,
227              RAM_OUT => RAM_OUT,
228              P_COUNT => P_COUNT,
229              REG_IN => REG_IN,
230              RAM_IN => RAM_IN,
231              REG_WEN => REG_WEN,
232              RAM_WEN => RAM_WEN
233          );
234
235  -- reg_wb コンポーネントの実体化と入出力の相互接続
236      C7 : reg_wb
237          port map(
238              CLK_WB => CLK_WB,
239              RESET_N => RESET_N,
240              N_REG => N_REG_A,
241              REG_IN => REG_IN,
242              REG_WEN => REG_WEN,
243              REG_0 => REG_0,
244              REG_1 => REG_1,
245              REG_2 => REG_2,
246              REG_3 => REG_3,
247              REG_4 => REG_4,
248              REG_5 => REG_5,
249              REG_6 => REG_6,
250              REG_7 => REG_7
```

図 9-26　第 1 修正版 CPU のソースコード (5/6)
(cpu15_rom_ram.vhd)

```
251          );
252
253   -- ram_dc_wb コンポーネントの実体化と入出力の相互接続
254      C8 : ram_dc_wb
255          port map(
256              CLK_DC => CLK_DC,
257              CLK_WB => CLK_WB,
258              RAM_ADDR => PROM_OUT(7 downto 0),
259              RAM_IN => RAM_IN,
260              IO65_IN => IO65_IN and "000000111111111",
261              RAM_WEN => RAM_WEN,
262              RAM_OUT => RAM_OUT,
263              IO64_OUT => IO64_OUT_TMP
264          );
265
266      IO64_OUT <= IO64_OUT_TMP xor "111111000000000";
267
268   end RTL;
```

何も接続しない入力は1(H)になるため，上位6bitを強制的に0(L)にする

上位6bitは負論理の7セグメントLEDに接続するため反転させて正論理とする

図 9-27 第1修正版 CPU のソースコード (6/6)
(cpu15_rom_ram.vhd)

9.4.3 第1修正版 CPU の評価

修正した CPU のコンパイル結果（設計レポート）を図 9-28 に示します．

第 I 部で設計した CPU の図 9-1 と比べると，ロジックエレメント（ALM）数が 194 から 689 に増え，同時にメモリの bit 数も 0 から 3840 に増加しています．

メモリ使用量の根拠は，15bit×256 ワードの 3840[bit] であり，ROM メモリブロックが実装されたことが分かります．

一方の RAM については配列表現を導入しましたが，結果的にメモリではなく ALM に割り当てられています．なお ALM の増加分は，RAM のサイズが 8 から 64 に拡張されたことと，アドレスデコーダ等の周辺回路が変更されたことによるものと考えられます．

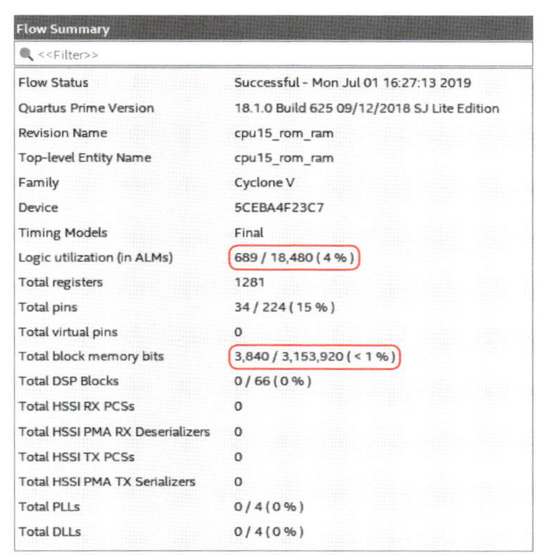

Flow Summary

<<Filter>>

Flow Status	Successful - Mon Jul 01 16:27:13 2019
Quartus Prime Version	18.1.0 Build 625 09/12/2018 SJ Lite Edition
Revision Name	cpu15_rom_ram
Top-level Entity Name	cpu15_rom_ram
Family	Cyclone V
Device	5CEBA4F23C7
Timing Models	Final
Logic utilization (in ALMs)	689 / 18,480 (4 %)
Total registers	1281
Total pins	34 / 224 (15 %)
Total virtual pins	0
Total block memory bits	3,840 / 3,153,920 (< 1 %)
Total DSP Blocks	0 / 66 (0 %)
Total HSSI RX PCSs	0
Total HSSI PMA RX Deserializers	0
Total HSSI TX PCSs	0
Total HSSI PMA TX Serializers	0
Total PLLs	0 / 4 (0 %)
Total DLLs	0 / 4 (0 %)

図 9-28　第 1 修正版 CPU の設計レポート（cpu15_rom_ram）

次に，FPGA の評価ボードにダウンロードして実行した結果を，図 9-29 に示します．なお，7 セグメント LED を含めすべて正論理となっています．

スライドスイッチを用いて 2 進数の "0000010100"，10 進の 20 を入力したとき，1+2+3+…+20=210，すなわち 2 進数の "0000000011010010" が正しく表示されています．

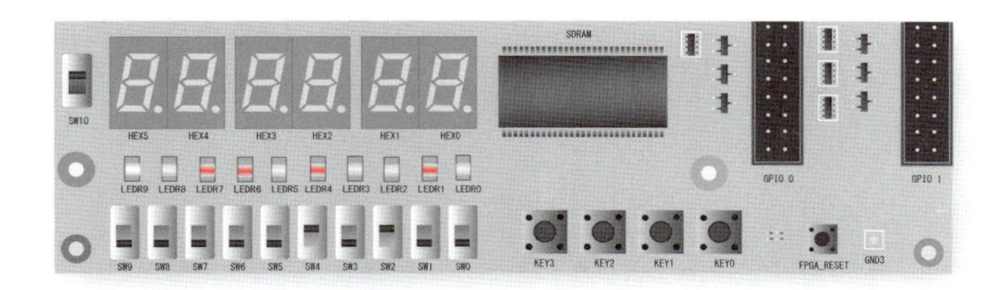

図 9-29　第 1 修正版 CPU の実行例（cpu15_rom_ram.vhd）

9.5 RAMメモリブロックの導入

先の第1修正版では，RAMの機能を配列を用いて記述しましたが，最終的にロジックエレメント（ALM）上に実装されました．このALMの使用率は4%でまだ余裕があるものの，メモリサイズを上限の256ワードまで拡張した場合には，問題になる可能性があります．一般にメモリのように集積度が高く単純な機能は，ロジックエレメント（ALM）ではなく，専用の**メモリブロック**に実装する方が，性能面でも好ましい結果が得られます．

「多種多様な回路がフレキシブルに構築できる」というFPGA固有の特徴を最大限生かすためにも，メモリ以外の回路にロジックエレメント（ALM）を割り当てるべきでしょう．

そこでこの第2修正版では，Quartus Primeで提供されている**ライブラリ**を活用して，RAMをメモリブロック上に構築します．

なお，9.2で使用したROMメモリブロックは，もともとRAMメモリブロックの書き込みの機能を停止させただけで，本質的な違いはありません．

説明が重複するので，ここではROMとの相違点を中心に解説します．詳細については9.2のROMメモリブロックの項を参照して下さい．

9.5.1 RAMメモリブロックの生成

Quartus Primeに組み込まれているIP Catalogのライブラリを活用して，RAMメモリブロックを自動生成します．以下，その手順を示します．

1. メニューのToolsからIP Catalogを起動します．
2. LibraryのBasic Functionから，On Chip Momoryを選択します．

3. RAM: 1-PORT を選択し，そのファイル名（例えば，ram_1port）を入力します．言語は VHDL を選択します．
4. 図 9-30 の画面が表示されるので，bit 幅（16）と word 長（64）を入力して，Next をクリックします．なお，クロックは Single Clock を選択します．
5. 次に図 9-31 の画面が表示されるので，'q' output port のチェックマークをはずして，出力側の D-FF を使用しない設定に変更し，Next をクリックします．
6. さらに，図 9-32 の画面が表示されるので，Finish をクリックし設定を終了します．

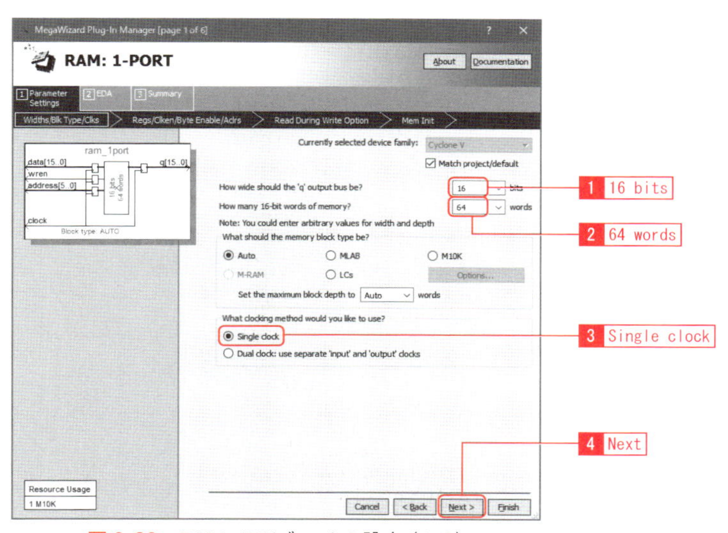

図 9-30　RAM メモリブロックの設定（1/3）

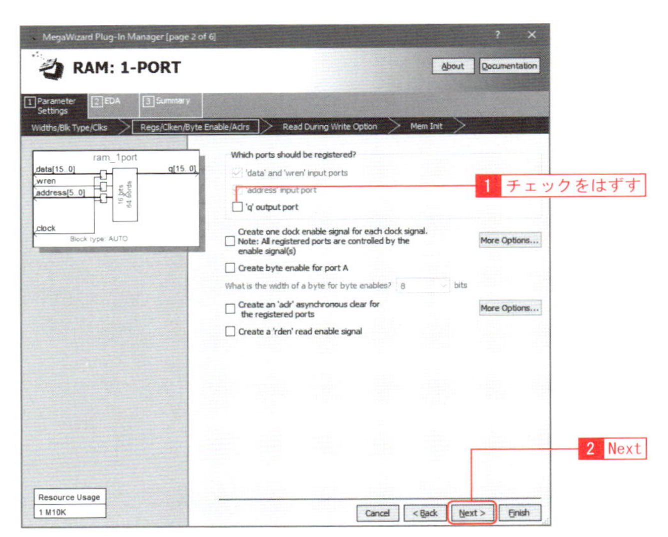

図 9-31　RAM メモリブロックの設定（2/3）

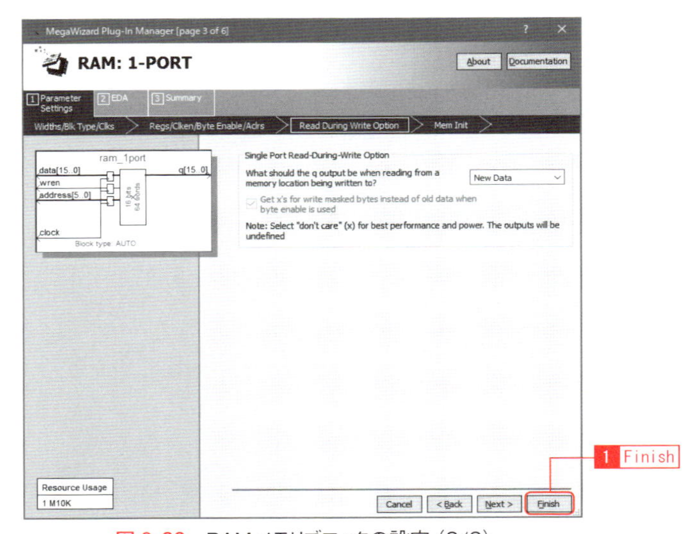

図 9-32　RAM メモリブロックの設定（3/3）

一般的な SRAM の場合，外部接続用のピン数を減らすため，データの入出力がバス形式により共通化されていますが，このメモリブロックの場合，入力側と出力側で信号線が分離されています．

一方，アドレスについては注意が必要です．前節の図 9-17 に示した配列の記述では，アドレスに相当するインデックスが，直接入力信号 RAM_ADDR に接続されていたので，読み出しと書き込みのタイミングをずらすことにより，それぞれ別のアドレスを遅延なしに与えることができました．

しかし，このメモリブロックの場合，図 9-31 の左上の回路が示すように入力側のすべての信号に D-FF が挿入されています．このため，読み出しと書き込みで共通のアドレスが 1 クロック遅延して入力されることになり，前節で示した配列の記述をメモリブロックに置き換えることはできません．

9.5.2 RAM メモリブロックの記述例（ram_1port.vhd）

RAM メモリブロックの VHDL コードは，ROM と同様 IP Catalog の Wizard 機能を用いて自動生成することができます．

その記述例を，図 9-33 および図 9-34 に示します．

基本的な構成は，図 9-8 および図 9-9 に示した ROM ブロックメモリと同じですが，以下その相違点を中心に説明します．

27～28 行でライブラリ本体の altera_mf を読み込み，49～64 行目で，その内部で使用するパラメータを設定しています．

30～39 行は入出力信号を宣言するエンティティ部であり，35 行で RAM の入力信号 data を，36 行で RAM への書き込みを許可する信号 wren を新たに定義しています．

さらに，51 行で出力側の D-FF を除去するモードに設定し，56 行で RAM の動作モードを設定しています．また，59 行で電源投入直後，RAM の値をすべて 0 に初期化し，60 行で書き込み時の読み出し操作を禁止しています．

```
1   -- megafunction wizard: %RAM: 1-PORT%     RAMメモリブロック
2   -- GENERATION: STANDARD
3   -- VERSION: WM1.0
4   -- MODULE: altsyncram
5
6   -- ============================================================
7   -- File Name: ram_1port.vhd
8   -- Megafunction Name(s):
9   --                  altsyncram
10  --
11  -- Simulation Library Files(s):
12  --                  altera_mf
13  -- ============================================================
14  -- ************************************************************
15  -- THIS IS A WIZARD-GENERATED FILE. DO NOT EDIT THIS FILE!
16  --
17  -- 18.1.0 Build 625 09/12/2018 SJ Lite Edition
18  -- ************************************************************
19
20  -- Copyright (C) 2018 Intel Corporation. All rights reserved.
21  --          (略)
22  -- agreement for further details.
23
24  LIBRARY ieee;
25  USE ieee.std_logic_1164.all;
26
27  LIBRARY altera_mf;
28  USE altera_mf.altera_mf_components.all;
29
30  ENTITY ram_1port IS
31      PORT
32      (
33          address   : IN STD_LOGIC_VECTOR (5 DOWNTO 0);
34          clock     : IN STD_LOGIC  := '1';
35          data      : IN STD_LOGIC_VECTOR (15 DOWNTO 0);
36          wren      : IN STD_LOGIC ;
37          q         : OUT STD_LOGIC_VECTOR (15 DOWNTO 0)
38      );
39  END ram_1port;
40
41  ARCHITECTURE SYN OF ram_1port IS
42
43      SIGNAL sub_wire0    : STD_LOGIC_VECTOR (15 DOWNTO 0);
44
45  BEGIN
46      q    <= sub_wire0(15 DOWNTO 0);
47
48      altsyncram_component : altsyncram
49      GENERIC MAP (
50          clock_enable_input_a => "BYPASS",
```

図 9-33　自動生成された RAM メモリブロックのソースコード（1/2）
（ram_1port.vhd）

```
51            clock_enable_output_a => "BYPASS",
52            intended_device_family => "Cyclone V",
53            lpm_hint => "ENABLE_RUNTIME_MOD=NO",
54            lpm_type => "altsyncram",
55            numwords_a => 64,
56            operation_mode => "SINGLE_PORT",
57            outdata_aclr_a => "NONE",
58            outdata_reg_a => "UNREGISTERED",
59            power_up_uninitialized => "FALSE",
60            read_during_write_mode_port_a => "NEW_DATA_NO_NBE_READ",
61            widthad_a => 6,
62            width_a => 16,
63            width_byteena_a => 1
64        )
65        PORT MAP (
66            address_a => address,
67            clock0 => clock,
68            data_a => data,
69            wren_a => wren,
70            q_a => sub_wire0
71        );
72
73    END SYN;
74
75    -- ============================================================
76    -- CNX file retrieval info
77    -- ============================================================
78    -- Retrieval info: PRIVATE: ADDRESSSTALL_A NUMERIC "0"
79    --        (略)
80    -- Retrieval info: LIB_FILE: altera_mf
```

図 9-34　自動生成された RAM メモリブロックのソースコード (2/2)
(ram_1port.vhd)

9.5.3　RAM メモリブロックの RTL シミュレーション (ram_1port_sim.vhd)

図 9-33 に示すように，この RAM メモリブロックは，書き込みと読み出しのアドレスが共通であり，クロックにより波形整形して入力する構成になっています．このため CPU に組み込む場合は，全体のクロック系を根本的に見直す必要があります．

ここでは，CPU に組み込む準備として，RAM メモリブロック単体としての動作を検証するため，簡単な **RTL シミュレーション**を実施します．

そのテストベンチとなる VHDL コードを，図 9-35 及び図 9-36 に示します．

```
1  -- ram_1port_sim.vhd      RAMメモリブロックのRTLシミュレーション
2  library IEEE;
3  use IEEE.std_logic_1164.all;
4  use IEEE.std_logic_unsigned.all;
5  
6  -- 入出力の宣言
7  entity ram_1port_sim is
8  end ram_1port_sim;
9  
10 -- 回路の記述
11 architecture SIM of ram_1port_sim is
12 -- コンポーネント ram_1port の宣言
13 component ram_1port
14      port (
15           address  : in std_logic_vector(5 downto 0);
16           clock    : in std_logic;
17           data     : in std_logic_vector(15 downto 0);
18           wren     : in std_logic;
19           q        : out std_logic_vector(15 downto 0)
20      );
21 end component;
22 -- 内部信号の定義
23 signal ADDRESS   : std_logic_vector(5 downto 0);
24 signal CLK       : std_logic;
25 signal DATA      : std_logic_vector(15 downto 0);
26 signal WREN      : std_logic;
27 signal Q         : std_logic_vector(15 downto 0);
28 
29 begin
30 -- コンポーネント ram_1port の実体化と入出力の相互接続
31      C1 : ram_1port port map(
32                address => ADDRESS,
33                clock => CLK,
34                data => DATA,
35                wren => WREN,
36                q => Q
37           );
38 -- 入力信号 CLK の波形を記述
39      process begin
40           CLK <= '0';
41           wait for 10 ns;
42           CLK <= '1';
43           wait for 10 ns;
44      end process;
45 -- 入力信号 ADDRESS の波形を記述
46      process begin
47           ADDRESS <= "000001";
48           wait for 40 ns;
49           ADDRESS <= "000011";
50           wait for 40 ns;
```

0 20 40 60 80 100 120ns
CLK
ADDRESS 000001 000011 000001
DATA ..000010 ..000100 ..000110
WREN

図 9-35　RAMメモリブロックのテストベンチ（1/2）
（ram_1port_sim.vhd）

```
51              ADDRESS <= "000001";
52              wait for 40 ns;
53          end process;
54  -- 入力信号 DATA の波形を記述
55          process begin
56              DATA <= "0000000000000010";
57              wait for 40 ns;
58              DATA <= "0000000000000100";
59              wait for 40 ns;
60              DATA <= "0000000000000110";
61              wait for 40 ns;
62          end process;
63  -- 入力信号 WREN の波形を記述
64          process begin
65              WREN <= '0';
66              wait for 20 ns;
67              WREN <= '1';
68              wait for 20 ns;
69          end process;
70  end SIM;
```

図 9-36　RAM メモリブロックのテストベンチ（2/2）
（ram_1port_sim.vhd）

RAM の読み出し動作は**デコード**，書き込みは**ライトバック**のステージで行われるので，これまで用いた 4 相のクロックでは対応できません．

そこで，図 9-35 の右下に示すように，50MHz の基本クロック CLK を入力し，2 クロック周期で変化するアドレスを与えます．ここで，書き込み許可信号 WREN を制御することにより，同一アドレスにおける読み出しと書き込みの動作を連続的に行います．

例えば，最初の 1 クロック目で RAM の 1 番地の値を読み出し，2 クロック目で，10 進の 2 という値を上書きします．このように，2 クロック周期でアドレスを更新しながら，各周期の前半で読み出し，後半で書き込みの動作を繰り返し行います．

RTL シミュレーション結果の一部を，図 9-37 に示します．

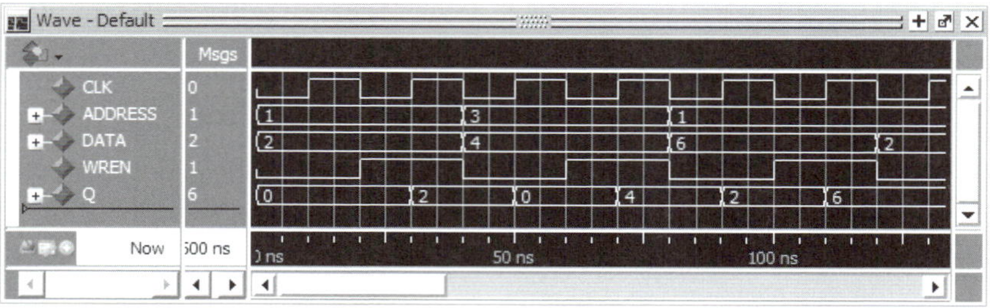

図 9-37　RAM メモリブロックの RTL シミュレーション結果
(ram_1port_sim.vhd)

RAM の出力 Q に着目すると，2 クロック目の立ち上がりで 2 という値を書き込んだ直後に，初期状態の 0 が 2 という値に更新されています．さらに，5 クロック目でアドレスを 3 から 1 に戻した直後の CLK の立ち上がりで，先に書き込んだ値の 2 が読み出されています．

これより，読み出し動作については，アドレスが確定後その内容が出力側に出現し，書き込み動作については，クロックの立ち上がり直後に，入力の値が出力側に反映されることが分かります．

しかし，この **RTL シミュレーション**の目的は，想定した通りに動作するか否かを論理的に検証することにあり，出力信号の遅延時間は実質的に 0 とみなされています．

このため，次のステップとして**タイミング・シミュレーション**を実施し，RAM の遅延時間を推定する必要があります．

その詳細な結果については省略しますが，ROM と同様の手順で実施すると，その遅延時間を表す図 9-15 とほぼ同等の値が得られます．この根拠として，ROM と RAM が基本的に FPGA 内の同じメモリブロック上に実装されていることが挙げられます．

これらのシミュレーションにより，設計した RAM メモリブロックが，評価ボードの 50MHz のクロックで，想定した通りの動作を行う見通しが得られました．

9.6 第2修正版CPUの設計（cpu15_mega_ram）

9.6.1 第2修正版CPUのタイミング設計

前節の結果を基に，第2修正版CPUのタイミング設計を行います．

RAMに関連する命令は，データを読み出す**ロード命令**（ld）と，書き込みの**ストア命令**（st）です．図9-38に，ロード命令の直後に，ストア命令を行う場合のタイムチャートを示します．

RAMメモリブロックには基本クロックCLKを用い，他のコンポーネントについては，このクロックを分周して作成した4相クロックを使用しています．なお，基本クロックCLKの立ち上がり（A_0点～H_0点）より若干遅れて，4相クロックが立ち上がっている点に注意して下さい（A点～H点）．

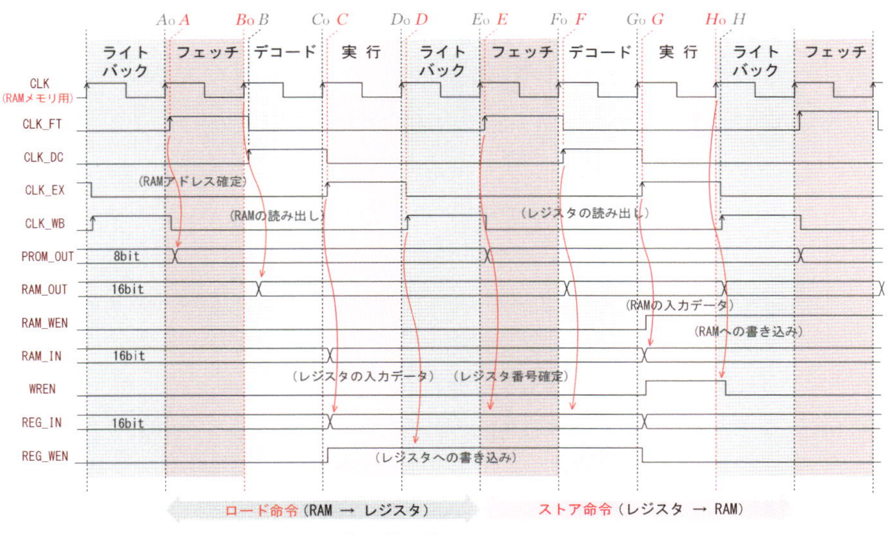

図9-38　第2修正版CPUのタイムチャート

以下，前半の読み出し部と後半の書き込み部について，その動作を説明します．

- RAMの読み出し（ロード命令）

  図の左側は，RAMから読み出した値をレジスタに書き込むロード命令のタイミングを表しています．

  機械語の内容が信号PROMに出力されるA点で，ロード命令のRAMアドレスが確定します．ほぼ1クロック後のB_0点でRAMのアドレスがメモリブロックに取り込まれた後，対応するRAMの内容が読み出されRAM_OUTに出力されます．その値は実行フェーズのC点で，execコンポーネントに取り込まれます．

  なお，アドレスの値に応じて，RAM出力とI/O入力（IO65_IN）を切り替える必要がありますが，B_0点からC点までほぼ1クロックの余裕しかないので，組合せ回路を用いて切り替えることにします．

- RAMへの書き込み（ストア命令）

  図の右側に，レジスタの値をRAMへ書き込むストア命令のタイミングを示します．

  RAMのアドレスはフェッチのE点で既に確定していますが，レジスタの値は実行フェーズのG点で定まるので，RAMへの書き込みが行われるのはその後のライトバックフェーズH_0点になります．なお，RAMへの書き込み許可信号WRENは，G点で1(H)になりますが，メモリマップドI/OによりRAMとI/O出力でアドレスを共用しているので，直ちにアドレスを解析し，対応する番地にのみ1(H)を出力する必要があります．

  なお，RAMではなくI/O出力に該当する場合は，その値を保持して外部出力する必要がありますが，その間1クロックの余裕しかありません．このため新たにD-FFを追加し，クロックCLK_EXが1(H)の期間において，基本クロックCLKの立ち上がりで判定し，上記解析結果とRAMへの書き込み許可信号を波形整形することにします．

小さなシーソーから構成されるSRAM

ここでは，SRAM の回路構成について，簡単に説明します．

SRAM の 1bit 分の**セル**の構成を図 9-39 左に示します．これらは 4 つの **nMOS トランジスタ**と 2 つの **pMOS トランジスタ**から構成されています．

第 4 講の **CMOS 回路**の項で示したように，中央の 4 つのトランジスタは，右の図のように 2 つの **NOT 回路**の入出力を相互に接続した構成になっており，1 と 0 の 2 つの安定点があります．これらは 1bit のメモリに相当し，**双安定**のシーソーのような動作を行います．

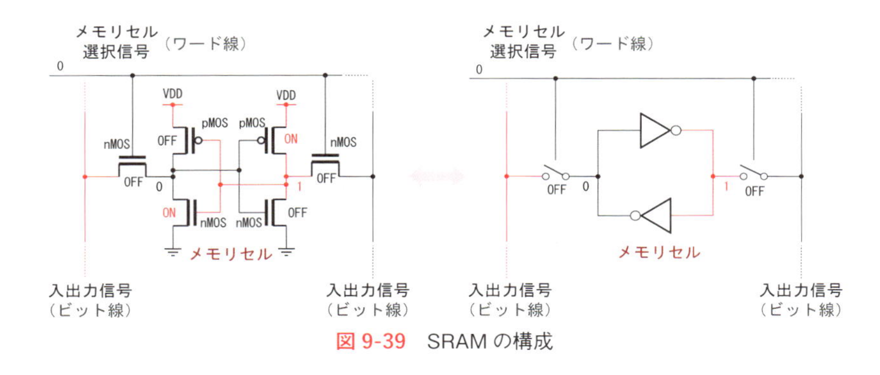

図 9-39　SRAM の構成

RS フリップフロップでは，2 つの安定点の間を移動するため，NOT 回路の代わりに NOR や NAND 回路を用いていました．

一方，高い集積度が要求される SRAM の場合，トランジスタ数を極限まで減らすため，NOT 回路の入出力に 2 つの nMOS スイッチを接続し，**ビット線**と呼ばれる信号に繋ぐことにより強制的に 0 と 1 の値を移動させます．

小さく作られた**メモリセル**（シーソー）の負荷が軽く，逆にビット線のドライブ能力が高いので，このような動作が可能になるわけです．

原理的には，1 本のビット線でも動作しますが，互いに逆相で動作する 2 本のビット線を用いる差動型とすることにより，動作速度が高まり，読み取り精度も向上します．

図9-40に読み出しの動作例を示します．はじめに2つのビット線を差動型の比較器に接続し，横方向のワード線をH(1)にして，メモリセルの状態を読み取ります．

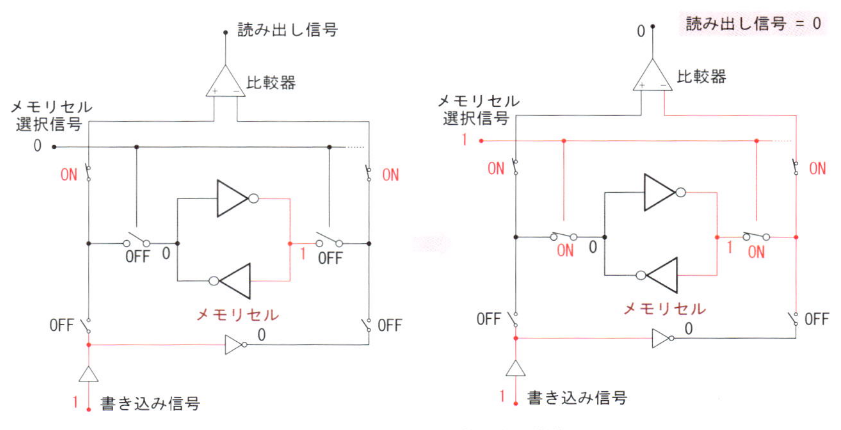

図9-40　SRAMの読み出し動作

図9-41に書き込みの動作例を示します．この場合，2つのビット線を入力側の強力なバッファ回路に接続し，ワード線をH(1)にして，メモリセルの状態を更新します．

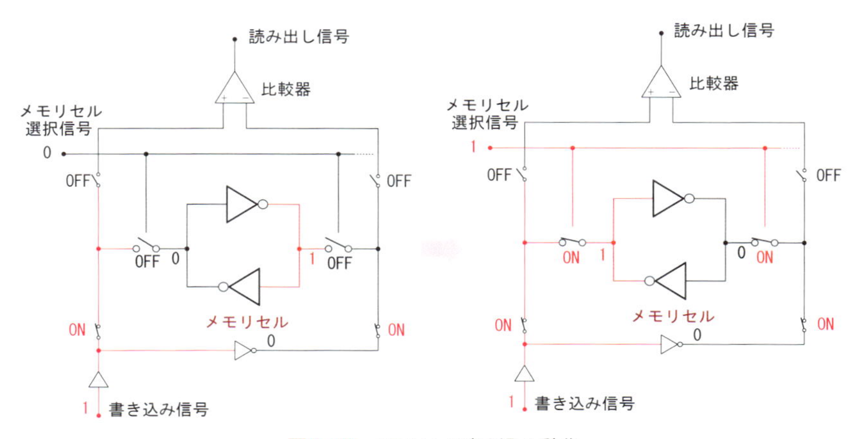

図9-41　SRAMの書き込み動作

1つのロジックエレメント（LE）に含まれるD-FFを構成するのに，少なく見積もっても32個のMOSトランジスタが必要であるのに対し，その1/5以下でSRAMのセルが実現できることが分かります．

9.6.2 RAMメモリブロックを用いたmega_ramコンポーネントの設計

RAMメモリブロックを用いたmega_ramコンポーネントの設計例を，図9-42および図9-43に示します．

以下，その内容について補足します．

7～18行のエンティティ部では，全体の入出力信号を宣言しています．

9行では，図9-38のタイムチャートに示した基本クロックCLKを宣言しています．

21～31行では，前節の図9-33および図9-34で設計したRAMメモリブロック（ram_1port.vhd）を宣言し，44～50行でインスタンス名C1として実体化しています．

52～64行では，RAMのアドレスが63以下の場合は対応するRAMの出力を，65の場合は専用のI/Oポートの入力値を，後段のexecコンポーネントに受け渡しています．なお，前節の「RAMの読み出し」の項で述べたように，デコードから実行のフェーズまで時間的な余裕がないので，クロック等でラッチせず，組合せ回路として構成しています．

66～75行では，RAMのアドレスが64のとき，execコンポーネントの出力をD-FFでラッチし，専用のI/Oポートに出力しています．

このようにソースコードmega_ram.vhdの中で，図9-38に示したタイムチャートの条件を満たすように，コンポーネントram_1portのそれぞれの入力信号を生成していることが分かると思います．

```
1  -- mega_ram.vhd    RAMメモリブロックを用いたRAMコンポーネント
2  library IEEE;
3  use IEEE.std_logic_1164.all;
4  use IEEE.std_logic_unsigned.all;
5
6  -- 入出力の宣言
7  entity mega_ram is
8      port(
9          CLK      : in std_logic;
10         CLK_EX   : in std_logic;
11         RAM_ADDR : in std_logic_vector(7 downto 0);
12         RAM_IN   : in std_logic_vector(15 downto 0);
13         IO65_IN  : in std_logic_vector(15 downto 0);
14         RAM_WEN  : in std_logic;
15         RAM_OUT  : out std_logic_vector(15 downto 0);
16         IO64_OUT : out std_logic_vector(15 downto 0)
17     );
18 end mega_ram;
19
20 -- 回路の記述
21 architecture RTL of mega_ram is
22 -- コンポーネント ram_1port の宣言
23 component ram_1port
24     port (
25         address : in std_logic_vector(5 downto 0);
26         clock   : in std_logic;
27         data    : in std_logic_vector(15 downto 0);
28         wren    : in std_logic;
29         q       : out std_logic_vector(15 downto 0)
30     );
31 end component;
32 -- 内部信号の定義
33 signal RAM_OUT_MEGA : std_logic_vector(15 downto 0);
34 signal ADDR_INT     : integer range 0 to 255;
35 signal RAM_SEL      : std_logic;
36 signal RAM_WREN     : std_logic;
37
38 begin
39
40     ADDR_INT <= conv_integer(RAM_ADDR);
41     RAM_WREN <= RAM_WEN and CLK_EX and RAM_SEL;
42
43 -- コンポーネント ram_1port の実体化と入出力の相互接続
44     C1 : ram_1port port map(
45         address => RAM_ADDR(5 downto 0),
46         clock => CLK,
47         data => RAM_IN,
48         wren => RAM_WREN,
49         q => RAM_OUT_MEGA
50     );
```

図 9-42　mega_ram コンポーネントのソースコード（1/2）（mega_ram.vhd）

```
51  -- コンポーネント ram_1port の入力信号を生成する組合せ回路
52      process(ADDR_INT, RAM_OUT_MEGA, IO65_IN)
53      begin
54          if(ADDR_INT < 64) then
55              RAM_OUT <= RAM_OUT_MEGA;
56              RAM_SEL <= '1';
57          elsif(ADDR_INT = 65) then
58              RAM_OUT <= IO65_IN;
59              RAM_SEL <= '0';
60          else
61              RAM_OUT <= (others => '0');
62              RAM_SEL <= '0';
63          end if;
64      end process;
65  -- I/O 出力信号 IO64_OUT の生成
66      process(CLK)
67      begin
68          if(CLK'event and CLK = '1') then
69              if(ADDR_INT = 64) then
70                  if((RAM_WEN = '1') and (CLK_EX = '1')) then
71                      IO64_OUT <= RAM_IN;
72                  end if;
73              end if;
74          end if;
75      end process;
76  end RTL;
```

図 9-43　mega_ram コンポーネントのソースコード（2/2）
（mega_ram.vhd）

9.6.3 mega_ram コンポーネントの RTL シミュレーション

RAM メモリブロックを用いた mega_ram コンポーネントの RTL シミュレーション用テストベンチを図 9-44 と図 9-45 に示します．

図 9-38 に示したタイムチャートに合わせ，図 9-45 のテストベンチの中で，CLK をはじめとする各入力信号の波形を記述しています．

```
1  -- mega_ram_sim.vhd      RAMメモリブロックを用いたRAMコンポーネントのRTLシミュレーション
2  library IEEE;
3  use IEEE.std_logic_1164.all;
4  use IEEE.std_logic_unsigned.all;
5
6  -- 入出力の宣言
7  entity mega_ram_sim is
8  end mega_ram_sim;
9
10 -- 回路の記述
11 architecture SIM of mega_ram_sim is
12
13 -- コンポーネント mega_ram の宣言
14 component mega_ram
15      port(
16           CLK      : in std_logic;
17           CLK_EX   : in std_logic;
18           RAM_ADDR : in std_logic_vector(7 downto 0);
19           RAM_IN   : in std_logic_vector(15 downto 0);
20           IO65_IN  : in std_logic_vector(15 downto 0);
21           RAM_WEN  : in std_logic;
22           RAM_OUT  : out std_logic_vector(15 downto 0);
23           IO64_OUT : out std_logic_vector(15 downto 0)
24      );
25 end component;
26
27 -- 内部信号の定義
28 signal CLK      : std_logic := '1';
29 signal CLK_EX   : std_logic := '0';
30 signal RAM_ADDR : std_logic_vector(7 downto 0);
31 signal RAM_IN   : std_logic_vector(15 downto 0);
32 signal IO65_IN  : std_logic_vector(15 downto 0);
33 signal RAM_WEN  : std_logic := '0';
34 signal RAM_OUT  : std_logic_vector(15 downto 0);
35 signal IO64_OUT : std_logic_vector(15 downto 0);
36
37 begin
38 -- コンポーネント mega_ram の実体化と入出力の相互接続
39   C1 : mega_ram
40        port map(
41             CLK => CLK,
42             CLK_EX => CLK_EX,
43             RAM_ADDR => RAM_ADDR,
44             RAM_IN => RAM_IN,
45             IO65_IN => IO65_IN,
46             RAM_WEN => RAM_WEN,
47             RAM_OUT => RAM_OUT,
48             IO64_OUT => IO64_OUT
49        );
50
```

図 9-44 mega_ram コンポーネントのテストベンチ（1/2）
（mega_ram_sim.vhd）

```
51    -- 入力信号 CLK の波形
52        process begin
53           CLK <= '1';
54           wait for 10 ns;
55           CLK <= '0';
56           wait for 10 ns;
57        end process;
58
59    -- 入力信号 CLK_EX の波形
60        process begin
61           CLK_EX <= '0';
62           wait for  2 ns;
63           CLK_EX <= '1';
64           wait for 20 ns;
65           CLK_EX <= '0';
66           wait for 58 ns;
67        end process;
68
69    -- 入力信号 RAM_ADDR の波形
70        process begin
71           RAM_ADDR <= "00000001";             //  10進数の 1
72           wait for 44 ns;
73           RAM_ADDR <= "00000010";             //     〃    2
74           wait for 80 ns;
75           RAM_ADDR <= "00000011";             //     〃    3
76           wait for 80 ns;
77           RAM_ADDR <= "00000100";             //     〃    4
78           wait for 80 ns;
79        end process;
80    -- 入力信号 RAM_IN の波形
81        process begin
82           RAM_IN <= "0000000000000000";      //  10進数の 0
83           wait for  4 ns;
84           RAM_IN <= "0000000000000010";      //     〃    2
85           wait for 80 ns;
86           RAM_IN <= "0000000000000100";      //     〃    4
87           wait for 80 ns;
88           RAM_IN <= "0000000000000110";      //     〃    6
89           wait for 80 ns;
90           RAM_IN <= "0000000000001000";      //     〃    8
91           wait for 80 ns;
92        end process;
93    -- 入力信号 RAM_WEN の波形
94        process begin
95           RAM_WEN <= '0';
96           wait for 164 ns;
97           RAM_WEN <= '1';
98           wait for 80 ns;
99        end process;
100   end SIM;
```


図 9-45　mega_ram コンポーネントのテストベンチ（2/2）
（mega_ram_sim.vhd）

RTL シミュレーションの結果を図 9-46 に示します.

開始後 10 クロック目で, RAM のアドレス 3 番地に書き込まれた値の 6 が, その直後 RAM_OUT に読み出されており, 図 9-38 の H_0 点で変化する結果に一致しています.

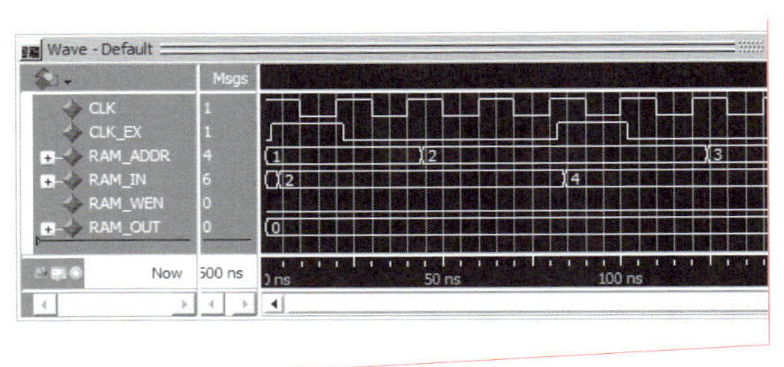

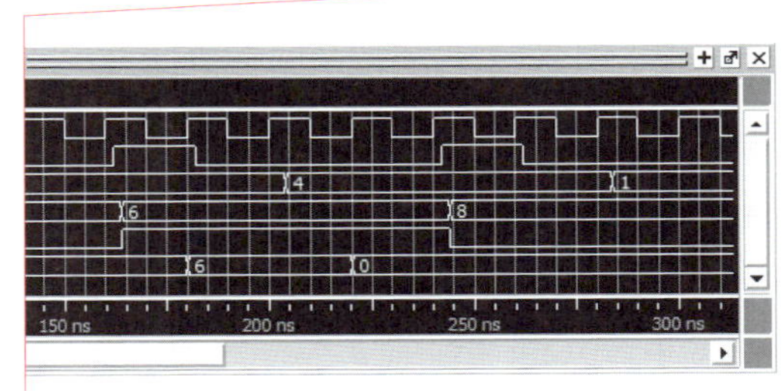

図 9-46　mega_ram コンポーネントの RTL シミュレーション結果
(mega_ram_sim.vhd)

9.7 第 2 修正版 CPU の構成

9.7.1 全体構成 (cpu15_mega_ram.vhd)

第 2 修正版 CPU の全体構成を, 図 9-47 に示します.

第 1 修正版に変更を加えたコンポーネントは, 下部の mega_ram のみです. なお, クロックジェネレータ clk_gen に使用したシステムの CLK (50MHz) を入力している点に注意が必要です.

また, 右側の入力 CLK_EX はクロックとしてではなく, RAM の書き込み許可信号の幅を整形する制御用パルスとして使用しています.

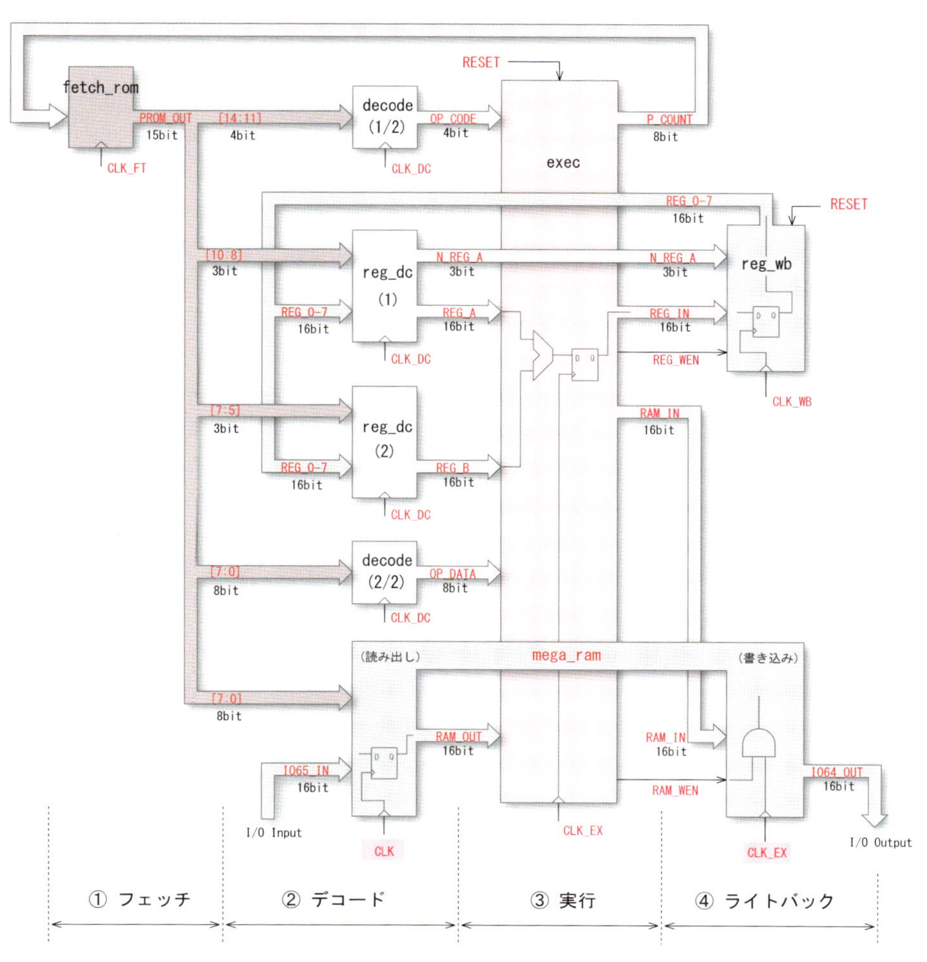

図 9-47　CPUの全体構成（第2修正版）
（cpu15_mega_ram.vhd）

修正したコンポーネントの対応関係を表9-2に示します.

表9-2　CPUを構成するコンポーネント

第1修正版CPU	第2修正版CPU
clk_gen	←
fetch_rom	←
decode	←
reg_dc（第1オペランド）	←
reg_dc（第2オペランド）	←
exec	←
reg_wb	←
ram_dc_wb	mega_ram

9.7.2　第2修正版CPUの設計

第2修正版CPUについて，修正を加えた部分のVHDLコードを，図9-48～図9-49に示します.（cpu15_mega_ram.vhd）

赤色で示した部分が，修正を加えたコンポーネントmega_ramに関連する記述であり，それ以外のコンポーネントは第1修正版と同じです.

なお，このCPUの計算結果は，16bitのI/O出力IO64_OUTに出力されます．ここで，前講のように下位の10bitは単体LEDに割り当てますが，残る上位の6bitについては，7セグメントLEDの最も下のセグメントに接続しています．この7セグメントLEDは0(L)のとき点灯する負論理となっているため，88行で反転させて正論理に修正しています.

```
1   -- cpu15_mega_ram.vhd      RAMメモリブロックを用いたCPU本体
2   library  IEEE;
3   use IEEE.std_logic_1164.all;
4   use IEEE.std_logic_unsigned.all;
5
6   -- 入出力の宣言
7   entity cpu15_mega_ram is
8       port(
9           CLK       : in std_logic;
10          RESET_N   : in std_logic;
11          IO65_IN   : in std_logic_vector(15 downto 0);
12          IO64_OUT  : out std_logic_vector(15 downto 0)
13      );
14  end cpu15_mega_ram;
15
16  -- 回路の記述
17  architecture RTL of cpu15_mega_ram is
18
19  -- clk_gen コンポーネントの宣言
20
21         (略)
22
23  -- fetch_rom コンポーネントの宣言
24  component  fetch_rom
25      port(
26          address    : in std_logic_vector(7 downto 0);
27          clock      : in std_logic;
28          q          : out std_logic_vector(14 downto 0)
29      );
30  end component;
31
32         (略)
33
34
35  -- mega_ram コンポーネントの宣言
36  component  mega_ram
37      port(
38          CLK       : in std_logic;
39          CLK_EX    : in std_logic;
40          RAM_ADDR  : in std_logic_vector(7 downto 0);
41          RAM_IN    : in std_logic_vector(15 downto 0);
42          IO65_IN   : in std_logic_vector(15 downto 0);
43          RAM_WEN   : in std_logic;
44          RAM_OUT   : out std_logic_vector(15 downto 0);
45          IO64_OUT  : out std_logic_vector(15 downto 0)
46      );
47  end component;
48
49         (略)
50
```

図 9-48　第2修正版CPUのソースコード（部分）（1/2）
（cpu15_mega_ram.vhd）

```
51  begin
52  
53   -- clk_gen コンポーネントの実体化と入出力の相互接続
54      C1 : clk_gen
55          port map(
56              CLK => CLK,
57              CLK_FT => CLK_FT,
58              CLK_DC => CLK_DC,
59              CLK_EX => CLK_EX,
60              CLK_WB => CLK_WB
61          );
62  
63   -- fetch_rom コンポーネントの実体化と入出力の相互接続
64      C2 : fetch_rom
65          port map(
66              address => P_COUNT,
67              clock => CLK_FT,
68              q => PROM_OUT
69          );
70  
71  
72                 (略)
73  
74   -- mega_ram コンポーネントの実体化と入出力の相互接続
75      C8 : mega_ram
76          port map(
77              CLK => CLK,
78              CLK_EX => CLK_EX,
79              RAM_ADDR => PROM_OUT(7 downto 0),
80              RAM_IN => RAM_IN,
81              IO65_IN => IO65_IN and "0000001111111111",
82              RAM_WEN => RAM_WEN,
83              RAM_OUT => RAM_OUT,
84              IO64_OUT => IO64_OUT_TMP
85          );
86  
87   -- I/O出力 IO64_OUT の符号反転
88      IO64_OUT <= IO64_OUT_TMP xor "1111110000000000";
89  
90  end RTL;
```

何も接続しない入力は1(H)になるため，上位6bitを強制的に0(L)にする

上位6bitは負論理の7セグメントLEDに接続するため反転させて正論理とする

図 9-49　第2修正版 CPU のソースコード（部分）(2/2)
(cpu15_mega_ram.vhd)

9.7.3　第2修正版CPUの評価

第2修正版CPUのコンパイルのレポートを，図9-50に示します．

図9-28の第1修正版レポートと比較すると，ロジックエレメント（ALM）数が689から189に減少し，第I部で設計したCPUの194より少なくなっています．

逆にメモリのbit数が3840から4864に増加しています．16bit×64WordのRAMメモリブロックの導入により，1024bit分の容量が新たに内部メモリに割り当てられたことが分かります．

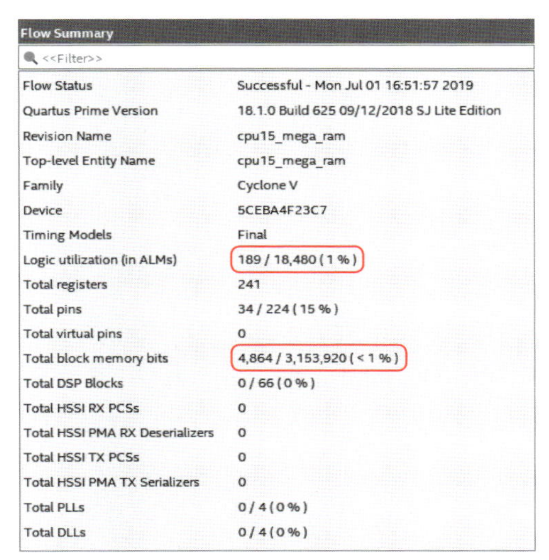

Flow Summary

<<Filter>>

Flow Status	Successful - Mon Jul 01 16:51:57 2019
Quartus Prime Version	18.1.0 Build 625 09/12/2018 SJ Lite Edition
Revision Name	cpu15_mega_ram
Top-level Entity Name	cpu15_mega_ram
Family	Cyclone V
Device	5CEBA4F23C7
Timing Models	Final
Logic utilization (in ALMs)	189 / 18,480 (1 %)
Total registers	241
Total pins	34 / 224 (15 %)
Total virtual pins	0
Total block memory bits	4,864 / 3,153,920 (< 1 %)
Total DSP Blocks	0 / 66 (0 %)
Total HSSI RX PCSs	0
Total HSSI PMA RX Deserializers	0
Total HSSI TX PCSs	0
Total HSSI PMA TX Serializers	0
Total PLLs	0 / 4 (0 %)
Total DLLs	0 / 4 (0 %)

図9-50　第2修正版CPUの設計レポート（cpu15_mega_ram）

なお，この第2修正版CPUのソースコード（cpu15_mega_ram.vhd）をコンパイルし，FPGA評価ボードDE0-CVにダウンロードしたとき，図9-29と同様の動作を行うことを確認しています．

単一クロックによる同期回路に修正する

これまでに設計したCPUは，基本的に図7-3に示す4相のクロックを使用していました．これにより，それぞれのフェーズで信号を波形整形し，次のフェーズに確実に信号を受け渡すことができますが，実質的には4系統のクロックを使用していることになります．その結果，シミュレーションにおける厳密な遅延時間の算定等が複雑になり，計算の負荷が高まるため，警告メッセージが表示される場合があります．

そこで，図9-51の例に示すように，すべてのコンポーネントに共通のクロック（CLK）を追加し，その立ち上がりでそれぞれのフェーズを判定し，該当する場合にだけ所定の動作を行うよう修正を加えます．これにより，すべての順序回路が1つのクロックで動作する**完全同期系**の回路に改めることが可能です．

30行のプロセス文において，センシティビティリストを単一クロックのCLKに統一し，立ち上がり時にそれ以降の処理を行います．

33行でCLK_FTをチェックし，その値が1(H)のときインデックスに対応する配列の値をPROM_OUTに出力しています．

なお，4相クロック自体が，基本クロックの立ち上がり直後に変化するため，実質的なタイミングは1クロック分遅れることになりますが，各フェーズが1クロック遅延するだけで，それらの位相関係は保持されるので特に問題は生じません．

このような修正により，FPGAの内部で最も遅延時間が少ないアルミ配線等を優先的にクロックに割り当てることができ，高速化した場合でも安定な動作が期待できます．

```
1   -- fetch_sync.vhd
2   library IEEE;
3   use IEEE.std_logic_1164.all;
4   use IEEE.std_logic_arith.all;
5
6   -- 入出力の宣言
7   entity fetch_sync is
8       port (
9           CLK      : in std_logic;        ――― 単一クロック CLK を追加
10          CLK_FT   : in std_logic;
11          P_COUNT  : in std_logic_vector(7 downto 0);
12          PROM_OUT : out std_logic_vector(14 downto 0)
13      );
14   end fetch_sync;
15
16  -- 回路の記述
17  architecture RTL of fetch_sync is
18
19  subtype WORD is std_logic_vector(14 downto 0);
20  type MEMORY is array (0 to 15) of WORD;
21  constant MEM : MOMORY :=
22          (
23          "100100000000000",      -- ldh Reg0, 0
24               (略)
25          "111100000000000",      -- hlt
26          "000000000000000"       -- nop
27          );
28
29  begin                                        ┐
30      process(CLK)                             │
31      begin                                    ├― 単一クロックの
32          if(CLK'event and CLK = '1') then     ┘   CLK に統一
33              if(CLK_FT = '1') then
34                  PROM_OUT <= MEM(conv_integer(P_COUNT(3 downto 0)));
35              end if;
36          end if;
37      end process;
38  end RTL;
```

図 9-51　単一クロックによる同期系回路の例

第 10 講 パイプライン処理により高速化する

CPU を高速化する手法のひとつに，**パイプライン処理**があります．

本講では，このパイプライン処理を導入した CPU を設計し，その動作を確認します．

10.1 パイプライン処理とは？

図 10-1 に，パイプライン処理を導入した CPU のイメージを示します．

これらの処理は，ベルトコンベアによる分業作業に例えることができます．すなわち，①フェッチ，②デコード，③実行，④ライトバックの 4 つの作業を，4 人の作業員がそれぞれ分担し，流れ作業により同時並行的に処理する方式です．

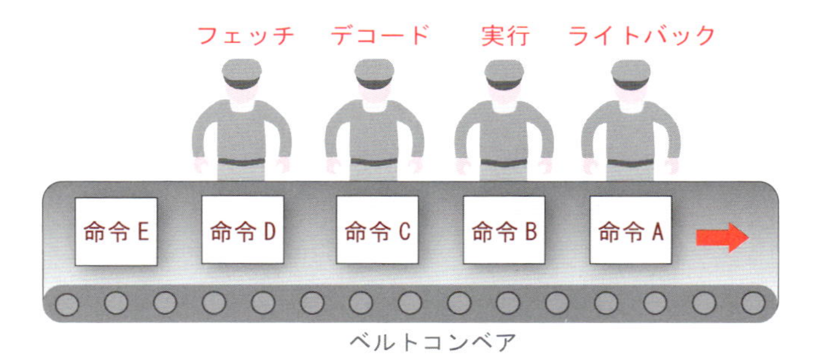

図 10-1　パイプライン処理のイメージ

これまでは，基本クロックを分周することにより，互いに重なることのない 4 相のクロックを用いていました．すなわち，実際に作業するのは 4 つのステージの中の 1 つであり，バトンリレーのように，各ステージの処理結果を次のステージへ受け渡す構成となっていました.

これに対し，パイプライン処理では，図 10-2 に示すように，すべてのステージの処理がその位相をずらしながら同時並行的に進行します.

すなわち，4 相のクロックは用いず，すべてのコンポーネントは共通の基本クロック CLK により動作します.

すべての処理を 1 人で行う場合に比べ，作業効率が最高 4 倍まで改善される可能性があります.

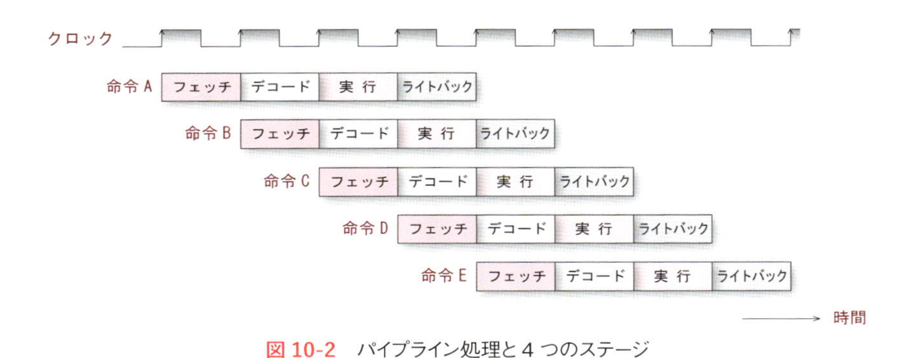

図 10-2　パイプライン処理と 4 つのステージ

10.2 パイプライン・ハザードの原因とその対策

10.2.1 パイプライン・ハザードとは？

ベルトコンベアによる組み立て作業を導入することにより，効率は大幅に改善されますが，問題が発生する場合があります.

例えば，不良部品が混入している場合，ベルトコンベアを一旦停止させ，正常な部品に交換した後，ベルトコンベアを再び起動します．最悪の場合，ベルトコンベアの上を整理し，最初からやり直す必要があります.

CPU の処理も同様で，例えば jump 等の命令により，①フェッチ，②デコード，③実行，④ライトバックの 4 つの作業の流れに乱れが生じます.

このような乱れを，**パイプライン・ハザード**（あるいはパイプライン・ストール）と呼び，その要因により，以下の 3 つに分類することができます.

1. jump 命令による分岐ハザード
2. データの因果関係に起因するデータ・ハザード
3. リソース（資源）の競合による構造ハザード

以下，その内容について具体的に説明します．

10.2.2 jump 命令による分岐ハザード

図 10-3 を用いて，jump 命令により発生する**分岐ハザード**について説明します．例えば図のように，jump 命令を含む 4 つの連続する命令 a，命令 b，命令 c，命令 d を実行するものとします．

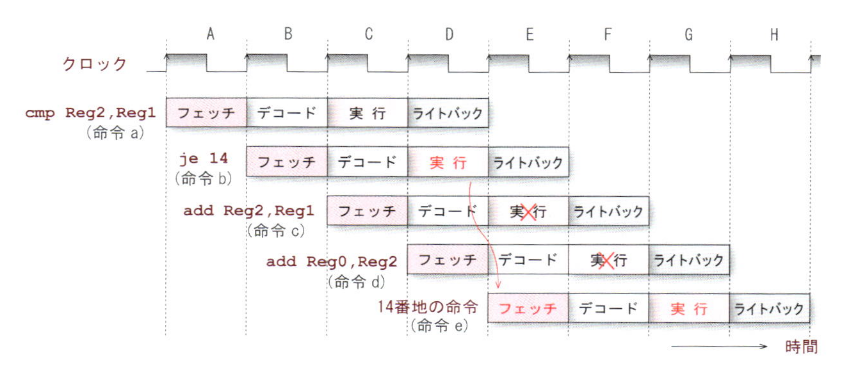

図 10-3　jump 命令による分岐ハザード

命令 a の cmp Reg2, Reg1 において，2 つのレジスタが一致したとき，命令 b の je 14 では jump 側に分岐します．このとき，点 D でプログラムカウンタ（PC）に jump 先の 14 番地をセットしますが，直ちに 14 番地の命令を実行するわけではなく，点 E でその機械語をフェッチ，点 F でデコード，点 G に至ってやっと実行が完了します．

すなわち，jump 先の命令が実行されるまで 3 クロックの遅延があり，点 E で命令 c が，点 F で命令 d が実行されると，2 つのレジスタの内容が変更されるため正しい結果は得られません．

このため，命令 c と命令 d を無効とし，jump 先の命令 e から，再度①

フェッチ，②デコード，③実行，④ライトバックの処理を行う必要があります．

また，プログラムを停止させるはずの hlt 命令についても，同様の問題が発生します．hlt 命令は，フェッチする機械語のアドレスを更新しないだけで，プログラムカウンタを直接停止させるものではありません．

すなわち，hlt 命令により停止させたくても，いわば手遅れの状況にあり，実行時にはカウンタが2つ分進んでいるので，hlt の2つ先の命令が2回フェッチされるだけです．

プログラムを実効的に停止させるには，hlt 命令の代わりに，自分自身の番地に jump させる無限ループを作る必要があります．

10.2.3 データの因果関係に起因するデータ・ハザード

jump 命令を用いなくても，データの因果関係が満たされない場合には，いわゆる**データ・ハザード**が発生します．

例えば②のデコードフェーズでは，レジスタや RAM の内容を読み出し，その内容を実行フェーズに渡します．

一方，④のライトバック・フェーズでは，実行フェーズの演算結果を②のデコードフェーズで指定したレジスタや RAM に上書きする場合があります．

この間には2クロック分の時間のずれがあり，書き込みと読み出しのタイミングが接近すると，書き込まれる前の値を読み込んでしまい，正しい結果は得られません．

その具体的な事例を図 10-4 に示します．

例えば，命令 b の add Reg2, Reg1 では，点 C で2つのレジスタ Reg2, Reg1 の値を読み出した後，点 D でそれらを加算し，その結果を点 E でレジスタの Reg2 に上書きします．一方，命令 c の add Reg0, Reg2 では，点 D で2つのレジスタの値を読み出し，点 E でそれらを加算します．

本来命令 c では，命令 b の結果である Reg2 の値を，使用しなければなりませんが，その結果が出る前の点 D で読み出しているため正解は得られません．

正しい結果を得るためには，命令bのライトバックが完了した点F，あるいはそれ以降に，命令cのデコードを行わなければなりません．すなわち，命令bと命令cの間に2クロック以上の遅延が必要になります．

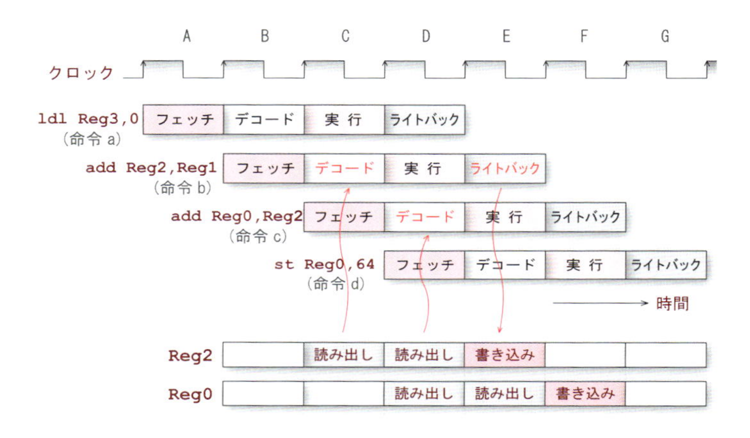

図10-4　データの因果関係に起因するデータ・ハザード

なお，命令cと命令dについても，レジスタReg0に関して同様の関係が存在するので，その配置には注意する必要があります．

10.2.4 リソースの競合による構造ハザード

例えば，組み立てラインでボルトを締め付けるスパナが1つしかない場合，2つの締め付け作業を同時に行うことは不可能です．スパナであれば2セット用意することにより解決しますが，データを保存するレジスタやメモリの場合，その構成法によっては，読み出しか書き込みのいずれか一方の操作しか許容されず，**構造ハザード**が発生する場合があります．

例えば，前講の第2修正版CPUの設計に用いたRAMメモリブロックの場合，図9-30に示したようにアドレスは1つしかありません．

このため，②のデコードステージにおける読み出しと，④のライトバックステージにおける書き込みで異なったアドレスを指定することができず，RAMアドレスの競合による構造ハザードが発生します．

10.2.5 パイプライン・ハザードの回避方法

このようなパイプライン・ハザードについて，その要因ごとに回避する手法を整理すると，以下のようになります．

1. **分岐ハザード**

   分岐が発生したとき，それに続く2命令については，その実行を阻止する必要があります．

   分岐命令の後に2つのnop命令を挿入する方法もありますが，プログラミングが煩雑(はんざつ)な上，演算速度も低下するので，一般的にはハードウェアの回路系で対処します．パイプライン処理CPUの設計では，実行ステージのコンポーネントにおいて分岐したことを検出し，その後の2クロック分は演算結果の書き込みを禁止するようVHDLコードを修正します．

2. **データ・ハザード**

   データ・ハザードを避ける最も簡単な方法は，コンパイラ等で命令コードにおける因果関係を解析し，何もしない命令（nop命令）を必要なクロックの数だけ挿入することです．

   これにより，CPUのプログラムに無駄が生じ，処理の効率は低下しますが，もともとRISC型のCPUは命令を極力単純化し，動作クロックの周波数を上げることにより，全体的な処理能力を改善しようとする考え方に基づいており，その整合性は高いといえるでしょう．

   ここで，機械語で使用されているレジスタ等の依存関係を事前に解析し，最終結果に影響が出ないように，その実行順を変更することにより，データ・ハザードを回避する手法が用いられます．

   このような操作を，**アウト・オブ・オーダー命令発行**と呼び，最新型のCPUの中には，これらの機能がハードウェアにより実装されている機種があります．

3. **構造ハザード**

   リソース（資源）の競合による構造ハザードについては，一般には何もしないnop命令の挿入により回避します．

10.3 パイプライン処理の構成法

前節の検討結果に基づき，パイプライン処理を導入するための修正点を列挙します．

10.3.1 命令セットの修正

データ・ハザード対策のため，nop命令の追加を含む命令セットの見直しを行います．表10-1に，修正した命令セットを示します．赤字で示した命令が修正した部分です．

先に述べたように，パイプライン処理を導入すると，プログラムカウンタを更新しないhlt命令では，プログラムを停止させることはできません．

そこで，従来の命令コード"0000"のmov命令をhlt命令の"1111"に移動し，空いた命令コード"0000"に何もしないnop命令（No Operation）を割り当てます．これにより，ROMの初期化において，指定しない領域はすべてnop命令で埋め尽くされることになります．

表10-1　パイプライン処理CPUの命令コード

No	命令コード	略号	略号の意味	内　容
1	0000	nop	No Operation	何もしない命令
2	0001	add	Addition	加算
3	0010	sub	Subtraction	減算
4	0011	and	Logical And	論理積
5	0100	or	Logical Or	論理和
6	0101	sl	Shift Left (1bit)	左シフト（1bit）
7	0110	sr	Shift Right (1bit)	右シフト（1bit）
8	0111	sra	Shift Right Arithmetic (1bit)	算術演算右シフト（1bit）
9	1000	ldl	Load Immediate Value Low	即値ロード（Low）
10	1001	ldh	Load Immediate Value High	即値ロード（High）
11	1010	cmp	Compare	比較
12	1011	je	Conditional Jump (Equal)	条件付きジャンプ
13	1100	jmp	Jump	ジャンプ
14	1101	ld	Load Memory	メモリからの読み出し
15	1110	st	Store Momory	メモリへの書き込み
16	1111	mov	Move	レジスタ間のデータコピー

10.3.2 プログラムの修正によるデータ・ハザードの回避

図 10-5 に，データ・ハザードの影響を回避したプログラム（機械語）の例を示します．

```
 1  -- Copyright (C) 1991-2013 Altera Corporation
 2  -- Your use of Altera Corporation's design tools, logic functions
 3  --           (略)
 4  --  applicable agreement for further details.
 5
 6  -- Quartus II generated Memory Initialization File (.mif)
 7
 8  WIDTH=15;
 9  DEPTH=256;
10
11  ADDRESS_RADIX=HEX;
12  DATA_RADIX=HEX;
13
14  CONTENT BEGIN
15      000  :   4800;           -- ldh Reg0, 0
16      001  :   4900;           -- ldh Reg1, 0
17      002  :   4A00;           -- ldh Reg2, 0
18      003  :   4000;           -- ldl Reg0, 0
19      004  :   4101;           -- ldl Reg1, 1
20      005  :   4200;           -- ldl Reg2, 0
21      006  :   6B41;           -- ld  Reg3, 65
22      007  :   0000;           -- nop ──────────── データハザード対策
23      008  :   0A20;           -- add Reg2, Reg1
24      009  :   0000;           -- nop  ┐
25      00A  :   0000;           -- nop  ┘── データハザード対策
26      00B  :   0840;           -- add Reg0, Reg2
27      00C  :   0000;           -- nop  ┐
28      00D  :   0000;           -- nop  ┘── データハザード対策
29      00E  :   7040;           -- st  Reg0, 64
30      00F  :   5260;           -- cmp Reg2, Reg3
31      010  :   5812;           -- je  18(12h)
32      011  :   6008;           -- jmp 8(8h)
33      012  :   6012;           -- jmp 18(12h)
34      [013..0FF]  :   0000;
35  END;
```

図 10-5　データ・ハザードを回避するプログラムの例（rom_init2.mif）

20 行の ldl 命令で，レジスタ Reg2 の下位 8bit に 0 を書き込み，23 行の add 命令で同じレジスタを読み出した後，Reg1 との和を上書きしています．

データ・ハザードを回避するためには，2 クロック分の遅延を確保する必要があるので，22 行に nop 命令を挿入しています．

同様に，レジスタ Reg2 と Reg0 のデータ・ハザードを防ぐため，24～25 行と 27～28 行にそれぞれ 2 つの nop 命令を挿入しています．

10.3.3 RAMの実装方法について

1. 1ポートのRAMメモリブロックを使用する場合

1ポートのRAMメモリブロックは，図9-30に示すように指定するアドレスが1つしかないので，読み出しと書き込みのアドレスが異なる場合，これらを同時に実行することができません．このため構造ハザードが発生します．

これを回避するため，RAMの内容を読み込むld命令と，RAMに書き込むst命令の間隔が，デコードとライトバックの2クロック差にならないよう，その間にnop命令を挿入する必要があります．

2. 配列を用いてRAMを記述する場合

RAMの機能を配列を用いて記述すると，図9-28の設計レポートに示すように内蔵するSRAMではなく，ロジックエレメント（ALM）に実装されます．

RAMのアドレスは配列のインデックスに相当しますが，図9-17に示すように，31～40行の読み出しと42～53行の書き込みの処理が，それぞれ別のプロセス文により記述されています．

その結果，アドレスからALM内D-FFへの書き込みを制御する回路と，複数の出力からアドレスで指定した内容を選択する回路が，それぞれ独立に動作します．このため，RAMのアドレスが異なる場合であっても，読み出しと書き込みを同時に実行することができるので，構造ハザードが発生することはありません．

なお，同じアドレスの内容を書き込んだ直後に読み出す場合は，データ・ハザードが発生するので，nop命令を挿入するなどして，2クロック以上の間隔を設ける必要があります．

アウト・オブ・オーダー命令発行の効果

ここでは，**アウト・オブ・オーダー命令発行**の効果について補足します．

図10-6の左（a）は，図10-5のプログラムの一部を表しています．こ

のループの内側には，データ・ハザード対策のため，4つのnop命令が含まれています．ここで，命令のadd Reg0, Reg2とcmp Reg2, Reg3では，レジスタReg2の内容を読み出しますが，書き込みの動作は行っていません．さらに，命令のcmpとstの順を交換しても同じ結果が得られるので，図(b)のように順序を入れ替え，cmp命令をst命令の前のnopの位置に移動することができます．

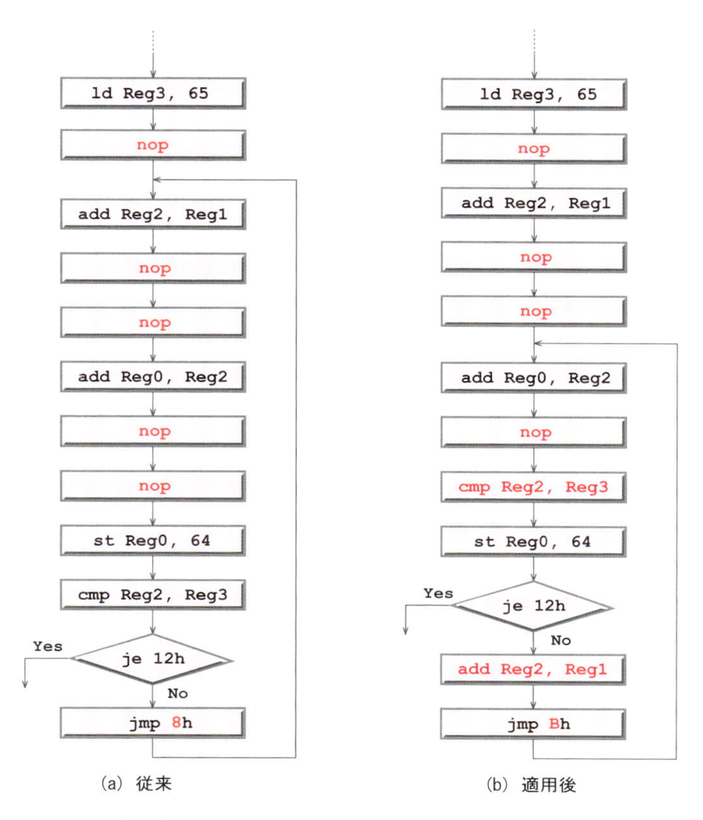

図10-6　アウト・オブ・オーダー命令発行とその効果

一方，jmp 命令による分岐後はフェッチのフェーズから再開されるので，命令の add Reg2, Reg1 を新たに je 命令の下に追加することにより，より小さなループで表現することができます．これより，ループ内の nop 命令は 1 つに削減され，その演算速度を約 12/9=1.3 倍に改善することができます．

10.3.4 タイミング系の修正

パイプライン処理を導入するためには，タイミング系も修正する必要があります．

これまで使用した 4 相クロックに代えて，すべてのコンポーネントに共通の基本クロック CLK を入力します．

4 相クロックの場合は，レジスタのインデックス等を指定するタイミングには自由度がありましたが，パイプライン処理では，各命令ごとにその位相を揃えなければなりません．

具体的には，ライトバックステージにおいて，レジスタに書き込むデータとインデックス，書き込み許可信号の位相を合わせるため，デコードステージのレジスタのインデックスを 1 クロック分遅延させるための回路を追加します．

なお，RAM のアドレスについても，読み出しのデコードステージと，書き込みのライトバックステージで 2 クロック分の遅延調整を行う必要があります．

10.3.5 全体構成

パイプライン処理 CPU の全体構成を，図 10-7 に示します．

なお，第 1 修正版 CPU を基準に，修正を加えるコンポーネント（プログラム）と，新たに追加するコンポーネントを表 10-2 に整理します．

表 10-2　パイプライン処理 CPU を構成するコンポーネント

第 1 修正版 CPU	パイプライン処理 CPU
clk_gen	-（使用せず）
fetch_rom	←
rom_init.mif	rom_init2.mif
decode	←
reg_dc（第 1 オペランド）	←
reg_dc（第 2 オペランド）	←
-	n_reg_ex（新規）
exec	exec2
ram_dc_wb	ram_dc_wb2
reg_wb	←

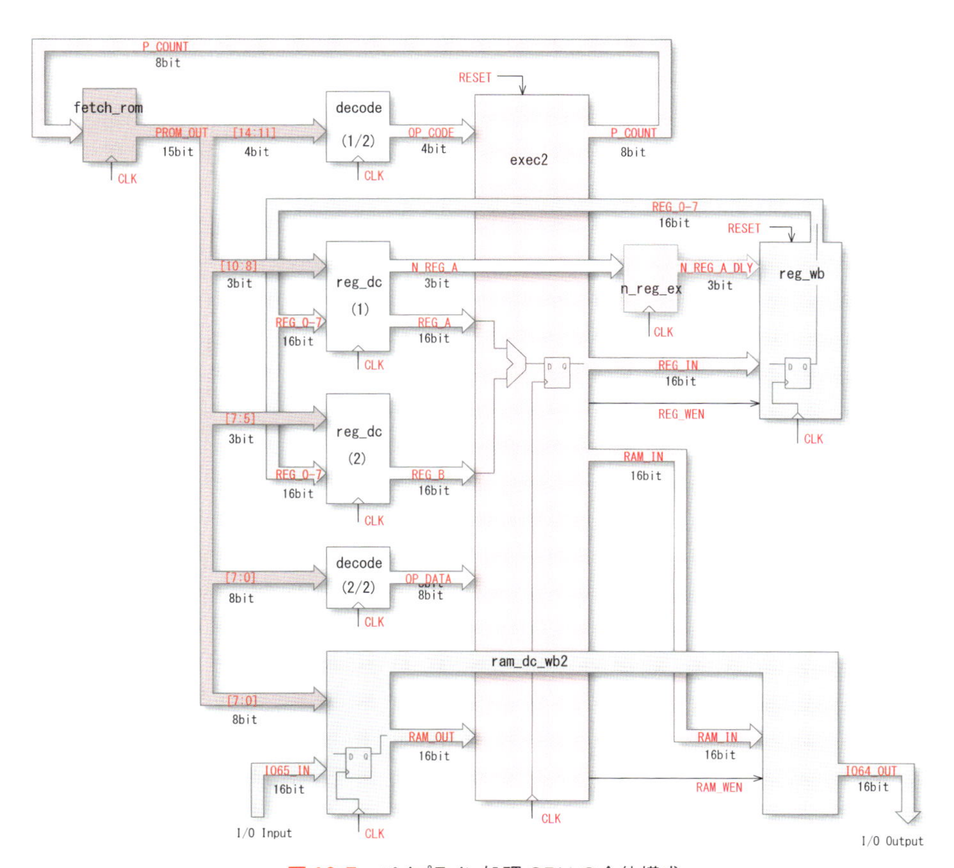

図 10-7　パイプライン処理 CPU の全体構成

10.4 パイプライン処理CPUの設計（cpu15_pipeline）

先に示した表10-2に基づき，新規に追加するコンポーネントと，修正を加えるコンポーネントの詳細について述べ，パイプライン処理CPUの本体を設計します．

なお，このCPUのプロジェクト名はcpu15_pipelineとします．

10.4.1 n_reg_exコンポーネント

図10-8に，新たに追加したコンポーネントn_reg_exを示します．

22行目で，デコードステージで生成した書き込みレジスタのインデックスN_REGを，実行ステージの位相を合わせるため1クロック遅延し，N_REG_DLYとして出力しています．

```
1   -- n_reg_ex.vhd
2   library IEEE;
3   use IEEE.std_logic_1164.all;
4   use IEEE.std_logic_unsigned.all;
5
6   -- 入出力の宣言
7   entity n_reg_ex is
8       port(
9           CLK_EX     : in std_logic;
10          N_REG      : in std_logic_vector(2 downto 0);
11          N_REG_DLY  : out std_logic_vector(2 downto 0)
12      );
13  end n_reg_ex;
14
15  -- 回路の記述
16  architecture RTL of n_reg_ex is
17  -- 信号の N_REG を1クロック遅延させる
18  begin
19      process(CLK_EX)
20      begin
21          if(CLK_EX'event and CLK_EX = '1') then
22              N_REG_DLY <= N_REG;
23          end if;
24      end process;
25  end RTL;
```

図10-8　n_reg_exコンポーネントのソースコード（n_reg_ex.vhd）

10.4.2 exec2コンポーネント

ここでは，前講まで使用した実行ステージのexecを基に，パイプライン処理に対応した新たなコンポーネントexec2を設計します．

主な変更点は以下の2つです．

1. **表10-1の内容に基づき，命令コードを修正する．**
2. **分岐ハザードを自動的に検出して回避させるため，jmp命令等による分岐の後，2クロック分の命令を無効とする機構を追加する．**

exec2コンポーネントのソースコード（exec2.vhd）を，図10-9～図10-12に示します．なお，修正や追加を行った部分を赤字で示しています．

以下，簡単にその内容を説明します．

9行のクロック名CLK_EXはそのまま使用し，CPU本体で共通のクロックCLKを接続することにします．

30行で，分岐命令のJEとJMPで分岐したときH(1)になる信号HAZRD_FLAGを定義します．

31行のHAZRD_FLAG_DLYは，HAZRD_FLAGを1クロック遅延した信号です．

43～47行では，HAZRD_FLAGとHAZRD_FLAG_DLYのいずれかがH(1)のとき，レジスタとメモリ（RAM）への書き込みを禁止し，49行以降のADD～MOVの各命令が実行されないよう迂回させます．

50～53行では，従来のmov命令を，何もしないnop命令に置き換えます．

119～128行では，分岐命令のJEを実行し，分岐した場合のみHAZRD_FLAGをH(1)に設定します．

129～133行で，分岐命令のJMPを実行した場合は，HAZRD_FLAGをH(1)に設定します．

146～151行では，従来のhlt命令に代えて，mov命令を新たに再定義しています．

156行では，HAZRD_FLAGを1クロック遅延させ，HAZRD_FLAG_DLYに代入しています．

```
1   -- exec2.vhd
2   library IEEE;
3   use IEEE.std_logic_1164.all;
4   use IEEE.std_logic_unsigned.all;
5
6   -- 入出力の宣言
7   entity exec2 is
8       port(
9           CLK_EX      : in std_logic;
10          RESET_N     : in std_logic;
11          OP_CODE     : in std_logic_vector(3 downto 0);
12          REG_A       : in std_logic_vector(15 downto 0);
13          REG_B       : in std_logic_vector(15 downto 0);
14          OP_DATA     : in std_logic_vector(7 downto 0);
15          RAM_OUT     : in std_logic_vector(15 downto 0);
16          P_COUNT     : out std_logic_vector(7 downto 0);
17          REG_IN      : out std_logic_vector(15 downto 0);
18          RAM_IN      : out std_logic_vector(15 downto 0);
19          REG_WEN     : out std_logic;
20          RAM_WEN     : out std_logic
21      );
22  end exec2;
23
24  -- 回路の記述
25  architecture RTL of exec2 is
26
27  -- 内部信号の定義
28  signal  PC              : std_logic_vector(7 downto 0) := "00000000";
29  signal  CMP_FLAG        : std_logic := '0';
30  signal  HAZRD_FLAG      : std_logic := '0';
31  signal  HAZRD_FLAG_DLY  : std_logic := '0';
32
33  begin
34
35      process(CLK_EX)
36      begin
37          if(CLK_EX'event and CLK_EX = '1') then
38              if(RESET_N = '0') then
39                  PC <= "00000000";
40                  CMP_FLAG <= '0';
41                  HAZRD_FLAG <= '0';
42                  HAZRD_FLAG_DLY <= '0';
43              elsif((HAZRD_FLAG = '1') or (HAZRD_FLAG_DLY = '1')) then
44                  REG_WEN <= '0';
45                  RAM_WEN <= '0';
46                  PC <= PC + 1;
47                  HAZRD_FLAG <= '0';
48              else
49                  case OP_CODE is
50                      when "0000" =>              -- NOP
```

分岐ハザードを検出したとき1(H)になるフラグを初期化する（30～31行）

フラグのクリア（41～42行）

レジスタとメモリの上書きを禁止（44～45行）

図 10-9　exec2コンポーネントのソースコード（1/4）（exec2.vhd）

```
 51                     REG_WEN <= '0';
 52                     RAM_WEN <= '0';
 53                     PC <= PC + 1;
 54                     HAZRD_FLAG <= '0';
 55                 when "0001" =>                  -- ADD
 56                     REG_IN <= REG_A + REG_B;
 57                     REG_WEN <= '1';
 58                     RAM_WEN <= '0';
 59                     PC <= PC + 1;
 60                     HAZRD_FLAG <= '0';
 61                 when "0010" =>                  -- SUB
 62                     REG_IN <= REG_A - REG_B;
 63                     REG_WEN <= '1';
 64                     RAM_WEN <= '0';
 65                     PC <= PC + 1;
 66                     HAZRD_FLAG <= '0';
 67                 when "0011" =>                  -- AND
 68                     REG_IN <= REG_A and REG_B;
 69                     REG_WEN <= '1';
 70                     RAM_WEN <= '0';
 71                     PC <= PC + 1;
 72                     HAZRD_FLAG <= '0';
 73                 when "0100" =>                  -- OR
 74                     REG_IN <= REG_A or REG_B;
 75                     REG_WEN <= '1';
 76                     RAM_WEN <= '0';
 77                     PC <= PC + 1;
 78                     HAZRD_FLAG <= '0';
 79                 when "0101" =>                  -- SL
 80                     REG_IN <= REG_A(14 downto 0) & '0';
 81                     REG_WEN <= '1';
 82                     RAM_WEN <= '0';
 83                     PC <= PC + 1;
 84                     HAZRD_FLAG <= '0';
 85                 when "0110" =>                  -- SR
 86                     REG_IN <= '0' & REG_A(15 downto 1);
 87                     REG_WEN <= '1';
 88                     RAM_WEN <= '0';
 89                     PC <= PC + 1;
 90                     HAZRD_FLAG <= '0';
 91                 when "0111" =>                  -- SRA
 92                     REG_IN <= REG_A(15) & REG_A(15 downto 1);
 93                     REG_WEN <= '1';
 94                     RAM_WEN <= '0';
 95                     PC <= PC + 1;
 96                     HAZRD_FLAG <= '0';
 97                 when "1000" =>                  -- LDL
 98                     REG_IN <= REG_A(15 downto 8) & OP_DATA;
 99                     REG_WEN <= '1';
100                     RAM_WEN <= '0';
```

図 10-10　exec2 コンポーネントのソースコード (2/4) (exec2.vhd)

```
101                     PC <= PC + 1;
102                     HAZRD_FLAG <= '0';
103                 when "1001" =>                  -- LDH
104                     REG_IN <= OP_DATA & REG_A(7 downto 0);
105                     REG_WEN <= '1';
106                     RAM_WEN <= '0';
107                     PC <= PC + 1;
108                     HAZRD_FLAG <= '0';
109                 when "1010" =>                  -- CMP
110                     if(REG_A = REG_B) then
111                         CMP_FLAG <= '1';
112                     else
113                         CMP_FLAG <= '0';
114                     end if;
115                     REG_WEN <= '0';
116                     RAM_WEN <= '0';
117                     PC <= PC + 1;
118                     HAZRD_FLAG <= '0';
119                 when "1011" =>                  -- JE
120                     if(CMP_FLAG = '1') then
121                         PC <= OP_DATA;
122                         HAZRD_FLAG <= '1';
123                     else
124                         PC <= PC + 1;
125                         HAZRD_FLAG <= '0';
126                     end if;
127                     REG_WEN <= '0';
128                     RAM_WEN <= '0';
129                 when "1100" =>                  -- JMP
130                     REG_WEN <= '0';
131                     RAM_WEN <= '0';
132                     PC <= OP_DATA;
133                     HAZRD_FLAG <= '1';
134                 when "1101" =>                  -- LD
135                     REG_IN <= RAM_OUT;
136                     REG_WEN <= '1';
137                     RAM_WEN <= '0';
138                     PC <= PC + 1;
139                     HAZRD_FLAG <= '0';
140                 when "1110" =>                  -- ST
141                     RAM_IN <= REG_A;
142                     REG_WEN <= '0';
143                     RAM_WEN <= '1';
144                     PC <= PC + 1;
145                     HAZRD_FLAG <= '0';
146                 when "1111" =>                  -- MOV
147                     REG_IN <= REG_B;
148                     REG_WEN <= '1';
149                     RAM_WEN <= '0';
150                     PC <= PC + 1;
```

分岐ハザードを検出（122行目）

分岐ハザードを検出（133行目）

図 10-11　exec2 コンポーネントのソースコード（3/4）（exec2.vhd）

```
151                             HAZRD_FLAG <= '0';
152                         when others =>
153                             null;
154                     end case;
155                 end if;
156                 HAZRD_FLAG_DLY <= HAZRD_FLAG;
157             end if;
158         end process;
159
160         P_COUNT <= PC;
161
162     end RTL;
```

図 10-12　exec2 コンポーネントのソースコード (4/4) (exec2.vhd)

10.4.3　ram_dc_wb2 コンポーネント

先に述べたように，RAM メモリ部ブロックでは構造ハザードが発生するため，配列を用いた RAM を使用します．

そのコンポーネント（ram_dc_wb2.vhd）を，図 10-13 および図 10-14 に示します．

ここでは，共通クロック CLK を用いています．読み出しのアドレスに対し，書き込みのアドレスを 2 クロック分遅延させる必要があるため，信号の RAM_ADDR_DLY と RAM_ADDR_DLY2 を定義し，51～52 行でその操作を行っています．

それらのアドレスを用い，配列 RAM_ARRAY の読み出し処理を 40 行で，書き込み処理を 46 行で実行しています．

```
1  -- ram_dc_wb2.vhd
2  library IEEE;
3  use IEEE.std_logic_1164.all;
4  use IEEE.std_logic_unsigned.all;
5  use IEEE.std_logic_arith.all;
6
7  -- 入出力の宣言
8  entity ram_dc_wb2 is
9      port(
10         CLK      : in std_logic;
11         RAM_ADDR : in std_logic_vector(7 downto 0);
12         RAM_IN   : in std_logic_vector(15 downto 0);
13         IO65_IN  : in std_logic_vector(15 downto 0);
14         RAM_WEN  : in std_logic;
15         RAM_OUT  : out std_logic_vector(15 downto 0);
16         IO64_OUT : out std_logic_vector(15 downto 0)
17     );
18 end ram_dc_wb2;
19
20 -- 回路の記述
21 architecture RTL of ram_dc_wb2 is
22 -- 配列 RAM_ARRAY の定義
23 subtype RAM_WORD is std_logic_vector(15 downto 0);
24 type RAM_ARRAY_TYPE is array (0 to 63) of RAM_WORD;
25 signal RAM_ARRAY : RAM_ARRAY_TYPE;
26 -- 内部信号の定義
27 signal RAM_ADDR_DLY  : std_logic_vector(7 downto 0);
28 signal RAM_ADDR_DLY2 : std_logic_vector(7 downto 0);
29 signal ADDR_INT      : integer range 0 to 255;
30 signal ADDR_INT_DLY  : integer range 0 to 255;
31
32 begin
33     ADDR_INT <= conv_integer(RAM_ADDR);
34     ADDR_INT_DLY <= conv_integer(RAM_ADDR_DLY2);
35 -- 配列を用いたRAMのパイプライン処理
36     process(CLK)
37     begin
38         if(CLK'event and CLK = '1') then
39             if(ADDR_INT < 64) then
40                 RAM_OUT <= RAM_ARRAY(ADDR_INT);            ── 配列の読み出し
41             elsif(ADDR_INT = 65) then
42                 RAM_OUT <= IO65_IN;
43             end if;
44             if(RAM_WEN = '1') then
45                 if(ADDR_INT_DLY < 64) then
46                     RAM_ARRAY(ADDR_INT_DLY) <= RAM_IN;     ── 配列への書き込み
47                 elsif(ADDR_INT_DLY = 64) then
48                     IO64_OUT <= RAM_IN;
49                 end if;
50             end if;
```

図 10-13　ram_dc_wb2 コンポーネントのソースコード（1/2）
（ram_dc_wb2.vhd）

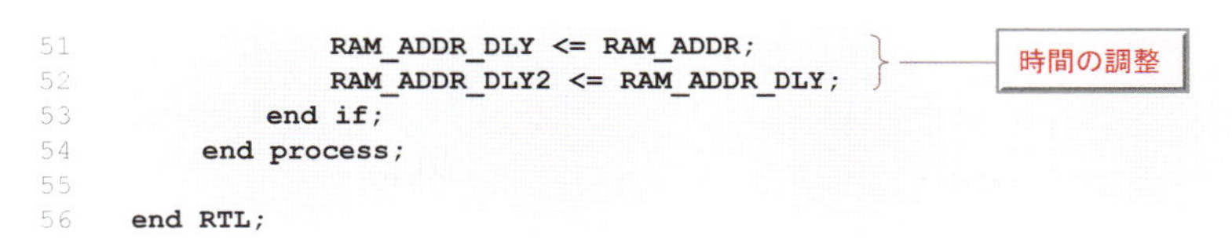

```
51                  RAM_ADDR_DLY <= RAM_ADDR;
52                  RAM_ADDR_DLY2 <= RAM_ADDR_DLY;
53              end if;
54          end process;
55
56      end RTL;
```


図 10-14　ram_dc_wb2 コンポーネントのソースコード（2/2）
（ram_dc_wb2.vhd）

10.4.4 mega_ram2 コンポーネント（参考）

パイプライン処理 CPU の本体には使用しませんが，参考までに RAM メモリブロックを用いたコンポーネントを，図 10-15 および図 10-16 に示します．

この前で示した配列を用いた RAM の場合，すべての命令について，書き込みのアドレスとデータの候補を生成し，最終的に RAM へ書き込むか否かの判断は，書き込み許可信号 RAM_WEN に委ねる構成をとっていました．

一方，RAM メモリブロックの場合，読み出しと書き込みで共通のアドレスを使用するため，先行する読み出しの時点でそのアドレスを入力する必要があります．

すなわち，ロードとストア命令のいずれを行うのか，読み出しの時点で判断する必要があるため，フェッチ出力の PROM_OUT 信号の 11 ビット目の信号を，新たな入力 LRD_STR として追加しています．

```
1   -- mega_ram2.vhd
2   library IEEE;
3   use IEEE.std_logic_1164.all;
4   use IEEE.std_logic_unsigned.all;
5   use IEEE.std_logic_arith.all;
6
7   -- 入出力の宣言
8   entity mega_ram2 is
9       port(
10          CLK      : in std_logic;
11          RAM_ADDR : in std_logic_vector(7 downto 0);
12          LRD_STR  : in std_logic;
13          RAM_IN   : in std_logic_vector(15 downto 0);
14          IO65_IN  : in std_logic_vector(15 downto 0);
15          RAM_WEN  : in std_logic;
16          RAM_OUT  : out std_logic_vector(15 downto 0);
17          IO64_OUT : out std_logic_vector(15 downto 0)
18      );
19  end mega_ram2;
20
21  -- 回路の記述
22  architecture RTL of mega_ram2 is
23  -- コンポーネント ram_1port の宣言
24  component ram_1port
25      port (
26          address  : IN STD_LOGIC_VECTOR(5 DOWNTO 0);
27          clock    : IN STD_LOGIC;
28          data     : IN STD_LOGIC_VECTOR(15 DOWNTO 0);
29          wren     : IN STD_LOGIC;
30          q        : OUT STD_LOGIC_VECTOR(15 DOWNTO 0)
31      );
32  end component;
33  -- 内部信号の定義
34  signal ADDR_INT       : integer range 0 to 255;
35  signal ADDR_INT_DLY   : integer range 0 to 255;
36  signal RAM_1PORT_ADDR : std_logic_vector(7 downto 0);
37  signal RAM_OUT_MEGA   : std_logic_vector(15 downto 0);
38  signal RAM_ADDR_DLY   : std_logic_vector(7 downto 0);
39  signal RAM_ADDR_DLY2  : std_logic_vector(7 downto 0);
40
41  begin
42      ADDR_INT <= conv_integer(RAM_ADDR);
43      ADDR_INT_DLY <= conv_integer(RAM_ADDR_DLY2);
44  -- コンポーネント ram_1port の実体化と入出力の相互接続
45      C1: ram_1port port map(
46          address => RAM_1PORT_ADDR(5 downto 0),
47          clock => CLK,
48          data => RAM_IN,
49          wren => RAM_WEN,
50          q => RAM_OUT_MEGA
```

図10-15　mega_ram2 コンポーネントのソースコード（1/2）
（mega_ram2.vhd）

```
51         );
52     -- コンポーネント ram_1port の入力信号の生成(1)
53         process (LRD_STR, RAM_ADDR, RAM_ADDR_DLY2)
54         begin
55             if(LRD_STR = '1') then
56                 RAM_1PORT_ADDR <= RAM_ADDR;
57             else
58                 RAM_1PORT_ADDR <= RAM_ADDR_DLY2;
59             end if;
60         end process;
61     -- コンポーネント ram_1port の入力信号の生成(2)
62         process (CLK)
63         begin
64             if(CLK'event and CLK = '1') then
65                 if(ADDR_INT < 64) then
66                     RAM_OUT <= RAM_OUT_MEGA;
67                 elsif(ADDR_INT = 65) then
68                     RAM_OUT <= IO65_IN;
69                 else
70                     RAM_OUT <= (others => '0');
71                 end if;
72     -- I/O出力信号 IO64_OUT の生成
73                 if(ADDR_INT_DLY = 64) then
74                     if(RAM_WEN = '1') then
75                         IO64_OUT <= RAM_IN;
76                     end if;
77                 end if;
78                 RAM_ADDR_DLY <= RAM_ADDR;
79                 RAM_ADDR_DLY2 <= RAM_ADDR_DLY;
80             end if;
81         end process;
82     end RTL;
```

図 10-16　mega_ram2 コンポーネントのソースコード (2/2)
(mega_ram2.vhd)

10.4.5　CPU 本体の設計（cpu15_pipeline.vhd）

これまでに説明したコンポーネントを用いて，CPU 本体を設計します．

その VHDL コードを，次ページの図 10-18～10-22 に示します．赤字の部分が，追加・修正した箇所です．

前半では本体の architecture 以降で使用する 7 種類の component 部品を定義し，後半ではこれらの component 部品の入出力を，図 10-7 に示した全体構成の信号名に基づいて相互に接続しています．なお，例えばクロックの CLK と CLK_DC のように，コンポーネントと回路全体の信号名が異なる場合についても，赤字で示しています．

コンパイル終了後は，表 8-1 に基づき FPGA のピン番号を設定します．

例えばプログラムに，図 10-5 に示す rom_init2.mif を用いたとき，スライドスイッチの SW9～SW0 の入力値に応じて，その累積値が 7 セグメント LED と赤色 LED に 2 進数表示されます．

図 10-17 では，スイッチで入力した 350＝0101011110(2) について，1＋2＋…＋350＝61425＝1110111111110001(2) が表示されています．

図 10-17　パイプライン処理 CPU の実行結果（cpu15_pipeline.vhd）

```
1   -- cpu15_pipeline.vhd
2   library  IEEE;
3   use IEEE.std_logic_1164.all;
4   use IEEE.std_logic_unsigned.all;
5
6   -- 入出力の宣言
7   entity cpu15_pipeline is
8      port(
9          CLK       : in std_logic;
10         RESET_N   : in std_logic;
11         IO65_IN   : in std_logic_vector(15 downto 0);
12         IO64_OUT  : out std_logic_vector(15 downto 0)
13     );
14  end cpu15_pipeline;
15
16  -- 回路の記述
17  architecture RTL of cpu15_pipeline is
18
19  -- fetch_rom コンポーネントの宣言
20  component  fetch_rom
21     port(
22         address   : in std_logic_vector(7 downto 0);
23         clock     : in std_logic;
24         q         : out std_logic_vector(14 downto 0)
25     );
26  end component;
27
28  -- decode コンポーネントの宣言
29  component  decode
30     port(
31         CLK_DC      : in std_logic;
32         PROM_OUT    : in std_logic_vector(14 downto 0);
33         OP_CODE     : out std_logic_vector(3 downto 0);
34         OP_DATA     : out std_logic_vector(7 downto 0)
35     );
36  end component;
37
38  -- n_reg_ex コンポーネントの宣言
39  component  n_reg_ex
40     port(
41         CLK_EX      : in std_logic;
42         N_REG       : in std_logic_vector(2 downto 0);
43         N_REG_DLY   : out std_logic_vector(2 downto 0)
44     );
45  end component;
46
47  -- reg_dc コンポーネントの宣言
48  component reg_dc
49     port(
50         CLK_DC     : in std_logic;
```

図 10-18　パイプライン CPU 本体のソースコード (1/5)
(cpu15_pipeline.vhd)

```
51          N_REG_IN  : in std_logic_vector(2 downto 0);
52          REG_0     : in std_logic_vector(15 downto 0);
53          REG_1     : in std_logic_vector(15 downto 0);
54          REG_2     : in std_logic_vector(15 downto 0);
55          REG_3     : in std_logic_vector(15 downto 0);
56          REG_4     : in std_logic_vector(15 downto 0);
57          REG_5     : in std_logic_vector(15 downto 0);
58          REG_6     : in std_logic_vector(15 downto 0);
59          REG_7     : in std_logic_vector(15 downto 0);
60          N_REG_OUT : out std_logic_vector(2 downto 0);
61          REG_OUT   : out std_logic_vector(15 downto 0)
62      );
63  end component;
64
65  -- exec2 コンポーネントの宣言
66  component exec2
67      port(
68          CLK_EX      : in std_logic;
69          RESET_N     : in std_logic;
70          OP_CODE     : in std_logic_vector(3 downto 0);
71          REG_A       : in std_logic_vector(15 downto 0);
72          REG_B       : in std_logic_vector(15 downto 0);
73          OP_DATA     : in std_logic_vector(7 downto 0);
74          RAM_OUT     : in std_logic_vector(15 downto 0);
75          P_COUNT     : out std_logic_vector(7 downto 0);
76          REG_IN      : out std_logic_vector(15 downto 0);
77          RAM_IN      : out std_logic_vector(15 downto 0);
78          REG_WEN     : out std_logic;
79          RAM_WEN     : out std_logic
80      );
81  end component;
82
83  -- reg_wb コンポーネントの宣言
84  component reg_wb
85      port(
86          CLK_WB      : in std_logic;
87          RESET_N     : in std_logic;
88          N_REG       : in std_logic_vector(2 downto 0);
89          REG_IN      : in std_logic_vector(15 downto 0);
90          REG_WEN     : in std_logic;
91          REG_0       : out std_logic_vector(15 downto 0);
92          REG_1       : out std_logic_vector(15 downto 0);
93          REG_2       : out std_logic_vector(15 downto 0);
94          REG_3       : out std_logic_vector(15 downto 0);
95          REG_4       : out std_logic_vector(15 downto 0);
96          REG_5       : out std_logic_vector(15 downto 0);
97          REG_6       : out std_logic_vector(15 downto 0);
98          REG_7       : out std_logic_vector(15 downto 0)
99      );
100 end component;
```

図 10-19 パイプライン CPU 本体のソースコード (2/5)
(cpu15_pipeline.vhd)

```
101  -- ram_dc_wb2コンポーネントの宣言
102  component ram_dc_wb2
103      port(
104          CLK          : in std_logic;
105          RAM_ADDR     : in std_logic_vector(7 downto 0);
106          RAM_IN       : in std_logic_vector(15 downto 0);
107          IO65_IN      : in std_logic_vector(15 downto 0),
108          RAM_WEN      : in std_logic;
109          RAM_OUT      : out std_logic_vector(15 downto 0);
110          IO64_OUT     : out std_logic_vector(15 downto 0)
111      );
112  end component;
113
114  -- 内部信号の定義
115  signal P_COUNT      : std_logic_vector(7 downto 0);
116  signal PROM_OUT     : std_logic_vector(14 downto 0);
117  signal OP_CODE      : std_logic_vector(3 downto 0);
118  signal OP_DATA      : std_logic_vector(7 downto 0);
119  signal N_REG_A      : std_logic_vector(2 downto 0);
120  signal N_REG_B      : std_logic_vector(2 downto 0);
121  signal N_REG_A_DLY  : std_logic_vector(2 downto 0);
122  signal REG_IN       : std_logic_vector(15 downto 0);
123  signal REG_A        : std_logic_vector(15 downto 0);
124  signal REG_B        : std_logic_vector(15 downto 0);
125  signal REG_WEN      : std_logic;
126  signal REG_0        : std_logic_vector(15 downto 0);
127  signal REG_1        : std_logic_vector(15 downto 0);
128  signal REG_2        : std_logic_vector(15 downto 0);
129  signal REG_3        : std_logic_vector(15 downto 0);
130  signal REG_4        : std_logic_vector(15 downto 0);
131  signal REG_5        : std_logic_vector(15 downto 0);
132  signal REG_6        : std_logic_vector(15 downto 0);
133  signal REG_7        : std_logic_vector(15 downto 0);
134  signal RAM_IN       : std_logic_vector(15 downto 0);
135  signal RAM_OUT      : std_logic_vector(15 downto 0);
136  signal RAM_WEN      : std_logic;
137  signal IO64_OUT_TMP : std_logic_vector(15 downto 0);
138
139  begin;
140
141  -- fetch_rom コンポーネントの実体化と入出力の相互接続
142  C1 : fetch_rom
143      port map(
144          address => P_COUNT,
145          clock => CLK,
146          q => PROM_OUT
147      );
148
149  -- decode コンポーネントの実体化と入出力の相互接続
150  C2 : decode
```

図 10-20　パイプライン CPU 本体のソースコード (3/5)
(cpu15_pipeline.vhd)

```
151         port map(
152             CLK_DC => CLK,
153             PROM_OUT => PROM_OUT,
154             OP_CODE => OP_CODE,
155             OP_DATA => OP_DATA
156         );
157
158     -- reg_dc コンポーネント(1)の実体化と入出力の相互接続
159     C3 : reg_dc
160         port map(
161             CLK_DC => CLK,
162             N_REG_IN => PROM_OUT(10 downto 8),
163             REG_0 => REG_0,
164             REG_1 => REG_1,
165             REG_2 => REG_2,
166             REG_3 => REG_3,
167             REG_4 => REG_4,
168             REG_5 => REG_5,
169             REG_6 => REG_6,
170             REG_7 => REG_7,
171             N_REG_OUT => N_REG_A,
172             REG_OUT => REG_A
173         );
174
175     -- reg_dc コンポーネント(2)の実体化と入出力の相互接続
176     C4 : reg_dc
177         port map(
178             CLK_DC => CLK,
179             N_REG_IN => PROM_OUT(7 downto 5),
180             REG_0 => REG_0,
181             REG_1 => REG_1,
182             REG_2 => REG_2,
183             REG_3 => REG_3,
184             REG_4 => REG_4,
185             REG_5 => REG_5,
186             REG_6 => REG_6,
187             REG_7 => REG_7,
188             N_REG_OUT => N_REG_B,
189             REG_OUT => REG_B
190         );
191
192     -- n_reg_ex コンポーネントの実体化と入出力の相互接続
193     C5 : n_reg_ex
194         port map(
195             CLK_EX => CLK,
196             N_REG => N_REG_A,
197             N_REG_DLY => N_REG_A_DLY
198         );
199
200
```

図 10-21 パイプライン CPU 本体のソースコード (4/5)
(cpu15_pipeline.vhd)

```
201    -- exec2 コンポーネントの実体化と入出力の相互接続
202    C6 : exec2
203       port map(
204          CLK_EX => CLK,
205          RESET_N => RESET_N,
206          OP_CODE => OP_CODE,
207          REG_A => REG_A,
208          REG_B => REG_B,
209          OP_DATA => OP_DATA,
210          RAM_OUT => RAM_OUT,
211          P_COUNT => P_COUNT,
212          REG_IN => REG_IN,
213          RAM_IN => RAM_IN,
214          REG_WEN => REG_WEN,
215          RAM_WEN => RAM_WEN
216       );
217
218    -- reg_wb コンポーネントの実体化と入出力の相互接続
219    C7 : reg_wb
220       port map(
221          CLK_WB => CLK,
222          RESET_N => RESET_N,
223          N_REG => N_REG_A_DLY,
224          REG_IN => REG_IN,
225          REG_WEN => REG_WEN,
226          REG_0 => REG_0,
227          REG_1 => REG_1,
228          REG_2 => REG_2,
229          REG_3 => REG_3,
230          REG_4 => REG_4,
231          REG_5 => REG_5,
232          REG_6 => REG_6,
233          REG_7 => REG_7
234       );
235
236    -- ram_dc_wb2 コンポーネントの実体化と入出力の相互接続
237    C8 : ram_dc_wb2
238       port map(
239          CLK => CLK,
240          RAM_ADDR => PROM_OUT(7 downto 0),
241          RAM_IN => RAM_IN,
242          IO65_IN => IO65_IN and "0000001111111111",
243          RAM_WEN => RAM_WEN,
244          RAM_OUT => RAM_OUT,
245          IO64_OUT => IO64_OUT_TMP
246       );
247
248       IO64_OUT <= IO64_OUT_TMP xor "1111110000000000";
249
250    end RTL;
```

何も接続しない入力は1(H)になるため，上位6bitを強制的に0(L)にする

上位6bitは負論理の7セグメントLEDに接続するため反転させて正論理とする

図 10-22　パイプライン CPU 本体のソースコード (5/5)
(cpu15_pipeline.vhd)

10.5 次のステップを目指して

これまで，極めて単純なCPUの設計手法について述べてきましたが，より実用的なCPUを実現する上で，残された検討項目について整理します．

なお，これらの具体的な実現方法については，この限られたスペースの中で解説することはできません．ここでは，それらの概要を説明するに留め，詳しくは他の書籍や巻末に示す参考文献等に委ねたいと思います．

10.5.1 割り込み機能の実装

これまで紹介してきたプログラムは，例えば図10-6のフローチャートに示すように，一筆書きで表現できる数値計算を対象としてきました．

しかしながら，より実用的な応用，例えば自律的に移動するロボットを制御する場合は，ここで設計したCPUでは対応できない可能性があります．

ロボットを目標とする地点まで安全かつ高速に移動させるためには，目に相当する様々なセンサーや，足周りのモータ類など，数多くの機器を効率的に制御する必要があります．このような応用では，外部の状況に応じて，センサーや駆動モータをリアルタイムに制御する必要があり，複数の処理を見かけ上同時並行的に進行させる**マルチタスク処理**が求められます．

これらの制御には，衝突を回避するのに必要な緊急度の高いものから，時間的に比較的余裕のあるものまで，その**優先度**には大きな開きがあります．CPUを用いてこれらを制御する場合は，その優先度を反映するプログラムを作成しなければなりません．

このようなマルチタスク処理を実現する手段として，**ポーリング**や**割り込み**等の手法があります．

ポーリングとは，定められた順番に従って判定や制御を行い，最後の処理を終了すると最初に戻るというものですが，ある制御を完了すると，次はもう一巡するまで待たねばならず，優先度を反映させることはできません．

一方の割り込みは，割り込みの要求が発生すると，処理中のプログラムを一旦中断して，緊急度の高い処理を優先的に実行し，終了後に中断したプログラムに復帰する方式であり，優先度を反映させることができます．

割り込み処理とは？

割り込み処理は，図 10-23 に示すように，事務作業中の電話に例えることができます．電話のベルが鳴ると，一旦事務の仕事を中断して受話器を取り，会話を開始します．電話での会話が終了すると受話器を戻し，中断する直前の状況に復帰して作業を再開します．

この場合，電話への対応が優先され，逆に事務作業の優先度は低くなります．

図 10-23　割り込み処理のイメージ

一般的な CPU の場合，ハードウェアを介して割り込みの要求を受けると，それまでの処理を一時的に中断し，あらかじめ別のアドレスに保存してある機械語を実行します．それらの処理を終了すると，割り込み前の処理に復帰します．

(a) 割り込みの処理手順

割り込み処理の一般的な手順は，以下のようになります．

1. 割り込み要求の発生
2. さらなる割り込みの禁止
3. プログラムカウンタの一時退避
4. レジスタおよびフラグ類の一時退避
5. 割り込み要求の解析結果に基づく飛び先アドレスをプログラムカウンタに設定
6. 割り込みの処理（開始～終了）
7. 一時退避したレジスタおよびフラグ類の復帰
8. 割り込み処理の許可
9. 一時退避したプログラムカウンタに復帰

例えば，プログラムカウンタの制御等には，ハードウェア的な処理が欠かせませんが，以下の項目についてはソフトウェアの命令により実装するのが一般的です．

1. 割り込み禁止命令
2. 割り込み許可命令
3. レジスタの一時的退避と復帰命令
4. フラグの一時的退避と復帰命令
5. 割り込み処理のリターン命令

したがって，ここで設計したCPUに割り込み機能を追加する場合は，4bitの命令コードでは明らかに不足するため，命令体系の根本的な見直しが必要になります．

(b) 割り込みの制御

割り込み処理を CPU 本体に実装する場合は，基本的なタイミングを根本的に見直す必要があります．

パイプライン処理では制御が複雑になるので，最初のステップとしては，従来の 4 相クロックを用いた CPU について改良を加えることになろうかと思います．

図 10-24 に，割り込み処理を**ステートマシン**により実装する例を示します．

割り込み要求の有無を，フェッチステージで判定し，要求が発生した場合は，プログラムカウンタをスタックポインタ等に一時退避し，割り込みの要求先を解析し，事前に登録してあるプログラムのアドレスに分岐させます．

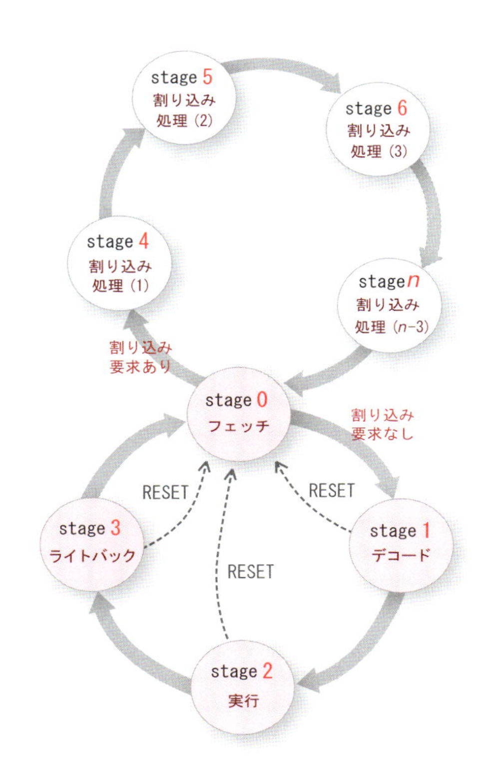

図 10-24　割り込み制御のステートマシン

なお，先に述べたように，レジスタの退避や復帰については，ソフトウェアの命令で実現する方法と，ハードウェアで自動的に回路を切り替える方法があります．

10.5.2　命令数およびメモリサイズの拡張

このCPUの設計では，シンプルで分かりやすい構成を優先させるため，命令数を最小限の$2^4=16$に限定し，プログラムやRAMの領域も8bitの256ワードに制限しました．しかし，より実用レベルに近い事例に応用するためには，命令コードの体系を根本的に見直す必要があります．具体的には，命令長が15bitという制限をはずし，命令コードやオペランドに割り当てるbit数を拡張することが挙げられます．

10.5.3　プログラム開発環境の整備

ここで設計したCPUを活用するためには，専用のプログラム開発環境を整備する必要があります．具体的には，以下の2つの方法が考えられます．

1. **クロスアセンブラ**
   クロスアセンブラとは，アセンブリ言語をCPUの機械語に変換するパソコンのソフトウェアを指します．ジャンプ命令の飛び先を番地の代わりにラベルで表現することにより，プログラムをより見やすくすることができますが，構文解析等の処理を実装する必要があります．また，前処理（プリプロセッサ）の段階で，1つの表現を複数の命令に展開するマクロ命令を導入することにより，高級言語に近い表現が扱えるよう拡張する手法も用いられています．
2. **Cコンパイラ**
   ここで設計したCPU専用のCコンパイラを作成することも不可能ではありませんが，命令コードの種類が少なく，メモリ空間が狭いことがネックになる可能性があります．その場合，命令コード等を根本的に見直して再設計を行うか，C言語で扱える構文の種類等を大幅に限定することになります．なお，Cコンパイラの大まかな処理手順は，前処理，字句解析，構文解析，意味解析，アセンブリコード生成であり，最終的にはmif形式のファイルを生成します．他に，gcc等のオープンソースのCコンパイラを移植する方法もありますが，既存のプログラムを独力で解読し，修正する基礎知識が要求されます．

10.6 最後に　－FPGAの特性を生かした応用について－

本書では，体験実習を通してCPUの原理やその動作を深く理解するため，ハードウェア記述言語のVHDLを用いて簡単なアーキテクチャのCPUを設計し，FPGA評価ボードにダウンロードして，その動作を確認してきました．

ここで設計したVHDL（あるいはその一部）を，LSIの製造メーカーに渡せば，オリジナルCPUの専用LSIが完成します．すなわちFPGA自体は，あくまでCPUの動作を検証するためのツールであり，最終的な製品の中に組み込まれることはありません．

一方で，回路構成が自由に変更できるFPGA固有の特性を生かす，以下のような活用法が注目されています．

- 既存システムの中には，古い型式のCPUが使用されているケースがありますが，それらの大半は既に製造が中止され，現在入手困難となっています．その保守・交換用にFPGAが使用されることがあります．そのようなCPUの**IPコア**（Intelligent Property Core）ソースコードは，様々なベンダーから有償で入手することも可能です．
- 上記のIPコアと，その周辺回路のすべてを1つのFPGA内に実装する手法を，**システム・オン・チップ**（SoC：System on a Chip）といいます．これにより，装置全体を大幅に小型化することができます．特に，ソフトウェア処理では複雑になり，時間のかかる処理をハードウェア化し，その制御を行う固有の命令をCPUに追加することにより，システム全体の性能を向上させることが可能です．

- 近年，あらゆる機器や端末を，インターネットをはじめとするネットワークに接続するIoT（Internet of Things）が注目されています．
  このように，CPUやFPGAを組み込んだシステムをネットワークに接続し，そのソフトウェアやFPGAの回路情報を遠隔地から書き換えることにより，システムのバグを修正したり，新たな機能を追加する**リコンフィギュラブル・システム**が実用化されています．
- 単体のCPUにFPGAを結合し，ソフトウェアの処理を高速化する**アクセラレータ**として活用する手法が導入されています．例えば，Intelが提供するサーバ用CPUに，Xeonシリーズがありますが，このCPUの内部にFPGAを実装したものが開発され，インターネットの検索サーバ用に使用されています．

CPUの逐次処理と専用回路による超並列処理

CPUの内部では，基本的に1つのALUによりすべての演算や判定が行われます．すなわち，一筆書きによる**逐次処理**が基本であり，このようなCPUの働きを，スーパーマンによる一人舞台に例えることができます．

これと対極にあるのが，専用の論理回路を組合せた**超並列処理**であり，ごく普通のアルバイト店員のグループによる**分業体制**と言えるでしょう．

図10-25に示すレストランの例を用いて，具体的に説明しましょう．

レストランでは，食材の仕入れ，接客（お客の誘導），オーダー（注文）の受付け，調理，配膳，レジ（代金の徴収），店内の清掃，食器類の洗浄等，数多くの業務があります．

CPUの場合，図の左に示すように，一人のスーパー店長が飛び回るようにして，あらゆる業務をこなします．

図 10-25　CPU の逐次処理と専用回路による超並列処理

これに対し，FPGA 等を構成する論理回路をゲートレベルでとらえると，入力に対する演算を休みなく実行し，その結果を常時出力しています．すなわち，右の図に示す分業体制が採られており，すべての従業員が，それぞれのペースで担当する業務を同時並行的にこなしています．

どちらが良い / 悪いという問題ではなく，それぞれに長所と短所があります．

左の図の場合，周囲の状況が変化しても，店長の判断（プログラムの変更）により臨機応変に対処することができますが，業務内容が拡大するにつれ，店長の負担も大きくなるため，当然のことながら限界が生じます．CPU のクロック周波数をより高く設定することにより，処理能力を高めることができますが，必然的に消費電力も増大します．

一方右の図の場合，業務を拡大するためには，単純に人数を増やせばよいというわけではなく，教育や訓練が必要になり，その業務内容をまとめた手順書（マニュアル）を人数分用意する必要があります．

様々な体制に合わせて，誤りや矛盾のない手順書を用意することは決して容易な作業ではなく，高度な知識・経験が要求されますが，一度完成してしまえば，経験の少ないアルバイトでも対応できるでしょう．すなわち，与えられた仕様を満たす設計が実現できるのであれば，クロック周波数が低くても十分なスループット（性能）が得られ，低消費電力化が図れます．

CPU（MPU）が誕生してほぼ半世紀が経過しますが，「1年半で性能が2倍になる」という**ムーアの法則**が成立する時代が長らく続いてきました．

しかし，最近では発熱等の壁に突き当たり，CPUのクロック周波数は4GHz程度で停滞しています．半導体の微細化技術も，マルチコアの方向に振り分けられ，CPU単体の性能は飽和しつつあるようにも見えます．

この状況を打開するための研究が，様々な機関で積極的に進められています．上に示した超並列処理もその一つの試みですが，これを実現するには，FPGAやDSP（Digital Signal Processor）を含めた広義のコンパイラ技術の進歩が欠かせません．次のステージがはっきりと見通せるようになるまでには，まだ時間を要するように思われますが，新たなブレークスルーが早期に現れることを祈念して，この辺りで筆をおきたいと思います．

演習問題

本書で学習した内容を真に体得するためには，演習問題を解くのが有効です．ここでは，以下の2問を用意しましたので，挑戦してみて下さい．

 問題1

整数 n として，数列の和

$$S_n = \sum_{i=1}^{n} i^2 = 1^2 + 2^2 + 3^2 + \cdots + n^2$$

を定義します．例えば整数 n が 1～30 のとき，S_n の値は表 1-1 のようになります．

表 1-1　数列の和 S_n の値

n	S_n		n	S_n	
	10 進表示	16 進表示		10 進表示	16 進表示
1	1	1h	16	1496	5D8h
2	5	5h	17	1785	6F9h
3	14	Eh	18	2109	83Dh
4	30	1Eh	19	2470	9A6h
5	55	37h	20	2870	B36h
6	91	5Bh	21	3311	CEFh
7	140	8Ch	22	3795	ED3h
8	204	CCh	23	4324	10E4h
9	285	11Dh	24	4900	1324h
10	385	181h	25	5525	1595h
11	506	1FAh	26	6201	1839h
12	650	28Ah	27	6930	1B12h
13	819	333h	28	7714	1E22h
14	1015	3F7h	29	8555	216Bh
15	1240	4D8h	30	9455	24EFh

このとき，以下の設問に答えなさい．

1-1

下の図は，C 言語を用いて S_{10} を計算するフローチャートです．なお，2 乗の計算には乗算を用いず，$2^2=2+2$，$3^2=3+3+3$，$4^2=4+4+4+4$ のように，加算の繰り返しにより計算しています．その手順について考察し，2 つの判定（Q1,Q2）の欄を埋めなさい．

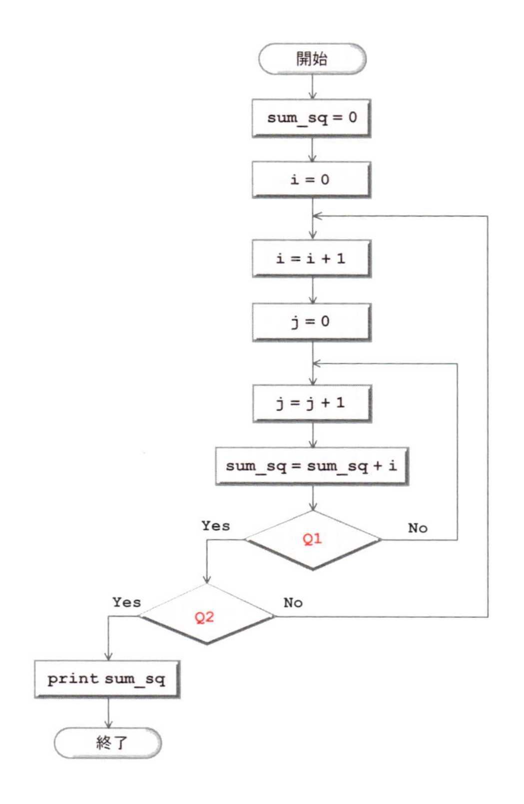

1-2

図 1-2 のフローチャートを基に，MASM のインラインアセンブラを用いて，S_{20} の値を出力するプログラムを作成しなさい．

1-3

第3講の図3-3～図3-7に示したC言語のエミュレータにおいて，簡易アセンブラの関数assembler()に修正を加え，S_{20}の値を出力するプログラムを作成しなさい．

1-4

前問で導出した関数のassembler()を参考にして，第7講の図7-18に示したfetch.vhdコンポーネントを修正し，第8講で設計したCPU（cpu15）に実装して，赤色LEDと7セグメントLEDにS_{20}の値を2進数表示しなさい．

次にこのfetch.vhdを，第8講で示した10進表示のcpu_decと，低速動作のcpu_dec_slowに実装して，正しく動作することを確認しなさい．

1-5

第9講で設計した第1修正版CPU（cpu15_rom_ram.vhd）において，図9-4に示したmifファイルrom_init.mifを修正することにより，S_nの値が表1-1に示したように，2進数表示されることを示しなさい．なお，整数のnは10bit以下とし，スライドスイッチSW9～SW0により指定すること．

1-6

第10講の図10-5に示したmifファイルのrom_init2.mifについて，S_nの値を2進数表示するよう修正し，パイプラインCPU（cpu15_pipeline）に実装して，表1-1のように動作することを示しなさい．

問題 2

フィボナッチ数列とは，次の漸化式で表される数列であり，花弁の数など自然界にもしばしば現れる不思議な数と言われています．

$$F_n = F_{n-1} + F_{n-2}$$

ここで，n は 3 以上の整数で，$F_1 = F_2 = 1$ であり，最初の 24 項は表 1-2 のようになります．このとき，以下の設問に答えなさい．

表 1-2　フィボナッチ数列 F_n

n	F_n		n	F_n	
	10 進表示	16 進表示		10 進表示	16 進表示
1	1	1h	13	233	E9h
2	1	1h	14	377	179h
3	2	2h	15	610	262h
4	3	3h	16	987	3DBh
5	5	5h	17	1597	63Dh
6	8	8h	18	2584	A18h
7	13	Dh	19	4181	1055h
8	21	15h	20	6765	1A6Dh
9	34	22h	21	10946	2AC2h
10	55	37h	22	17711	452Fh
11	89	59h	23	28657	6FF1h
12	144	90h	24	46368	B520h

2-1

このフィボナッチ数列について，20 項までの値を出力するプログラムを，C 言語を用いて作成しなさい．

2-2

上記C言語のプログラムの内容を，アセンブリ言語に書き改めることを想定し，20番目の値 F_{20} を出力する手順をまとめ，フローチャートの形で表現しなさい．

2-3

前問のフローチャートを参考にして，C言語のソースコードにおいて，printfの出力を除く部分をMASMのインラインアセンブラを用いて表現し，20番目の値 F_{20} を出力するプログラムを作成しなさい．

2-4

第3講の図3-3～図3-7に示したC言語のエミュレータにおいて，簡易アセンブラの関数assembler()に修正を加え，F_{20} の値を出力するプログラムを作成しなさい．

2-5

前問で導出した関数のassembler()を参考にして，第7講の図7-18に示したfetch.vhdコンポーネントを修正し，第8講で設計したCPU（cpu15）に実装して，赤色LEDと7セグメントLEDに F_{20} の値を2進数表示しなさい．

次にこのfetch.vhdを，第8講で示した10進表示のcpu_decと，低速動作のcpu_dec_slowに実装して，正しく動作することを確認しなさい．

2-6

第9講で設計した第1修正版CPU（cpu15_rom_ram.vhd）において，図9-4に示したmifファイルrom_init.mifを修正することにより，F_nの値が表2-1に示したように，2進数表示されることを示しなさい．なお，整数のnは10bit以下とし，スライドスイッチSW9～SW0により指定すること．

2-7

第10講の図10-5に示したmifファイルのrom_init2.mifについて，F_nの値を2進数表示するよう修正し，パイプラインCPU（cpu15_pipeline）に実装して，表1-2のように動作することを示しなさい．

演習問題解答例

演習問題の解答例を以下に示します．あくまで一例ですので，この内容にこだわる必要はありません．より優れた解を目指し，探求する気分で新たな問題に取り組んで頂ければ幸いです．

 問題1

1-1

Q1：

j＞＝i もしくは j＝＝i

Q2：

i＞＝10 もしくは i＝＝10

1-2

```
1   // asm_sum_sq.c
2   #include  <stdio.h>
3
4   void main(void){                  // cx : sum_sq
5       short  sum_sq;                // ax : i
6                                     // bx : j
7       __asm{
8               mov   cx, 0           // sum_sq = 0;
9               mov   ax, 0           // i = 0;
10      LOOP1:  inc   ax              // i = i + 1;
11              mov   bx, 0           // j = 0;
12      LOOP2:  inc   bx              // j = j + 1;
13              add   cx, ax          // sum_sq = sum_sq + i;
14              cmp   ax, bx
15              jne   LOOP2           // if(i!=j) goto LOOP2;
16              cmp   ax, 20
17              jne   LOOP1           // if(i!=20) goto LOOP1;
18              mov   sum_sq, cx
19      }
20      printf("sum_sq = %d ¥n", sum_sq);
21  }
```

図 1-1　MASM インラインアセンブラによる S_{20} の計算

フローチャートに従い，MASM のインラインアセンブラを用いて記述します．
フローチャートの整数型変数である i，j，sum_sq は，それぞれレジスタの ax，bx，cx で表しています．
18 行で，レジスタの cx を C 言語の変数 sum_sq にコピーし，20 行の printf 文により 10 進数に変換してモニタ上に表示します．

1-3

```
// 1×1＋2×2＋ … ＋20×20＝2870 の計算例

void assembler(void){
    rom[0]  = ldh(REG0, 0);      // REG0(H) ← 0    sum_sq
    rom[1]  = ldl(REG0, 0);      // REG0(L) ← 0
    rom[2]  = ldh(REG1, 0);      // REG1(H) ← 0    変数 i
    rom[3]  = ldl(REG1, 0);      // REG1(L) ← 0
    rom[4]  = ldh(REG3, 0);      // REG3(H) ← 0    定数 1
    rom[5]  = ldl(REG3, 1);      // REG3(L) ← 1
    rom[6]  = ldh(REG4, 0);      // REG4(H) ← 0    定数 20
    rom[7]  = ldl(REG4, 20);     // REG4(L) ← 20
    rom[8]  = add(REG1, REG3);   // REG1 ← REG1 + REG3
    rom[9]  = ldh(REG2, 0);      // REG2(H) ← 0    変数 j
    rom[10] = ldl(REG2, 0);      // REG2(L) ← 0
    rom[11] = add(REG2, REG3);   // REG2 ← REG2 + REG3
    rom[12] = add(REG0, REG1);   // REG0 ← REG0 + REG1
    rom[13] = cmp(REG1, REG2);   // REG1 と REG2 を比較
    rom[14] = je(16);            // 一致したら 16 番地にジャンプ
    rom[15] = jmp(11);           // 無条件に 11 番地にジャンプ
    rom[16] = cmp(REG1, REG4);   // REG1 と REG4 を比較
    rom[17] = je(19);            // 一致したら 19 番地にジャンプ
    rom[18] = jmp(8);            // 無条件に 8 番地にジャンプ
    rom[19] = st(REG0, 64);      // REG0 をメモリ (I/O) の 64 番地に保存
    rom[20] = hlt();             // CPU の停止
}
```

図 1-2　CPU エミュレータによる S_{20} の計算

フローチャートに従って，第 3 講で示した CPU エミュレータを作成します．
フローチャートの整数型変数である i，j，sum_sq は，それぞれレジスタの Reg1，Reg2，Reg0 で表しています．また，定数の 1 と 20 はそれぞれ Reg3，Reg4 に格納します．
23 行で，レジスタ Reg0 の値を I/O の 64 番地に出力しています．

1-4

```
-- fetch.vhd 改　　(1×1＋2×2＋ … ＋20×20＝2870)
                    略

architecture RTL of fetch is
subtype WORD is std_logic_vector(14 downto 0);
type MEMORY is array (0 to 20) of WORD;
constant MEM : MOMORY :=
        (
        "100100000000000",     -- ldh Reg0, 0
        "100000000000000",     -- ldl Reg0, 0
        "100100100000000",     -- ldh Reg1, 0
        "100000100000000",     -- ldl Reg1, 0
        "100101100000000",     -- ldh Reg3, 0
        "100001100000001",     -- ldl Reg3, 1
        "100110000000000",     -- ldh Reg4, 0
        "100010000010100",     -- ldl Reg4, 20
        "000100101100000",     -- add Reg1, Reg3
        "100101000000000",     -- ldh Reg2, 0
        "100001000000000",     -- ldl Reg2, 0
        "000101001100000",     -- add Reg2, Reg3
        "000100000100000",     -- add Reg0, Reg1
        "101000101000000",     -- cmp Reg1, Reg2
        "101100000010000",     -- je 16(10h)
        "110000000001011",     -- jmp 11(Bh)
        "101000110000000",     -- cmp Reg1, Reg4
        "101100000010011",     -- je 19(13h)
        "110000000001000",     -- jmp 8
        "111000001000000",     -- st Reg0, 64
        "111100000000000"      -- hlt
        );
                    略
end RTL;
```

図 1-3　cpu15 による S_{20} の計算

前問で求めた CPU エミュレータのアセンブリ言語を，第 7 講に示した cpu15 の fetch コンポーネントに移植します．左の図 1-3 に，その変更点を示します．
前問では，アセンブリ言語のニモニックで表していましたが，これを第 2 講に示した機械語に変換し，これを 9〜29 行に 15bit の 2 進数の形式で記述しています．なお，6 行で配列のサイズを 0〜20 に変更し，28 行で Reg0 に保存された S_{20} の値を，I/O の 64 番地に出力していますが，演算の経過を表示する場合は，本文の図 8-4 や図 9-4 に示すように，この st 命令をループの内側に移動する必要があります．
また，第 7 講の cpu15 の場合，上記 I/O の上位 6bit は直接 7 セグメント LED に接続されているので，0 のとき点灯する負論理になっています．

1-5

```
 1   -- rom_init.mif 改        (1×1+2×2+…+n×n の計算)
 2   WIDTH = 15;
 3   DEPTH = 256;
 4   ADDRESS_RADIX = HEX;
 5   DATA_RADIX = HEX;
 6
 7   CONTENT BEGIN
 8       000  :  4800;       -- ldh Reg0, 0
 9       001  :  4000;       -- ldl Reg0, 0
10       002  :  4900;       -- ldh Reg1, 0
11       003  :  4100;       -- ldl Reg1, 0
12       004  :  4B00;       -- ldh Reg3, 0
13       005  :  4301;       -- ldl Reg3, 1
14       006  :  6C41;       -- ld  Reg4, 65
15       007  :  0960;       -- add Reg1, Reg3
16       008  :  4A00;       -- ldh Reg2, 0
17       009  :  4200;       -- ldl Reg2, 0
18       00A  :  0A60;       -- add Reg2, Reg3
19       00B  :  0820;       -- add Reg0, Reg1
20       00C  :  5140;       -- cmp Reg1, Reg2
21       00D  :  580F;       -- je 15(Fh)
22       00E  :  600A;       -- jmp 10(Ah)
23       00F  :  5180;       -- cmp Reg1, Reg4
24       010  :  5812;       -- je 18(12h)
25       011  :  6007;       -- jmp 7
26       012  :  7040;       -- st Reg0, 64
27       013  :  7800;       -- hlt
28       [014..0FF]  :  0000;
29   END;
```

図 1-4　cpu15_rom_ram による S_n の計算（スイッチ入力）

前問で求めた cpu15 プロジェクトの fetch コンポーネントを基に，rom_init.mif ファイルを作成します．
この mif ファイルの 5 行目で，データの型を HEX で指定し，機械語を 16 進数により表しています．
主な変更点は Reg4 に格納した定数の 20 の代わりに，スイッチ SW9～SW0 で設定した 10bit の 2 進数を用いる点であり，14 行の ld 命令により，Reg4 に読み込んでいます．

1-6

```
 7   CONTENT BEGIN
 8       000  :  4800;       -- ldh Reg0, 0
 9       001  :  4900;       -- ldh Reg1, 0
10       002  :  4B00;       -- ldh Reg3, 0
11       003  :  6C41;       -- ld  Reg4, 65
12       004  :  4000;       -- ldl Reg0, 0
13       005  :  4100;       -- ldl Reg1, 0
14       006  :  4301;       -- ldl Reg3, 1
15       007  :  4A00;       -- ldh Reg2, 0
16       008  :  0000;       -- nop
17       009  :  0960;       -- add Reg1, Reg3
18       00A  :  4200;       -- ldl Reg2, 0
19       00B  :  0000;       -- nop
20       00C  :  0000;       -- nop
21       00D  :  0A60;       -- add Reg2, Reg3
22       00E  :  0000;       -- nop
23       00F  :  0820;       -- add Reg0, Reg1
24       010  :  5140;       -- cmp Reg1, Reg2
25       011  :  5814;       -- je  20(14h)
26       012  :  0A60;       -- add Reg2, Reg3
27       013  :  600F;       -- jmp 15(0Fh)
28       014  :  5180;       -- cmp Reg1, Reg4
29       015  :  5818;       -- je  24(18h)
30       016  :  4A00;       -- ldh Reg2, 0
31       017  :  6009;       -- jmp 9(9h)
32       018  :  7040;       -- st  Reg0, 64
33       019  :  6019;       -- jmp 25(19h)
34       [01A..0FF]  :  0000;
35   END;
```

図 1-5　パイプライン CPU による S_n の計算（スイッチ入力）

前問の mif ファイルを，パイプライン処理用に修正します．左の図にその主要部を示します．
パイプラインハザードを回避するため，nop 命令を 4 個挿入していますが，この nop 命令の数をできうる限り減らすため，アウト・オブ・オーダー命令発行を適用しています．
なお，演算速度を改善するには，最も内側のループ（23～27 行）内にある nop 命令を削除するのが極めて有効です．そこで，15 行の ldh 命令を 30 行に，また 21 行の add 命令を 26 行にコピーし，次の jmp 命令と組合せて，Reg2 のデータハザードを回避しています．さらに，ldh と ldl 命令を分離し，それらを 8～10 行と 12～14 行でまとめて実行することにより，Reg0 等のデータ・ハザードを防いでいます．
なお，33 行では CPU を停止させるため，従来の hlt 命令ではなく，自分自身へジャンプする jmp 命令を用いています．

A 問題 2

2-1

```
1   // c_fibbonacchi.c
2   #include  <stdio.h>
3
4   void main(void){
5       int    n;
6       short  fib[100];
7
8       fib[1] = 1;
9       fib[2] = 1;
10
11      for(n = 3; n <= 20; n++){
12          fib[n] = fib[n-1] + fib[n-2];
13          printf("n=%d, fib[n] = %d ¥n", n, fib[n]);
14      }
15  }
```

図 2-1　フィボナッチ数列を生成する C 言語のソースコード

フィボナッチ数列を表す配列 fib[ ] を定義し，fib[1] と fib[2] に 1 を代入した後，C 言語の for 文を用いて，漸化式の通りに計算しています．
n が 20 に達すると，for 文を抜け，終了します．
なお，この例では途中の計算結果をすべて表示するため，for 文の中に printf 文を配置しています．

2-2

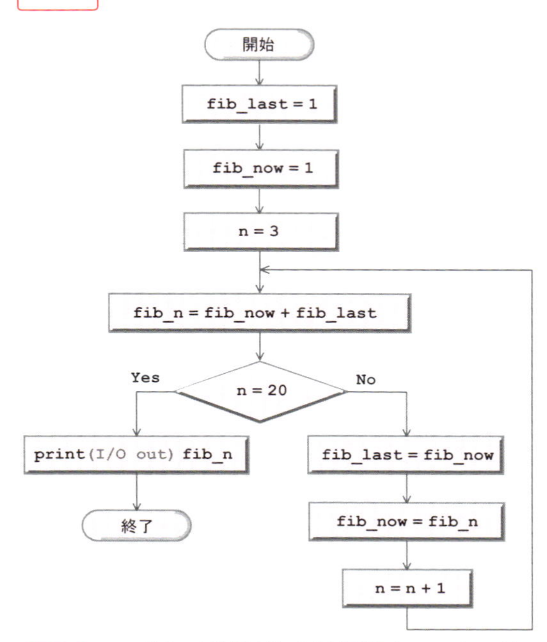

図 2-2　フィボナッチ数列を生成する手順（フローチャート）

前問のように配列を用いると，CPU の変数用メモリ（RAM）を大量に消費することになるので，このフローチャートでは，過去の fib_last，現在の fib_now，最新の fib_n という 3 つの変数を用いています．
現在と過去の変数の和を最新の変数に代入した後，現在の値を過去に，最新の値を現在にコピーしています．
回数を表す変数 n が 20 に達するとループを抜け，最新の fib_20 の値を出力して終了します．

2-3

前問のフローチャートに従い，MASM のインラインアセンブラを用いて表現します．レジスタの cx は変数の n に対応していますが，11 行の加算命令（add ax, bx）では，レジスタの ax と bx の和が，ax に上書きされます．

```
// asm_fibbonacchi.c
#include  <stdio.h>

void main(void){
    short fib;

    __asm{
            mov   ax, 1       // fib_last = 1
            mov   bx, 1       // fib_now = 1
            mov   cx, 3       // n = 3
    LOOP1: add    ax, bx      // fib_n = fib_now + fib_last
            cmp   cx, 20      //
            je    MOUT        // if(n==20) goto MOUT
            mov   dx, ax      // tmp = fib_n
            mov   ax, bx      // fib_last = fib_now
            mov   bx, dx      // fib_now = tmp    (fib_n)
            inc   cx          // n = n + 1
            jmp   LOOP1       // goto LOOP1
    MOUT:  mov    fib, ax
    }
    printf("fib(20) = %d ¥n", fib);
}
```

図 2-3　MASM のインラインアセンブラによるフィボナッチ数列 F_{20} の計算

このため，変数の fib_last, fib_now, fib_n を，そのまま固有のレジスタに割り当てることはできません．
そこで，14～16 行ではレジスタの dx を介して，最新の ax と，現在の bx を入れ替えています．
これにより，18 行の jmp 命令を経由して，再度 11 行の add ax, bx を実行すると き，ax が過去，bx が現在を表すことになるので，漸化式通りの演算になります．
変数の n (cx) が 20 に達すると，最新の ax の値を C 言語の変数 fib にコピーして終了します．

2-4

```
// フィボナッチ数列 F20= 6765 の計算例

void assembler(void){
    rom[0]  = ldh(REG0, 0);     // REG0(H) ← 0       fib_last
    rom[1]  = ldl(REG0, 1);     // REG0(L) ← 1       (ax)
    rom[2]  = ldh(REG1, 0);     // REG1(H) ← 0       fib_now
    rom[3]  = ldl(REG1, 1);     // REG1(L) ← 1       (bx)
    rom[4]  = ldh(REG2, 0);     // REG2(H) ← 0        変数 n
    rom[5]  = ldl(REG2, 3);     // REG2(L) ← 3       (cx)
    rom[6]  = ldh(REG3, 0);     // REG3(H) ← 0        定数 1
    rom[7]  = ldl(REG3, 1);     // REG3(L) ← 1
    rom[8]  = ldh(REG4, 0);     // REG4(H) ← 0        定数 20
    rom[9]  = ldl(REG4, 20);    // REG4(L) ← 20
    rom[10] = add(REG0, REG1);  // REG0 ← REG0 + REG1
    rom[11] = cmp(REG2, REG4);  // REG2 と REG4 の比較
    rom[12] = je(18);           // 一致したら 18 番地にジャンプ
    rom[13] = mov(REG5, REG0);  // REG0 と REG1 の交換 (1)
    rom[14] = mov(REG0, REG1);  //         〃           (2)
    rom[15] = mov(REG1, REG5);  //         〃           (3)
    rom[16] = add(REG2, REG3);  // REG2 ← REG2 + REG3
    rom[17] = jmp(10);          // 無条件に 10 番地にジャンプ
    rom[18] = st(REG0, 64);     // REG0 をメモリ (I/O) の 64 番地に出力
    rom[19] = hlt();            // CPU の停止
}
```

図 2-4　CPU エミュレータによるフィボナッチ数列 F_{20} の計算

前問のインラインアセンブラの内容を，CPU エミュレータに移植します．
前問で使用したレジスタax, bx, cxは，それぞれ Reg0，Reg1，Reg2 に対応しています．
また，定数の 1 と 20 はそれぞれ Reg3，Reg4 に格納しています．
Reg2 の値が 20 に達すると 22 行にジャンプし，Reg0 の値を I/O の 64 番地に出力して終了します．

2-5

```
-- fetch.vhd  （フィボナッチ数列 F(20) = 6765の計算）
                        略

architecture RTL of fetch is
subtype WORD is std_logic_vector(14 downto 0);
type MEMORY is array (0 to 19) of WORD;
constant MEM : MOMORY :=
        (
        "100100000000000",        -- ldh Reg0, 0
        "100000000000001",        -- ldl Reg0, 1
        "100100100000000",        -- ldh Reg1, 0
        "100000100000001",        -- ldl Reg1, 1
        "100101000000000",        -- ldh Reg2, 0
        "100001000000011",        -- ldl Reg2, 3
        "100101100000000",        -- ldh Reg3, 0
        "100001100000001",        -- ldl Reg3, 1
        "100110000000000",        -- ldh Reg4, 0
        "100010000010100",        -- ldl Reg4, 20
        "000100000100000",        -- add Reg0, Reg1
        "101001010000000",        -- cmp Reg2, Reg4
        "101100000010010",        -- je 18(12h)
        "000010100000000",        -- mov Reg5, Reg0
        "000000000100000",        -- mov Reg0, Reg1
        "000000110100000",        -- mov Reg1, Reg5
        "000101001100000",        -- add Reg2, Reg3
        "110000000001010",        -- jmp 10(Ah)
        "111000001000000",        -- st Reg0, 64
        "111100000000000"         -- hlt
        );
                        略
end RTL;
```

図 2-5 cpu15 によるフィボナッチ数列 F_{20} の計算

前問で求めたCPUエミュレータのアセンブリ言語を，cpu15 の fetch コンポーネントに移植します．
左の図にその主要な部分を示します．
6 行では，ROM を表す配列のサイズを 0～19 に設定しています．
9～28 行では，アセンブリ言語に対応する機械語を，15bit の 2 進数の形式で記述しています．
また，27 行で F_{20} を格納した Reg0 の値を，I/O の 64 番地に出力しています．

2-6

```
-- rom_init.mif 改        （フィボナッチ数列 Fn の計算）
WIDTH = 15;
DEPTH = 256;
ADDRESS_RADIX = HEX;
DATA_RADIX = HEX;

CONTENT BEGIN
    000  :  4800;      -- ldh Reg0, 0
    001  :  4001;      -- ldl Reg0, 1
    002  :  4900;      -- ldh Reg1, 0
    003  :  4101;      -- ldl Reg1, 1
    004  :  4A00;      -- ldh Reg2, 0
    005  :  4203;      -- ldl Reg2, 3
    006  :  4B00;      -- ldh Reg3, 0
    007  :  4301;      -- ldl Reg3, 1
    008  :  6C41;      -- ld  Reg4, 65
    009  :  0820;      -- add Reg0, Reg1
    00A  :  5280;      -- cmp Reg2, Reg4
    00B  :  5811;      -- je 17(11h)
    00C  :  0500;      -- mov Reg5, Reg0
    00D  :  0020;      -- mov Reg0, Reg1
    00E  :  01A0;      -- mov Reg1, Reg5
    00F  :  0A60;      -- add Reg2, Reg3
    010  :  6009;      -- jmp 9(9h)
    011  :  7040;      -- st Reg0, 64
    012  :  7800;      -- hlt
    [013..0FF]  :  0000;
END;
```

図 2-6 cpu15_rom_ram によるフィボナッチ数列 F_n の計算（スイッチ入力）

前問の cpu15 プロジェクトにおける fetch コンポーネントを基に，rom_init.mif ファイルを作成します．
この mif ファイルの 5 行目で，データの型を HEX で指定し，機械語を 16 進数により表しています．
主な変更点は Reg4 に格納した定数の 20 の代わりに，スイッチ SW9～SW0 で設定した 10bit の 2 進数を用いる点であり，16 行の ld 命令により，Reg4 に読み込んでいます．
なお，上記スイッチに 10 進の 2 以下の値（0,1,2）を設定すると，初期値と重なるため終了の条件が満たされず，正しい結果が得られないので注意が必要です．

2-7

```
 7  CONTENT BEGIN
 8      000  :   4800;           -- ldh Reg0, 0
 9      001  :   4900;           -- ldh Reg1, 0
10      002  :   4A00;           -- ldh Reg2, 0
11      003  :   4B00;           -- ldh Reg3, 0
12      004  :   6C41;           -- ld  Reg4, 65
13      005  :   4001;           -- ldl Reg0, 1
14      006  :   4101;           -- ldl Reg1, 1
15      007  :   4203;           -- ldl Reg2, 3
16      008  :   4301;           -- ldl Reg3, 1
17      009  :   0820;           -- add Reg0, Reg1
18      00A  :   5280;           -- cmp Reg2, Reg4
19      00B  :   5811;           -- je  17(11h)
20      00C  :   7D00;           -- mov Reg5, Reg0
21      00D  :   7820;           -- mov Reg0, Reg1
22      00E  :   CA60;           -- add Reg2, Reg3
23      00F  :   79A0;           -- mov Reg1, Reg5
24      010  :   6009;           -- jmp 9(9h)
25      011  :   7040;           -- st  Reg0, 64
26      012  :   6012;           -- jmp 18(12h)
27      [013..0FF]  :   0000;
28  END;
```

図 2-7　パイプライン処理によるフィボナッチ数列 F_n の計算（スイッチ入力）

前問の mif ファイルを，パイプライン処理用に修正します．

左にその主要部を示します．

Reg5 等に対するデータ・ハザードを回避するため，アウト・オブ・オーダー命令発行を適用し，すべての nop 命令を除去しています．

例えば，mov 命令の Reg5 に対するデータ・ハザードを回避するため，2 番目の add 命令を 22 行に移動し，それらの間に割り込ませています．

さらに，即値を書き込む ldh と ldl 命令を分離し，それらを 8～11 行と 13～16 行でまとめて実行しています．これにより，Reg0～Reg3 のそれぞれについて，ldh 命令と ldl 命令の間隔が拡がり，データ・ハザードを避けることができます．

なお，26 行では CPU を停止させるため，従来の hlt 命令ではなく，自分自身へジャンプする jmp 命令を用いています．

付録 1 C 言語の開発環境について

本書では，第 1 講と第 3 講で C 言語のプログラムを作成します．

無償で利用できる C コンパイラはいくつかありますが，ここでは Microsoft 社から提供されている Visual Studio Community という統合開発環境を取り上げ，その使用方法を中心に説明します．

なお，既に他の C コンパイラを使用した経験をお持ちの方は，それを活用して下さい．

1.1 Visual Studio Community のインストール

個人で使用する場合，無償で利用できる Visual Studio Community は，以下の URL からダウンロードすることができます．

https://visualstudio.microsoft.com/ja/downloads

ここでは，最新の 2019 版をインストールすることにします．なお，使用者が企業の場合は制約があるので，ライセンス条項等を確認して下さい．

インストールの途中で，ダウンロードするプラットフォームを選択するダイヤログが開きますが，以下の 2 つの項目については，必ずチェックマークを入れる必要があります．

- ユニバーサル Windows プラットフォームの開発
- C++ によるデスクトップ環境

1.2 Visual Studio Community 2019 の使用法

インストール完了後，システムを起動すると，図 1-1 の画面が表示されます．

1.2.1 プロジェクトの生成

図 1-1 に示すように，「新しいプロジェクトの作成」を選択します．

図 1-1　プロジェクトの生成

図 1-2 の画面が表示されるので，「Windows デスクトップウィザード」を選択します．

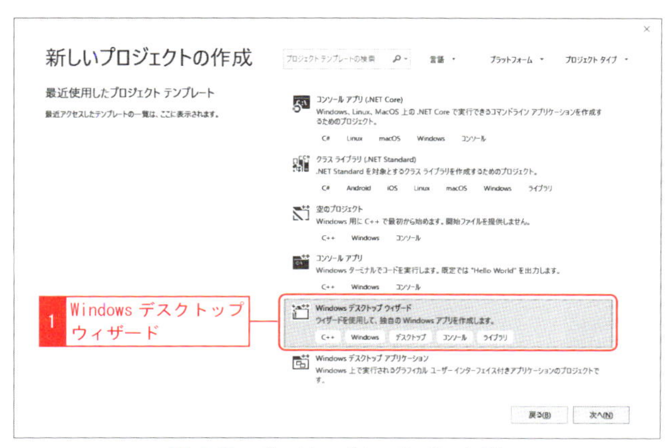

図 1-2　デスクトップウィザードの起動

プロジェクト名として例えば「disp_hello」のように入力して,「作成」で確定します.

図 1-3　プロジェクト名の設定

図 1-4 の画面で,「コンソールアプリケーション」を選択し,「空のプロジェクト」だけにチェックマークを指定して,「OK」で確定します.

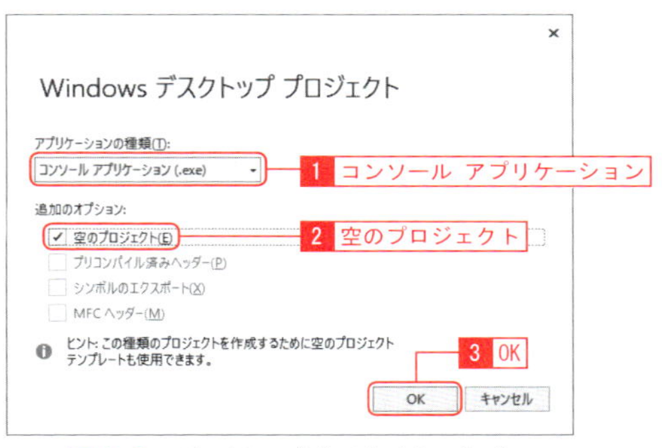

図 1-4　デスクトップププロジェクトの生成

1.2.2　ソースファイルの生成

図 1-5 右側の「ソリューション エクスプローラー」の「ソースファイル」を右クリックします.

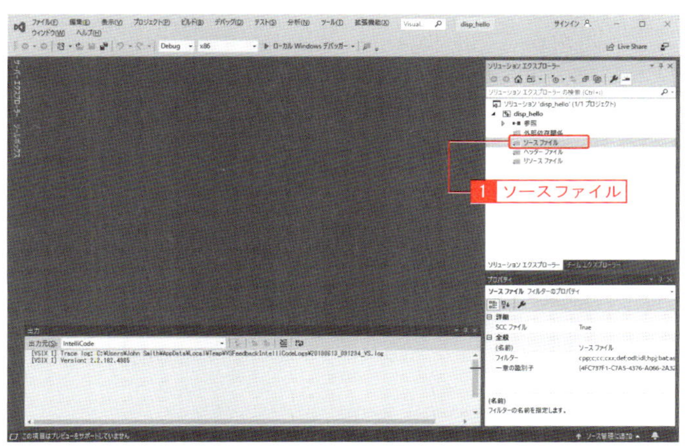

図 1-5　ソースファイルの生成（その 1）

図 1-6 の画面が表示されるので,「追加」から「新しい項目」を選択します.

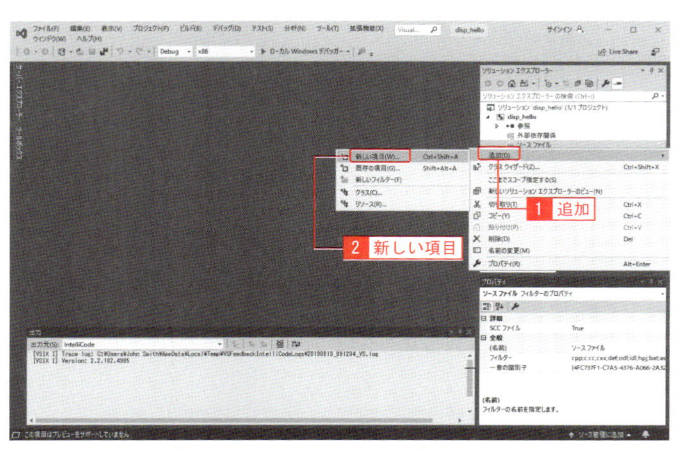

図 1-6　ソースファイルの生成（その 2）

図1-7において一番上の「C++ファイル」を選び，下の名前の欄に，例えばdisp_hello.cのように入力し，「追加ボタン」をクリックします．なお，拡張子をcppにすると，コンパイル時にエラーが発生することがあるので注意が必要です．

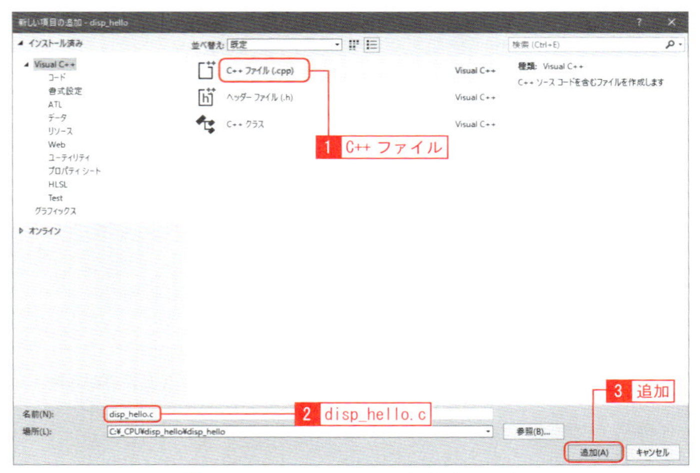

図1-7　ソースファイルの生成（その3）

1.2.3　ソースコードの記述

図 1-8 のようにエディタのウィンドウが開くので，そこへ C のソースコードを入力します．

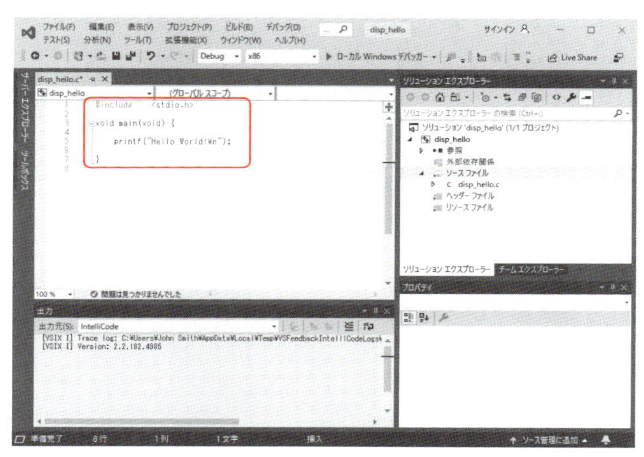

図 1-8　ソースコードの記述（その 1）

入力が完了したら，メニューの「ファイル」から「disp_hello.c の保存」を選択します．

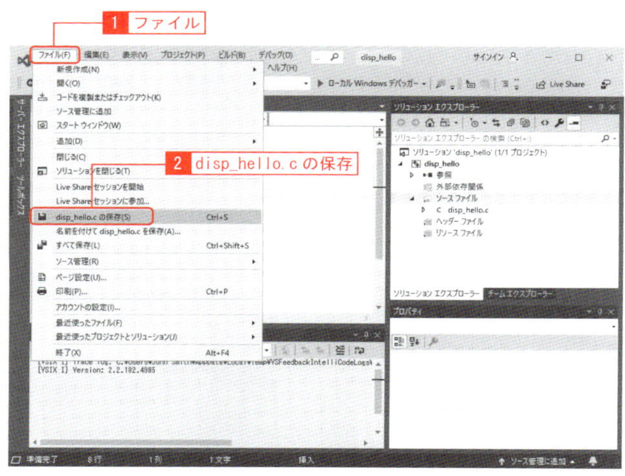

図 1-9　ソースコードの記述（その 2）

1.2.4　コンパイル

図 1-10 において，メニューの「ビルド」から，「ソリューションのビルド」を実行します．

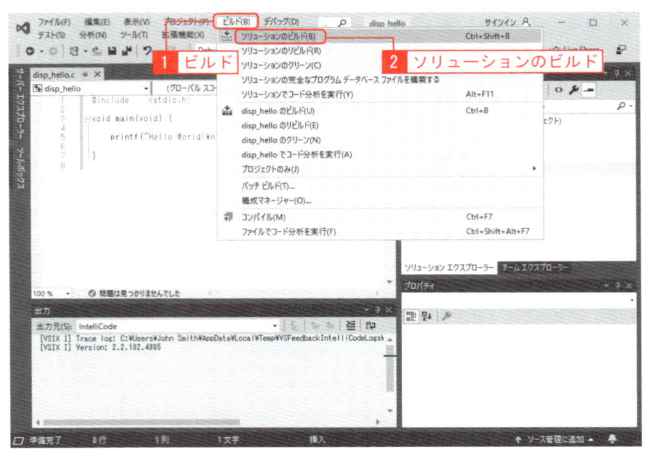

図 1-10　ソースコードのコンパイル

図 1-11 に示すように，下の「出力」欄にエラー等のメッセージが表示されます．

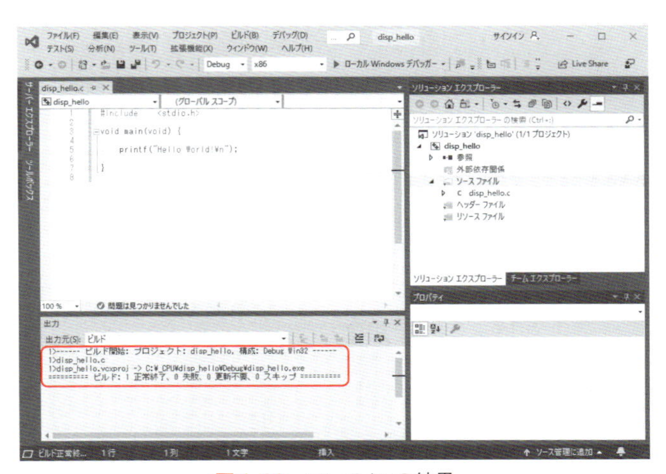

図 1-11　コンパイルの結果

1.2.5　実行

図 1-12 において，メニューの「デバッグ」から「デバッグなしで開始」を選択します．

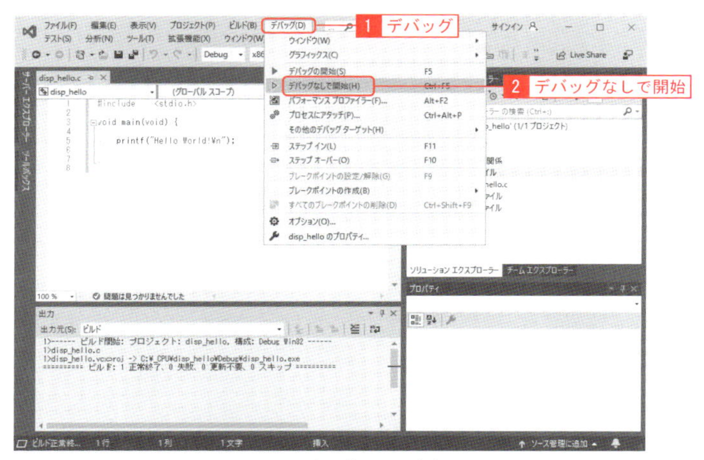

図 1-12　プログラムの実行

図 1-13 に示す実行結果が表示されます．

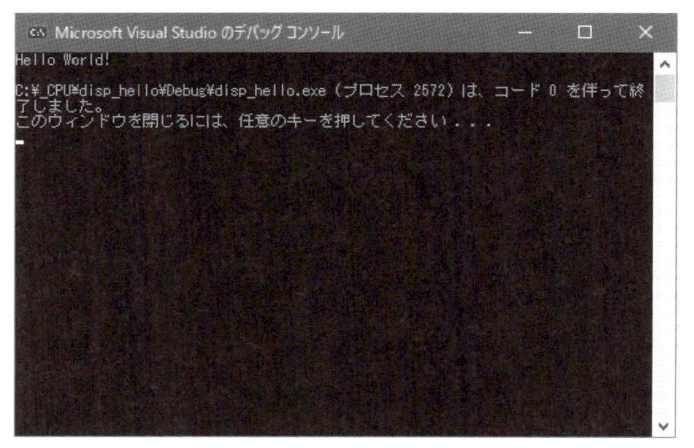

図 1-13　実行結果

付録 2

FPGAの開発環境について

第6講でも述べたように，本書ではハードウェア記述言語VHDLの開発環境として，無償で使用できるQuartus Primeを使用します．ここでは，その使用法について説明します．

2.1 Quartus Prime (18.1) のインストール

本書で使用するDE0-CVというFPGA評価ボードには，Cyclone Vシリーズの5CEBA4F23C7NというFPGAが搭載されています．このFPGAは，最新のEDAツールであるQuartus Primeが対応しているので，以下のURLから最新のバージョン(18.1)をダウンロードし，インストールします．なおダウンロード時に，ユーザー登録が必要になりますので，必要事項を入力し，所定の手続きを完了させて下さい．

https://www.intel.co.jp/content/www/jp/ja/programmable/downloads/download-center.html

2.2 Quartus Prime の使用法

ここでは，第 5 講および第 6 講で説明した簡単な論理回路（and_or.vhd）を例に，EDA ツールの Quartus Prime の使用法について説明します．なお VHDL のソースコードは図 5-5 を，回路図とピン配置はそれぞれ図 6-15，および表 6-3 を参照して下さい．

Quartus Prime を起動すると，図 2-1 の画面が表示されます．

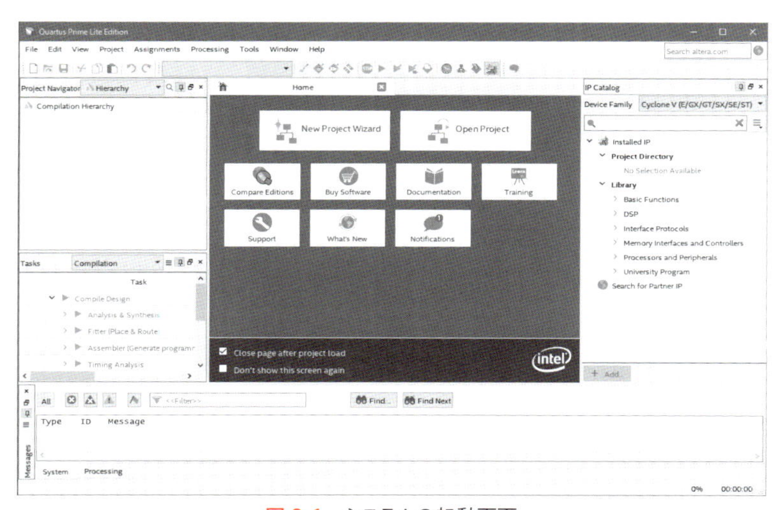

図 2-1　システムの起動画面

2.2.1　新規プロジェクトの生成

メニューの「File」から「New Project Wizard...」を起動します．

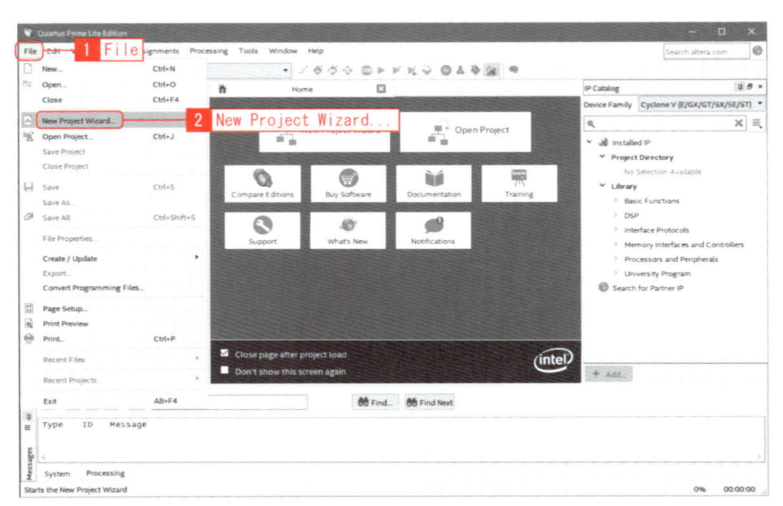

図 2-2　新規プロジェクトの生成（その 1）

図 2-3 の画面が表示されるので，「Next」をクリックします．

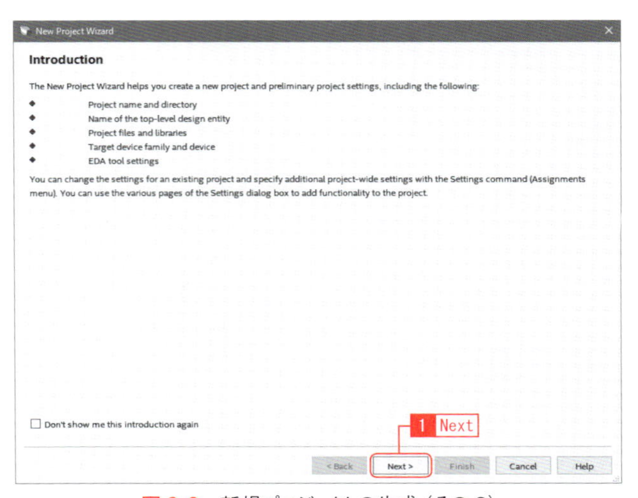

図 2-3　新規プロジェクトの生成（その 2）

プロジェクト名として and_or を入力し，「Next」を操作します．

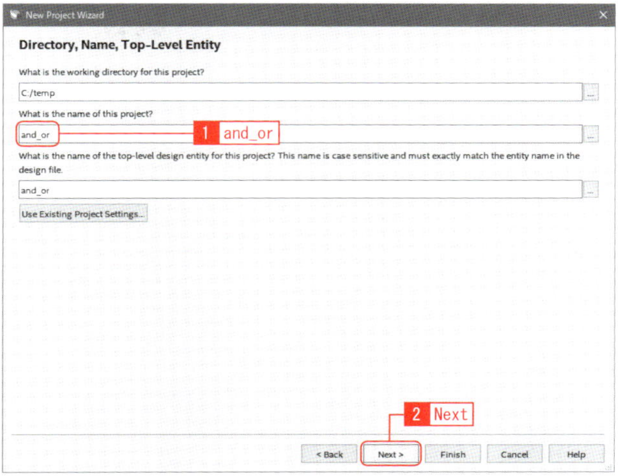

図 2-4　新規プロジェクトの生成（その 3）

図 2-5 の画面が表示されるので，「Empty project」を選択して「Next」をクリックします．

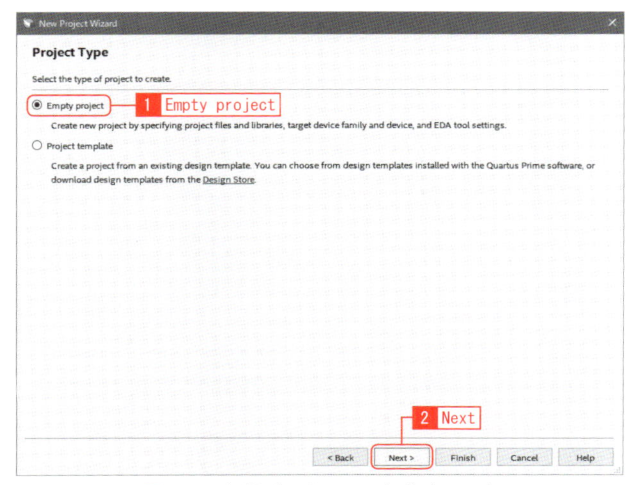

図 2-5　新規プロジェクトの生成（その 4）

図 2-6 の画面が表示されるので，「Next」をクリックします．

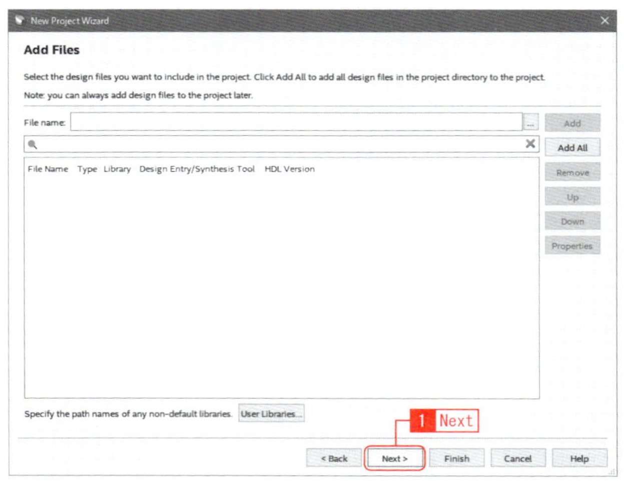

図 2-6　新規プロジェクトの生成（その 5）

使用する FPGA のファミリーは Cyclone V とし，デバイスとして 5CEBA4F23C7 を選択して，「Next」をクリックします．

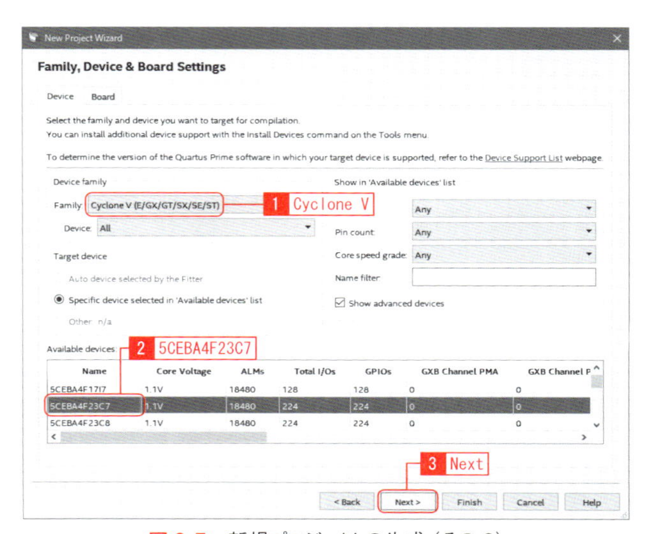

図 2-7　新規プロジェクトの生成（その 6）

図 2-8 の画面で，「Next」をクリックします．

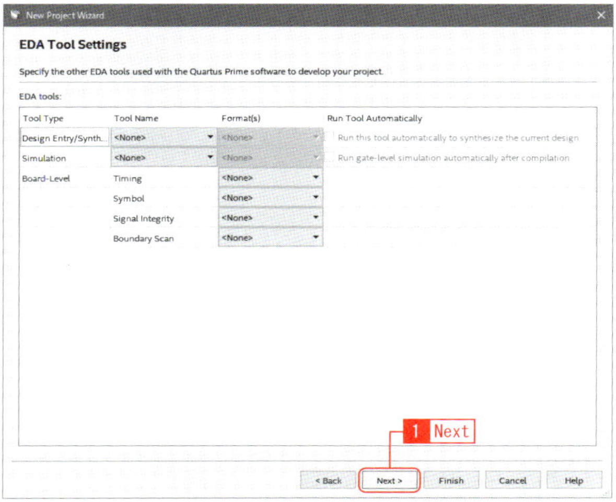

図 2-8　新規プロジェクトの生成（その 7）

最後に図 2-9 の画面が表示されるので，「Finish」をクリックします．

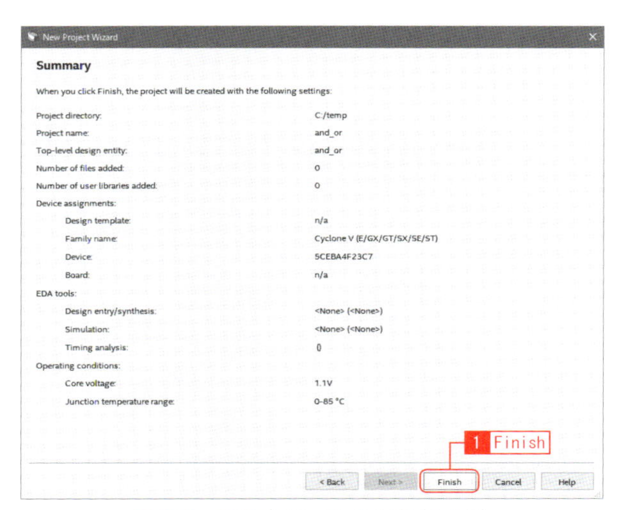

図 2-9　新規プロジェクトの生成（その 8）

以上の操作により，新規プロジェクト and_or が生成されます．

2.2.2　VHDL コードの記述

メニューの「File」から「New...」を起動します．

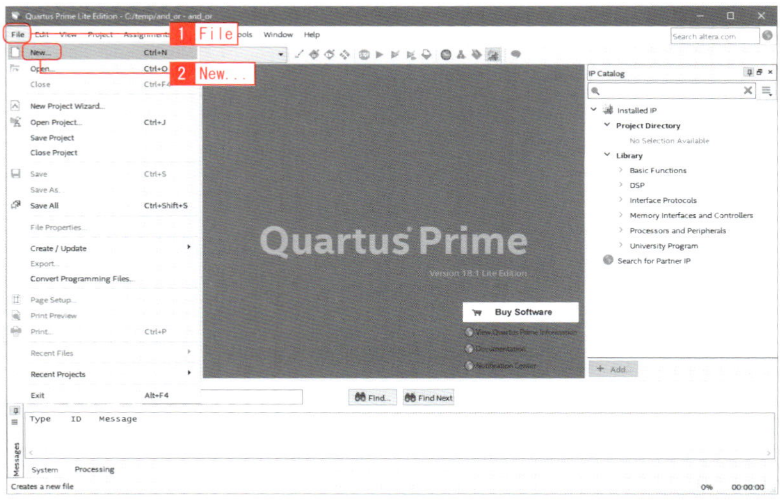

図 2-10　VHDL コードの記述（その 1）

図 2-11 のダイヤログが開くので，「Design Files」から「VHDL File」を選択し，「OK」をクリックします．

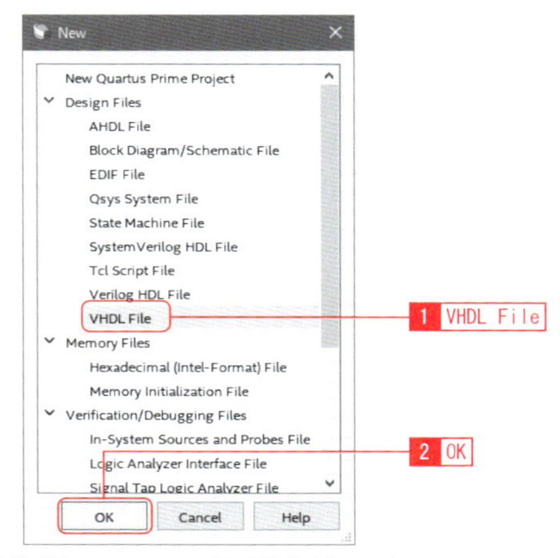

図 2-11　VHDL コードの記述（その 2）

図 2-12 に示すように，エディタが起動されます．

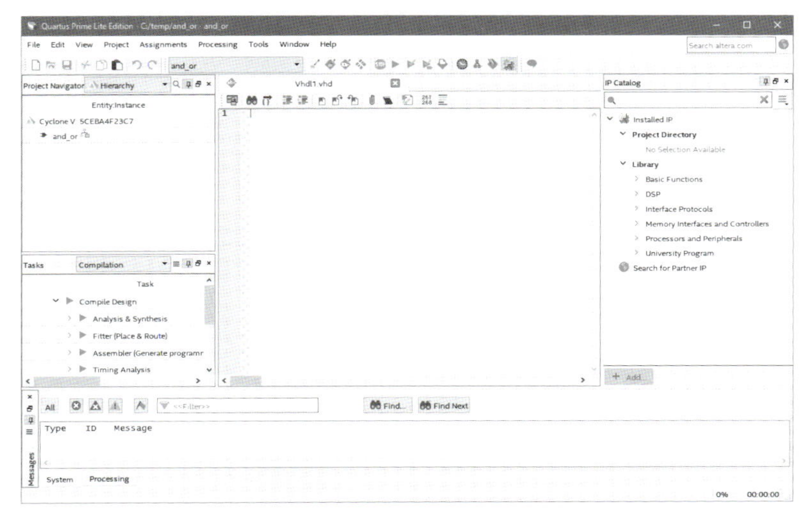

図 2-12　VHDL コードの記述（その 3）

図 5-5 に示した VHDL コードを，図 2-13 のように記述します．

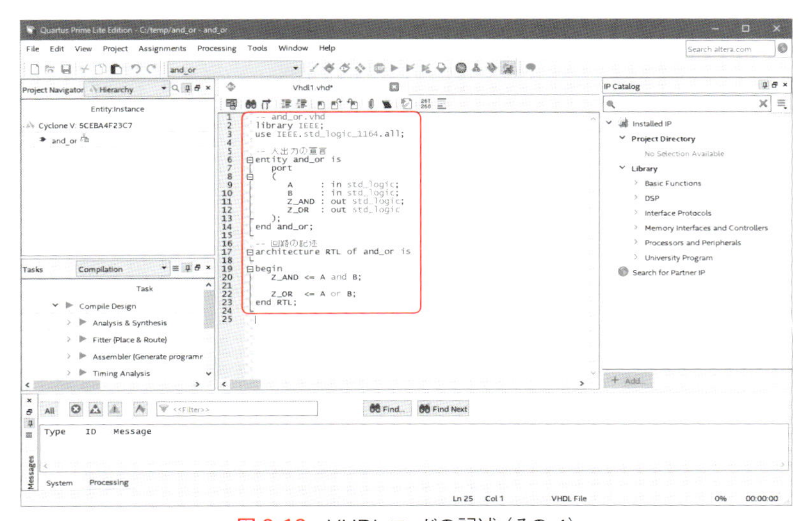

図 2-13　VHDL コードの記述（その 4）

2.2.3　VHDLコードの保存

メニューの「File」から「Save」を起動します．

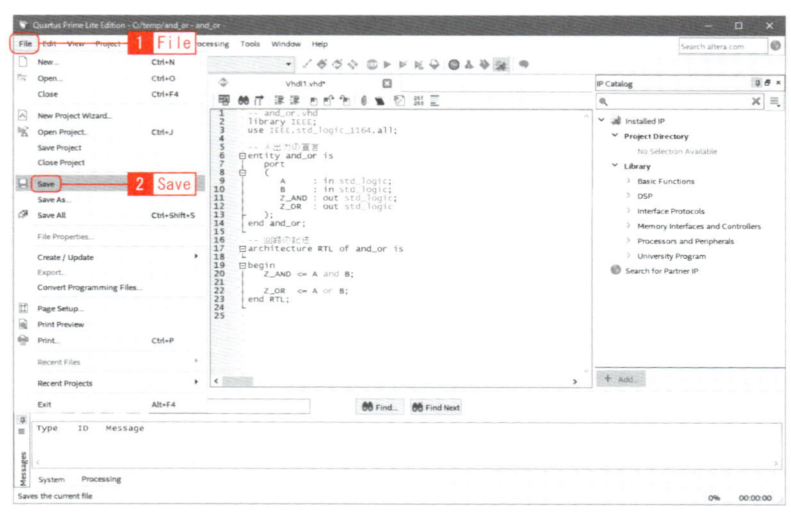

図2-14　VHDLコードの保存（その1）

ファイル名としてand_or.vhdを入力し，「保存」をクリックします．

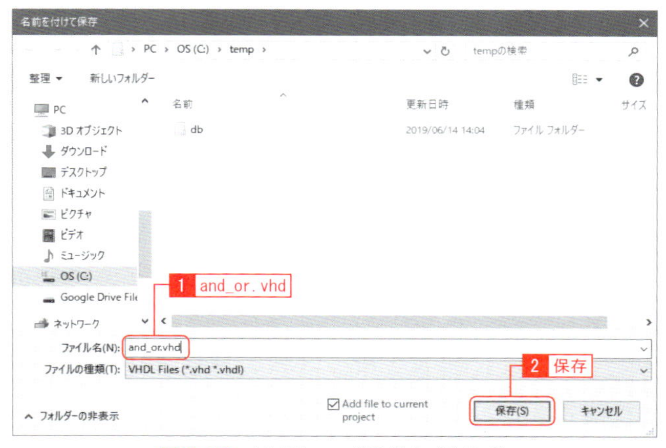

図2-15　VHDLコードの保存（その2）

2.2.4　プロジェクトへの追加

メニューの「Project」から「Add Current File to Project」を起動します．

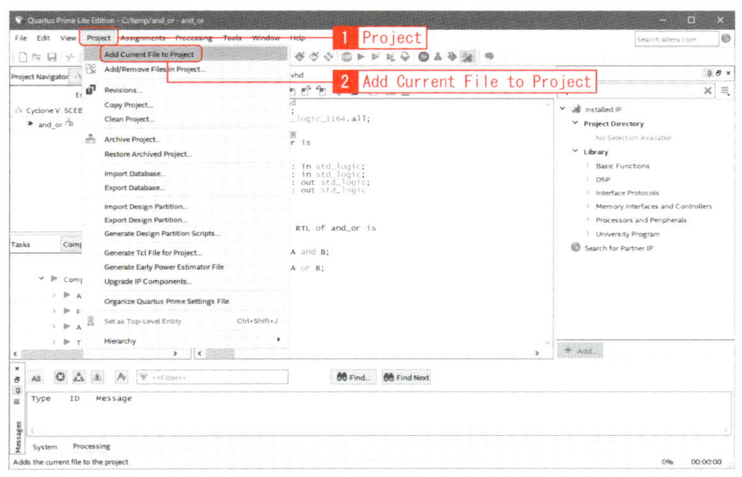

図 2-16　プロジェクトへの追加

2.2.5　コンパイル

メニューの「Processing」から「Start Compilation」を起動します．

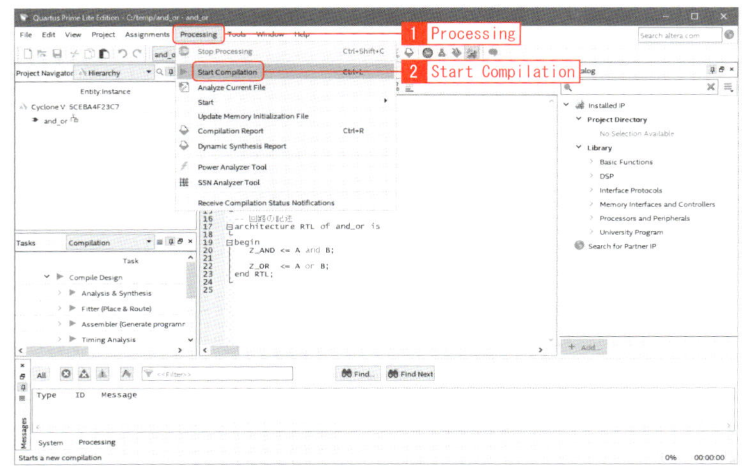

図 2-17　コンパイル

図2-18のように，コンパイル結果のメッセージが表示されます．

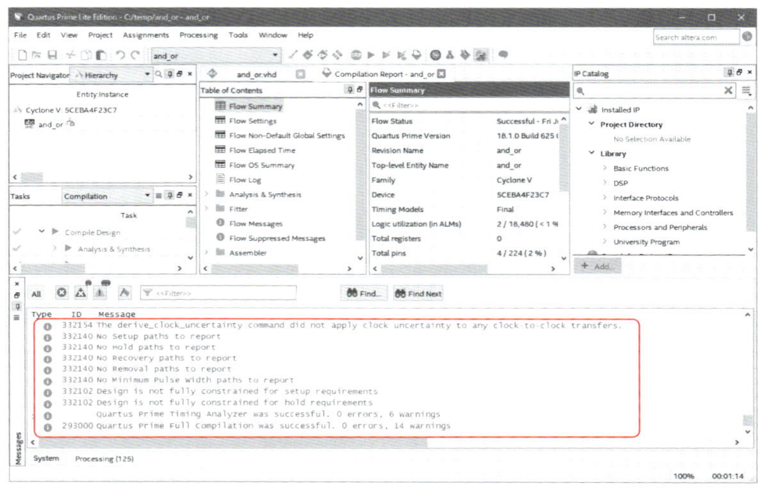

図2-18　コンパイル結果の表示

2.2.6　FPGAのピン配置

メニューの「Assignments」から「Pin Planner」を起動します．

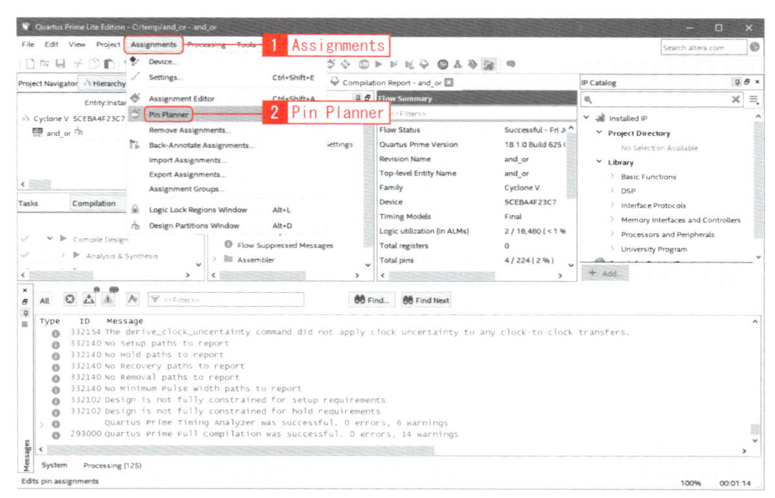

図2-19　FPGAのピン配置（その1）

起動後，図 2-20 に示す画面が表示されます．

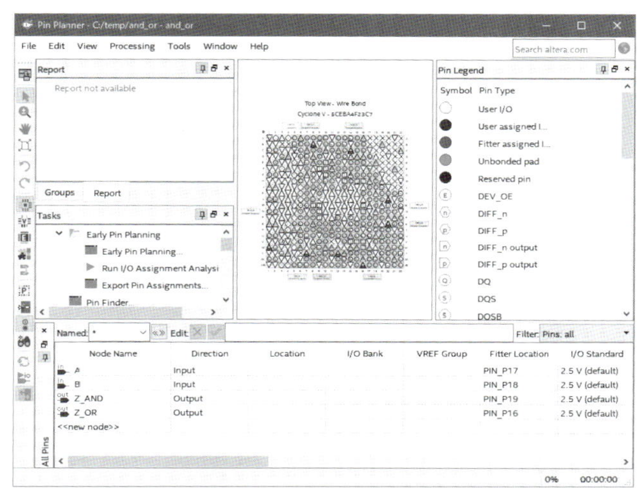

図 2-20　FPGA のピン配置（その 2）

FPGA 評価ボードの仕様（表 6-3）を参照し，信号に対応するピン番号を入力します．

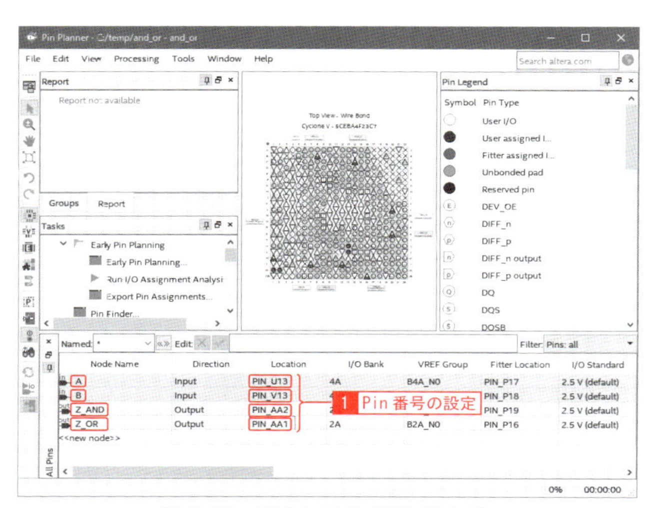

図 2-21　FPGA のピン配置（その 3）

メニューの「Processing」から「Start I/O Assignment Analysis」を起動します.

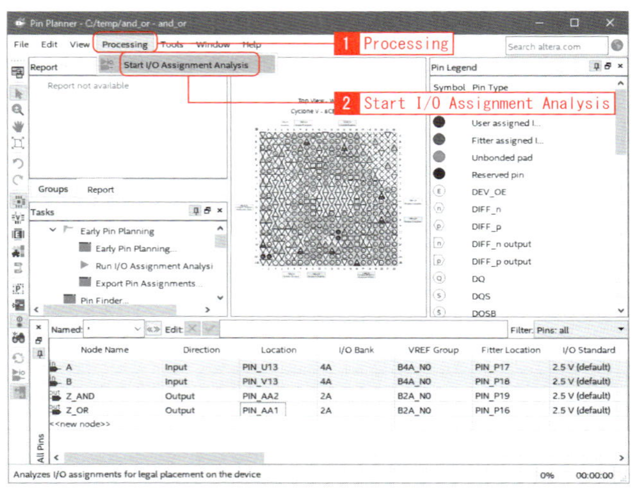

図 2-22　FPGA のピン配置（その 4）

ピン配置が完了すると，図 2-23 に示す画面が表示されます.

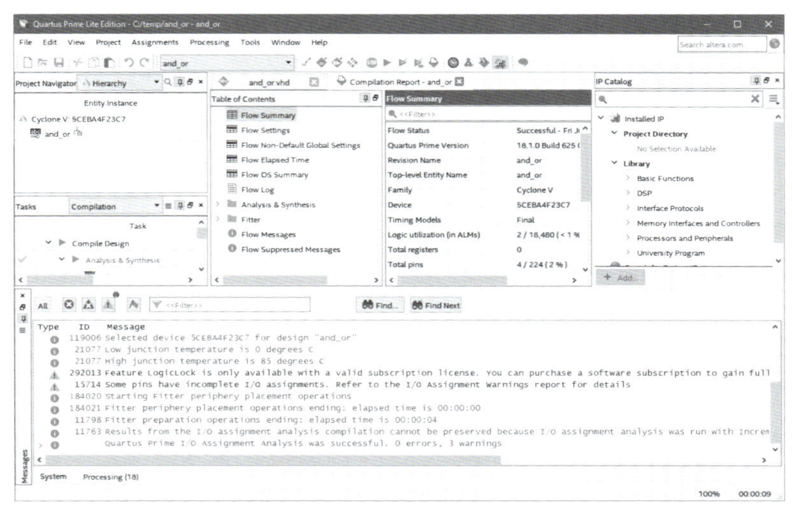

図 2-23　FPGA のピン配置（その 5）

2.2.7　再コンパイル

ピン配置が反映されたsofファイルを生成するため，再コンパイルします．メニューの「Processing」から「Start Compilation」を起動します．

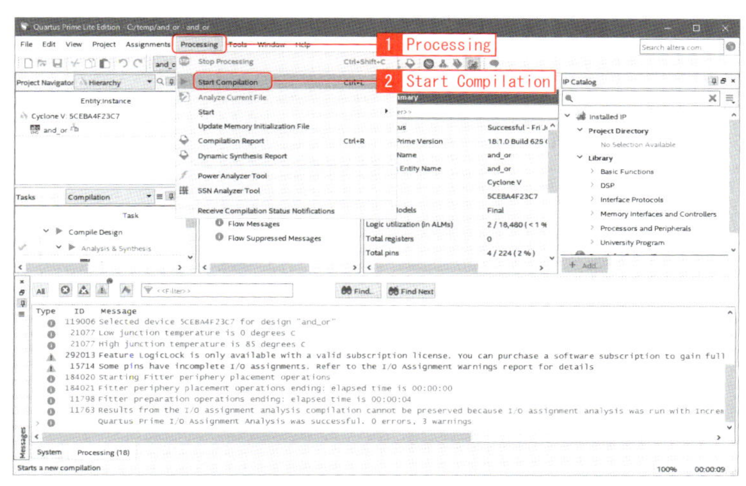

図 2-24　再コンパイル

2.2.8　FPGA への書き込み

メニューの「Tools」から「Programmer」を起動します．

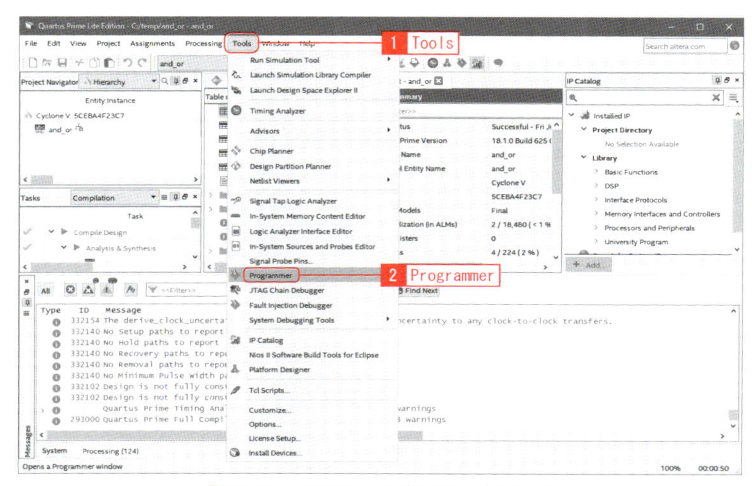

図 2-25　FPGA への書き込み（その 1）

「Hardware Setup」が「No Hardware」となっているので，「Hardware Setup」をクリックします．

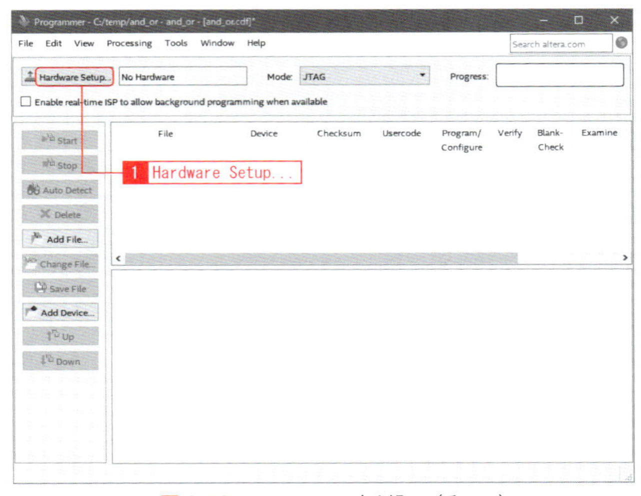

図2-26　FPGAへの書き込み（その2）

USB接続コードを用いてFPGA評価ボードをPCに接続した後，「No Hardware」の部分をクリックします．

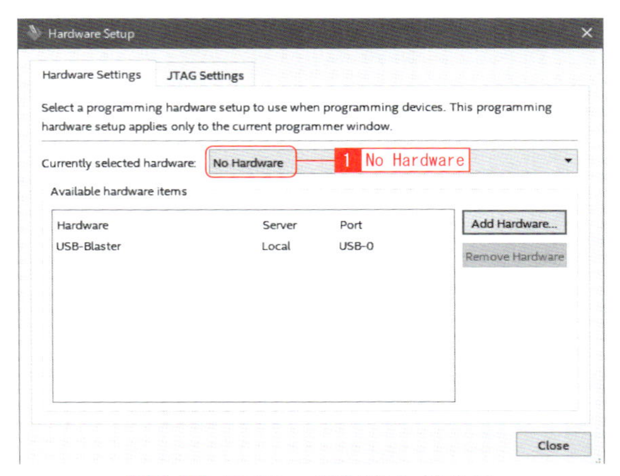

図2-27　FPGAへの書き込み（その3）

プルダウンメニューが開くので，その中から「USB Blaster」を選択します．

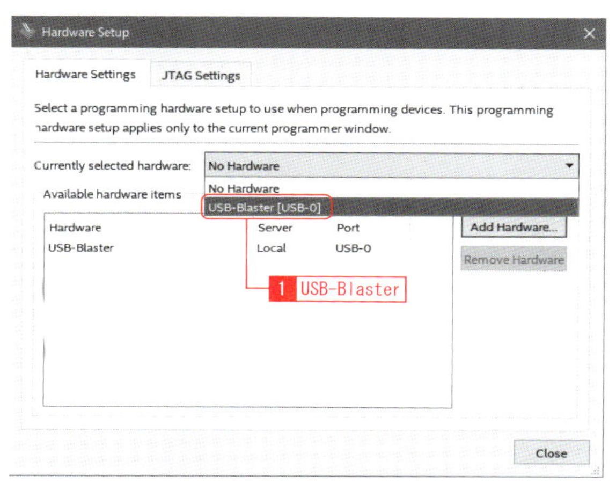

図 2-28　FPGA への書き込み（その 4）

「Close」により，「Hardware Setup」を終了します．

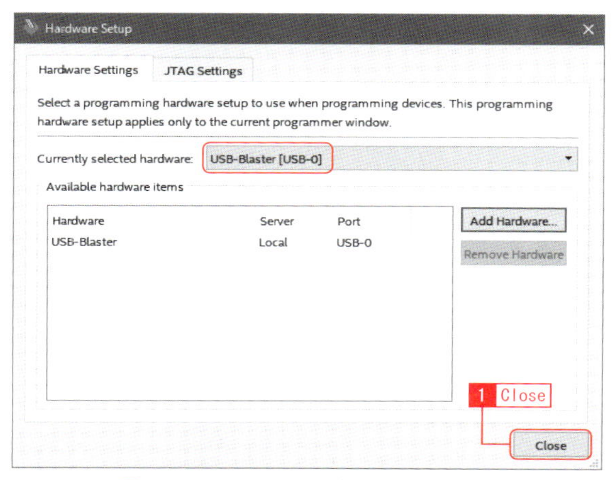

図 2-29　FPGA への書き込み（その 5）

コンパイル結果の「sofファイル」を指定するため，「Add File...」を操作します．

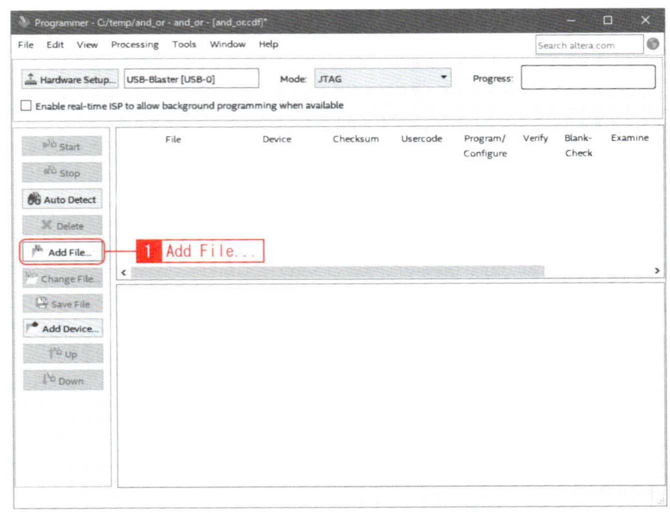

図2-30　FPGAへの書き込み（その6）

フォルダの中から，「output_files」を選択します．

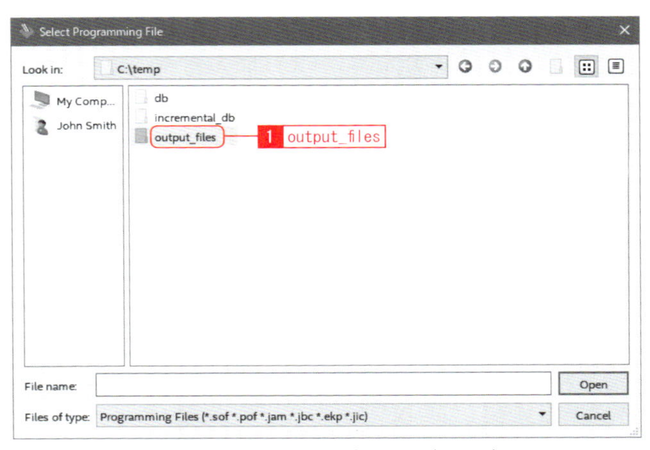

図2-31　FPGAへの書き込み（その7）

設計した and_or.sof を選択します.

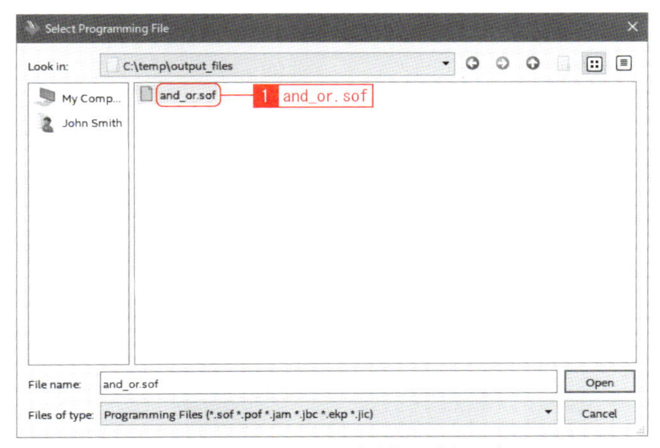

図 2-32　FPGA への書き込み（その 8）

「Start」により，FPGA 評価ボードに and_or.sof ファイルがダウンロードされます．なお，ボードの SW10 は，RUN 側に設定しておいて下さい．

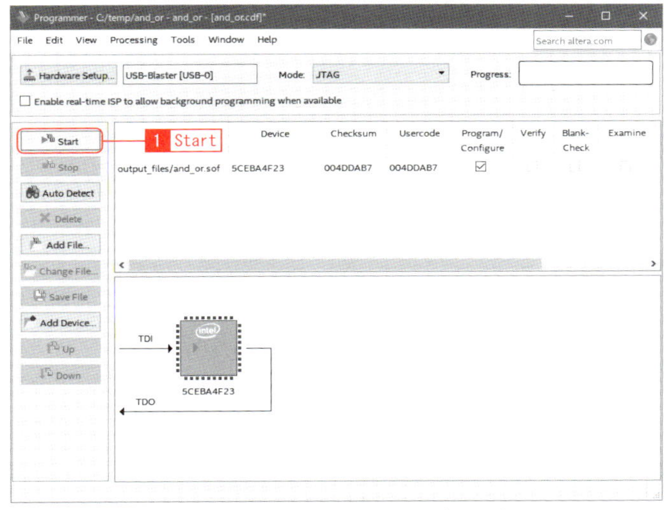

図 2-33　FPGA への書き込み（その 9）

ダウンロードが正常に終了した後，設計した回路が動作を開始します．

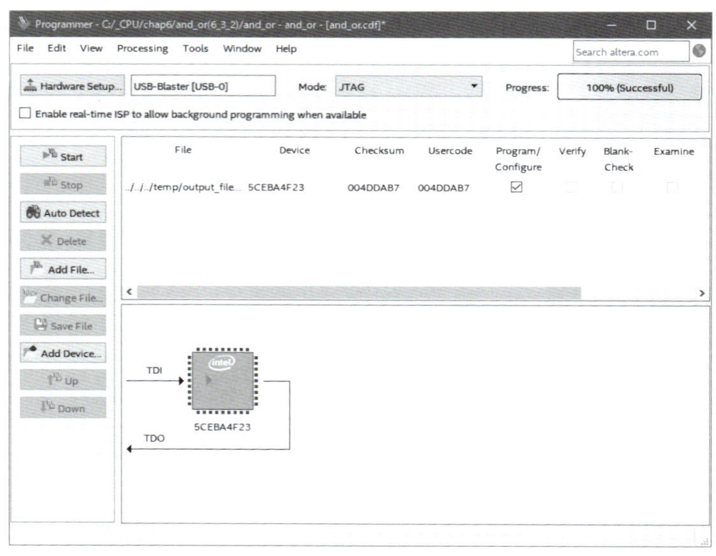

図 2-34　FPGA への書き込み（その 10）

参考文献

[1] D.A.Patterson, J.L.Hennessy, Computer Organization and Design, 2nd Edition, Morgan Kaufman (1998).

[2] 井澤裕司, ビジュアル論理回路入門, プレアデス出版 (2008).

[3] 柴山潔, 論理回路とその設計, 近代科学社 (1999).

[4] 井澤裕司, シンプルなCPUを設計してみよう, http://www7b.biglobe.ne.jp/~yizawa/design_cpu/index.html

[5] 馬場敬信, コンピュータのしくみを理解するための10章, 技術評論社 (2005).

[6] 柴山潔, コンピュータアーキテクチャの基礎, 近代科学社 (1993).

[7] 長谷川裕恭, VHDLによるハードウェア設計入門, CQ出版社 (1995).

[8] 森岡澄夫, HDLによる高性能ディジタル回路設計, CQ出版社 (2002).

[9] 鳥海佳孝他, 実用HDLサンプル記述集, CQ出版社 (2002).

[10] Z. Navabi著 佐藤一幸訳, VHDLの基礎, 日経BP出版センター (1994).

[11] 仲野巧, HDLによるマイクロプロセッサ設計入門, CQ出版社 (2002).

[12] 栗須基弘, 私はこうしてCPUを開発した!, Design Wave (11月号) CQ出版社 (1999).

[13] 野村達雄, ど田舎うまれ, ポケモンGOをつくる, 小学館集英社プロダクション (2017).

索引

数字

A

B

C

D

V

X

ア行

カ行

サ行

タ行

ナ行

ハ行

マ行

ヤ行

ラ行

ワ行

●著者プロフィール

井澤 裕司（いざわ ゆうじ）

1951年 愛知県名古屋市生まれ.
1976年 東京大学工学部卒.
1978年 同大学院工学系研究科修士課程修了.
同年（株）日立製作所に入社し，中央研究所で画像関連の研究・開発業務に従事する.
1993年 信州大学工学部に移籍し，論理回路やディジタル信号処理等の授業を担当しながら，画像を中心とする信号処理の基礎・応用に関する研究業務に携わる.
2017年 定年退職し，現在に至る.

博士（工学）（東京大学）.
著書『ビジュアル 論理回路入門』『イメージでとらえる ビジュアル複素関数入門』（ともにプレアデス出版）.

●ブックデザイン　小川純（オガワデザイン）
●本文DTP　BUCH+

動かしてわかる CPUの作り方10講

2019年 9月 3日　初版　第1刷発行
2020年 4月17日　初版　第2刷発行

著　者　井澤 裕司
発行者　片岡 巌
発行所　株式会社技術評論社
東京都新宿区市谷左内町21-13
電話　03-3513-6150 販売促進部
03-3267-2270 書籍編集部
印刷／製本　株式会社 加藤文明社

定価はカバーに表示してあります。

造本には細心の注意を払っておりますが、万一、乱丁（ページの乱れ）や落丁（ページの抜け）がございましたら、小社販売促進部までお送りください。送料小社負担にてお取り替えいたします。

ISBN978-4-297-10821-2 C3055
Printed in Japan

本書へのご意見、ご感想は、技術評論社ホームページ（https://gihyo.jp/）または以下の宛先へ、書面にてお受けしております。電話でのお問い合わせにはお答えいたしかねますので、あらかじめご了承ください。

〒162-0846
東京都新宿区市谷左内町21-13
株式会社技術評論社　書籍編集部
『動かしてわかるCPUの作り方10講』係
FAX：03-3267-2271